東京大学教養学部特別講義

アインシュタイン
レクチャーズ＠駒場

太田浩一／松井哲男／米谷民明［編］

東京大学出版会

Einstein Lectures at Komaba:
Lecture Series at College of Arts and Sciences, University of Tokyo
Koichi OHTA, Tetsuo MATSUI and Tamiaki YONEYA, Editors
University of Tokyo Press, 2007

ISBN978-4-13-063601-8

駒場アインシュタイニアーナ2005

　この本には，2005年の夏学期（4–7月），東京大学駒場キャンパスで理系の前期課程（1, 2年）の学生を対象に行われた，全学自由研究ゼミナール「アインシュタインと現代物理学」の講義録11編とその補足2編が収められています．

　2005年という年は，アインシュタインが有名な3つの論文（「光量子論」，「ブラウン運動の理論」，「特殊相対性理論」）を次々に発表した「奇跡の年」からちょうど100年目にあたりました．また，奇しくもアインシュタインが生涯を閉じた1955年から50年目という節目の年でもありました．

　ベルンの特許局に勤める，若干26歳の無名の青年によって提出されたそれら3つの理論は，それぞれが，その後の物理学の発展に革命的転機をもたらす画期的なものであり，「物理学の世紀」と呼ばれる20世紀における現代物理学の飛躍的発展をもたらす引き金となったのです．このため，2005年はIUPAP（国際物理学・応用物理学連合）によって「世界物理年」に指定され，世界中でアインシュタインにちなんだいろいろな取り組みが行われました．東大駒場キャンパスにおいても，「世界物理年」を駒場の教員と学生が一緒に祝う1イベントとして，アインシュタインの業績を1, 2年生に紹介するオムニバス形式の講義を「全学自由研究ゼミナール」として企画しました．

　アインシュタインの業績や現代物理学の成果は高校までの教科書

でもふれられています．しかし，大学の1，2年生の物理学のカリキュラムでは，「アインシュタイン以前」の「古典的物理学」の体系を習得することに時間がとられ，「力学」，「電磁気学」，「熱力学」，「振動波動」などといった基礎科目の講義ではアインシュタインの仕事について立ち入ってふれられる機会はあまりありません．そのことに，向学心旺盛な学生諸君は，少し物足りなさを感じているのではないでしょうか．駒場キャンパスでは，そのような学生の要望に応えて，1，2年生向けに「相対論」，「量子論」，「統計物理」などの入門的な講義を，10年ほど前から総合科目（選択科目）として開設しています．今回の全学自由研究ゼミナールでは，世界物理年にちなみ，さらにそれらを補うため，アインシュタインという人物に焦点を当てて，100年前に遡って，アインシュタインの足跡を辿りながら，アインシュタインの仕事が現代物理学の発展に与えたインパクトの大きさを，大学1，2年生のレベルで，ふりかえってみようと試みました．

　講義は，すべて，東大駒場キャンパスで教鞭をとる教員13名によって行われました．そのうちの11回分の講義が第1章から11章を構成しています．講義のテーマは，それぞれの教員の専門研究分野に関係が深いものか，ないしは，先にふれた「総合科目」を含む講義担当科目と関係させて選ばれています．講義はそれぞれ独立のものでスタイルは教員によって違っていますが，アインシュタインの考えた道筋や関連する物理学，数学の考え方，さらにはそれが他に及ぼした影響などについてやさしく解説されているとともに，最先端の研究テーマとも関連した個性的な内容になっていると思います．なお，今回の講義のうち，残念ながら本書に収録できなかったテーマと，時間的な制約などのため講義では取り上げられなかったアインシュタインの重要な仕事などについて補うために新たに書き

下した「その後のアインシュタイン：重力波・宇宙項・EPR」と，まとめをかねてアインシュタインの研究の軌跡の歴史的な概観と補足を述べた「宇宙の主任技師：アインシュタインの生涯と物理学」の2編を併せて収録してあります．

　本書は，1，2年生の諸君に分かってもらえるようなレベルの講義を目指していますが，内容的には，学部専門課程の3，4年生から大学院生，さらには物理とアインシュタインに関心をもつ一般の方々の興味もそそるようなものではないかと考えています．それに加えて，東大における実際の講義に基づいているという点でも，これまでのアインシュタインに関するさまざまな出版物の中でも他にないような特徴をもった本になっていると自負しています．この本がこれから現代物理学を学ぼうとする学生諸君の勉学に少しでも役に立つことを願っています．読者の中から「21世紀のアインシュタイン」を目指す若人が多数出てくれるとすれば，望外の幸せです．

　最後に，この本の出版にあたっていろいろとお世話になった東京大学出版会の丹内利香さんに感謝します．

2007年2月　　編者一同

アインシュタイン レクチャーズ@駒場

駒場アインシュタイニアーナ 2005 … iii

Lecture 1
いま何時ですか?
光の理論から相対論へ　　　　　　　　　　　太田浩一　1

Lecture 2
もっとも有名な関係式 $E = mc^2$
エネルギーと質量の等価性　　　　　　　　　加藤光裕　23

Lecture 3
ミクロとマクロをつなぐ
ブラウン運動　　　　　　　　　　　　　　　佐々真一　41

Lecture 4
「革命的」3月論文
量子仮説と光量子論　　　　　　　　　　　　松井哲男　61

Lecture 5
生涯でもっとも素晴らしい考え
特殊相対論から一般相対論へ　　　　　　　　風間洋一　83

Lecture 6
宇宙を測る
相対論と幾何学　　　　　　　　　　　　　　古田幹雄　109

Lecture 7
アインシュタインが来た
相対論ブームと日本の科学者たち　　　岡本拓司　131

Lecture 8
ニュートンは正しかった？
粒子性と波動性　　　小牧研一郎　155

Lecture 9
統計性がもたらす驚異
量子統計と固体物性　　　吉岡大二郎　179

Lecture 10
インドからの手紙
ボース-アインシュタイン凝縮　　　久我隆弘　199

Lecture 11
統一への夢と苦悩
アインシュタインから弦理論まで　　　米谷民明　225

Special Lecture
その後のアインシュタイン
重力波・宇宙項・EPR　　　米谷民明　247

宇宙の主任技師
アインシュタインの生涯と物理学　　　太田浩一　267

アインシュタイン タイムライン　　　293

3. *Zur Elektrodynamik bewegter Körper;*
von *A. Einstein.*

Daß die Elektrodynamik Maxwells — wie dieselbe gegenwärtig aufgefaßt zu werden pflegt — in ihrer Anwendung auf bewegte Körper zu Asymmetrien führt, welche den Phänomenen nicht anzuhaften scheinen, ist bekannt. Man denke z. B. an die elektrodynamische Wechselwirkung zwischen einem Magneten und einem Leiter. Das beobachtbare Phänomen hängt hier nur ab von der Relativbewegung von Leiter und Magnet, während nach der üblichen Auffassung die beiden Fälle, daß der eine oder der andere dieser Körper der bewegte sei, streng voneinander zu trennen sind. Bewegt sich nämlich der Magnet und ruht der Leiter, so entsteht in der Umgebung des Magneten ein elektrisches Feld von gewissem Energiewerte, welches an den Orten, wo sich Teile des Leiters befinden, einen Strom erzeugt. Ruht aber der Magnet und bewegt sich der Leiter, so entsteht in der Umgebung des Magneten kein elektrisches Feld, dagegen im Leiter eine elektromotorische Kraft, welcher an sich keine Energie entspricht, die aber — Gleichheit der Relativbewegung bei den beiden ins Auge gefaßten Fällen vorausgesetzt — zu elektrischen Strömen von derselben Größe und demselben Verlaufe Veranlassung gibt, wie im ersten Falle die elektrischen Kräfte.

Beispiele ähnlicher Art, sowie die mißlungenen Versuche, eine Bewegung der Erde relativ zum „Lichtmedium" zu konstatieren, führen zu der Vermutung, daß dem Begriffe der absoluten Ruhe nicht nur in der Mechanik, sondern auch in der Elektrodynamik keine Eigenschaften der Erscheinungen entsprechen, sondern daß vielmehr für alle Koordinatensysteme, für welche die mechanischen Gleichungen gelten, auch die gleichen elektrodynamischen und optischen Gesetze gelten, wie dies für die Größen erster Ordnung bereits erwiesen ist. Wir wollen diese Vermutung (deren Inhalt im folgenden „Prinzip der Relativität" genannt werden wird) zur Voraussetzung erheben und außerdem die mit ihm nur scheinbar unverträgliche

「運動物体の電気力学について」
Ann. Phys. **17**, 891, 1905.

Lecture **1**

いま何時ですか?
光の理論から相対論へ

太田浩一

アインシュタインがベルンの特許局を退職してチューリヒ大学で理論物理学助教授の職務に就いたのは 1909 年 10 月 15 日のことです．アインシュタインは 12 月 11 日に「現代物理学における原子論の役割について」という就任講義を行いました．連邦工科大学 (ETH) で級友だったコルロスも講義に出席しました．相対論 50 周年を記念して 1955 年 7 月 11–16 日にベルンで開催された研究会でコルロスが行った講演を聞いてみましょう．アインシュタインはその年の 4 月 18 日に亡くなっています．

> 彼がチューリヒで特殊相対論についてはじめて話をしたとき，それは大学でもなく，工科大学でもなく，市の食堂にある大工組合の部屋の中でした．使えるのは小さな黒板しかなく，彼はそこに 1 本の線を横に引きました．それが時間に関する彼の新しい概念を紹介しようとする 1 次元の空間だったのです．「この直線のすべての点に 1 つずつ時計がある，つまり無数にたくさんの時計がある，と思ってください」と言って彼は講義を始めました．彼はその理論を 1 時間以上説明した後で，突然話を止めて長く話しすぎたことを詫び，私たちにたずねました．「本当はどのくらい長すぎましたか？　というのはぼくは時計をもっていないんです．」

時間の概念に革命を起こし，空間のあらゆる点に時計があると熱弁するアインシュタイン自身が時計をもっていなかったというのは愉快な逸話ですね．2005 年に発行されたフランスの科学雑誌の表紙にアインシュタインと革命家チェ・ゲヴァラの顔が重なっています．「アインシュタイン：革命の 100 年」と書かれているように，1905 年は物理学にとって革命が始まった年だったのです．

　19 世紀を通じて，また 20 世紀初頭の当時も，ドイツにおける物理学の権威ある雑誌は『物理学年報』で，ドイツ物理学会と協力して刊行されていました．編集者にプランクの名があり，編集長はド

ルーデでした．ドルーデは光学や金属の電子論で有名で，みなさんが高校の物理で習った電気伝導の考え方はドルーデによるものですが 1906 年に自殺した悲劇の物理学者です．

さて，『物理学年報』17 巻の目次を見てみましょう．アインシュタインは 3 カ月あまりの間に 3 編の論文を発表していることがわかります．3 月 18 日に「光の発生と変換に関する発見的な見方について」，5 月 11 日に「熱の分子運動論から要求される静止液体中に浮遊する粒子の運動について」，6 月 30 日に「運動物体の電気力学について」が受理されています．最初の論文は光量子仮説を提唱した論文でその最後に「ベルン，1905 年 3 月 17 日」と書かれていますから 26 歳の誕生日 3 月 14 日の 3 日後のことです．2 番目はブラウン運動の論文，3 番目が相対論の論文です．アインシュタインが 1905 年に『物理学年報』に投稿した論文はそればかりではありません．8 月 19 日に「分子の大きさの新しい決定について」，9 月 27 日に「物体の慣性はエネルギー量に依存するか？」，12 月 19 日に「ブラウン運動の理論について」が受理されています．最初の論文は 4 月 30 日に完成した学位論文を出版用に手直ししたもの，2 番目は相対論の論文を補足し，「質量とエネルギーの等価性」を述べた論文です．まさに「奇跡の年 (annus mirabilis)」と言うほかありません．

ベルンは美しい町です．アーレ川が U 字型に蛇行して囲む丘の上にある旧市街の中央に石畳の道が東西に貫いており，真ん中あたりにある大きな時計をつけた門がベルンのシンボルになっています．そこから東側がクラムガッセです．道には所々に噴水があり，道の両側はアーケードになっています．そのクラムガッセ 49 の 3 階にアインシュタインが住んでいたアパートがあります．アーケードの柱には「この家で相対論に関する基礎論文を作成した」と書かれた銘板が取り付けられています．時計台といい，美しい町並みといい，

「ここで相対論が生まれたのだ」と感動してしまうところです．ところがアインシュタインはこの部屋でブラウン運動の論文を書いた直後の5月15日に旧市街から南西の方向にある町はずれのベーゼンショイアーヴェーク28に引っ越しました．相対論の論文はそれから1カ月半の間に書かれたことになります．現在はチャルナー通りになりアインシュタインが住んでいた家も取り壊されてしまいました．現実はあまりロマンティックではないようです．

　アインシュタインはどうして「すべての点に1つずつ時計がある」と考えたのでしょうか．この講義では原論文になるべく忠実にその理由を紹介することにしましょう．アインシュタインの論文はきわめて簡潔に明快に書かれているので，原論文を読むことを奨めますが，この講義がそのための案内役になれば幸いです．

遅れる時計

非対称性　アインシュタインの論文は次のように始まっています．

> マクスウェルの電気力学は——今日通常理解されている限りでは——運動する物体に適用すると，その現象に固有とは思えない非対称性に至ることが知られている．たとえば，磁石と導体の電気力学的な相互運動を考えてみよう．ここで観測される現象は導体と磁石の相対運動にのみ依存しているが，従来の見方ではそれらのうちいずれが運動するかによってはっきりした区別をしている．磁石が運動し導体が静止していると磁石のまわりには，ある一定のエネルギーをもった電場が生じ，導体のある場所で電流をつくる．ところが，磁石が静止し導体が運動するときは磁石のまわりには電場が生じない．しかし，——両者の相対運動の同等性を仮定すると——導体には，それ自体は対応するエネルギーをもたないが，第1の例における電気力と同一の経路と強度をもつ電流を誘導する起電力が生じるのである．

「マクスウェルの電気力学」はマクスウェル方程式に基づいています．それによると電場 $\boldsymbol{E}$ と磁場 $\boldsymbol{B}$ は真空中で方程式

$$\frac{1}{V}\frac{\partial \boldsymbol{B}}{\partial t} = -\boldsymbol{\nabla} \times \boldsymbol{E}, \quad \frac{1}{V}\frac{\partial \boldsymbol{E}}{\partial t} = \boldsymbol{\nabla} \times \boldsymbol{B}$$

を満たします．見慣れない記号があるかもしれませんがこの講義ではくわしい定義を知らなくてもよいので心配しないでください．電場は単位電荷に働く力，磁場は単位磁荷に働く力です．いずれも時間 t と空間座標 x, y, z の関数になっています．一般に空間座標の関数を「場」と言います．「電場」は「電気力の場」，「磁場」は「磁気力の場」を意味しています．$\frac{\partial}{\partial t}$ は時間微分，$\boldsymbol{\nabla}$ は空間微分を表しています．アインシュタインはベクトル記法ではなく，$\boldsymbol{E}$ を X, Y, Z，$\boldsymbol{B}$ を L, M, N として成分ごとの式を書いていますが，ここでは現代流に書き直しておくことにしましょう．V は光速度で，現代では c を使いますが，アインシュタインはマクスウェルの記号を使っています．

「非対称性」をもう少しくわしく調べてみましょう．静止させた導体に磁石を近づけてみます．導体の周辺の磁場は時間変化します．第1の式に従えば，磁場の時間変化がある場所では必ず電場が生じています．電場があれば導体中の電荷は力を受けて運動し電流が流れます．次に静止させた磁石に導体を近づけてみましょう．静止した磁石のつくる磁場は時間変化しません．電場もないことになりますから，導体中の電荷は力を受けず，電流は流れないのでしょうか．実際は導体に電流が流れることは高校でも習いましたね．静磁場の中で導体が運動するとローレンツ力に起因する電場が生じるからです．ところで後者の場合に導体と同じ速度で運動する観測者の立場になってみましょう．彼にとっては導体が静止し磁石が運動しているのですから，磁場は時間変化し，同じマクスウェル方程式によって

電場を説明できるはずではありませんか．アインシュタインが言っているように，相対運動としてはどちらも同等としか考えられません．それなのに同等な現象に対してどうして異なる理論的説明をするのか？というのがアインシュタインの疑問だったのです．

　アインシュタインは「非対称性に至ることが知られている」と言っています．「非対称性」はよく知られていたのでしょうか．アインシュタインの取り上げた現象はファラデイが発見した法則です．ファラデイはどちらの場合でも同様に電流が流れることを発見したのです．対称的ですね．またファラデイの発見を初めて定式化したのがノイマンです．ノイマンはプロイセンの古都，カントの町ケーニヒスベルクで数学者ヤコービとともに理論物理学ゼミナールを始めた物理学者でドイツ理論物理学の開祖ともいうべき人です．ノイマンの論文は驚くほど現代的で素晴らしいものですが，みなさんが高校で習った誘導起電力の公式

$$\mathcal{E} = -\frac{\mathrm{d}\Phi}{\mathrm{d}t}$$

はノイマンの1845年の論文に書かれています．Φは導体を貫く磁束で，ノイマンの公式は磁石と導体のいずれが運動していても成り立ちます．やはり「非対称性」はありません．マクスウェル方程式で初めて「非対称性」が現れたのです．ところが当時の教科書や論文で「非対称性」に気づいた人はほとんどいないのです．ホルトンはアインシュタインが「非対称性」の記述を発見したのはフェップルの『マクスウェルの電気学入門』ではないかと推測しています．その第5部「運動導体の電気力学」第1章の最初の部分に次のような記述があります．

　　以下で相対運動に対する運動学の法則を用いるとき，注意
　して進む必要がある．たとえば，静止した電気回路の近くで

> 磁石が運動するか，磁石が静止しているときに回路が運動するかはまったく同じことであるということが先験的に解決していると考えてはならない．

土木技師フェップルは，1892 年にライプツィヒ大学に赴任したとき，農業機械に関する講義の準備に退屈して余暇に『電気学入門』を書き 1894 年に出版しました．そのときフェップルはヘヴィサイドの論文を参考にしました．マクスウェルのもとの方程式は複雑な形をしており，それを整理しベクトル記法を用いて現代の形にしたのがヘヴィサイドです．上で書いたマクスウェル方程式はヘヴィサイドによるものでヘヴィサイドは「二重方程式」と呼んでいます．ヘヴィサイドももとは電信技師で，マクスウェルの教科書に感動し職をなげうって極貧の中で独学で電磁気学の完成に貢献した人です．マクスウェル方程式で E を B に，B を $-E$ に置き換えても同じマクスウェル方程式になるのがすぐわかります．この「双対性」という対称性は現代物理学で重要な意味をもっていますが，ヘヴィサイドが最初に気づいたのです．ヘヴィサイドやフェップルが純粋な数学者ではなく，技術者として現実的な鋭い感覚をもっていたことが重要なことに思われます．アインシュタインも有能な特許局員だったことを思い起こしてください．

相対論 アインシュタインの相対論は 2 つの定理「相対性原理」と「光速度不変の原理」からなっています．

1. 物理系の状態がそれによって変化を受ける諸法則は，これらの状態変化が一様並進運動する 2 つの座標系のいずれに準拠するかに依存しない．
2. 任意の光線は「静止する」座標系において，光線が静止した物体から放出されるか，運動する物体から放出されるかによらず，一定速度 V をもって運動する．

「相対性原理」はガリレイにさかのぼります．ガリレイは 1632 年に『天文対話』の中で次のような思考実験を述べています．船の帆柱の上から鉛玉を落下させると，船が静止していても，運動していても，鉛玉はいつも帆柱の根元に落下します．ガリレイは力学の法則が船の速度とかかわりなく同じであることに気づいたのです．「対称性」ですね．互いに一定速度で運動する異なる観測者でニュートン方程式が同じ形を取るという法則を現代では「ガリレイの相対性原理」と呼んでいます．

ところがアインシュタインはマクスウェル方程式が「ガリレイの相対性原理」に従っていないことに気づきました．それが「非対称性」だったのです．そこでアインシュタインは定理 1 で力学の「相対性原理」をマクスウェル方程式を含むすべての物理法則に一般化しました．物体が静止していても運動していてもマクスウェル方程式が同じ形を取らねばならないことになります．どうしてそうなるかはともかく，物理的にはもっともらしい「対称性」を要請したのです．

マクスウェル方程式は電場と磁場の連立方程式になっていますが電場だけ，あるいは磁場だけの方程式に書き換えることができます．そのとき電場も磁場も「波動方程式」を満たすことがすぐにわかります．そして電場と磁場の「波動」つまり「電磁波」の速度が V になることがわかります．マクスウェルが「光の電磁波説」を唱えたのはまさにこの事実に基づいていました．さて定理 1 「相対性原理」によって物体が静止していても運動していても波動方程式が同じ形を取るのですから「電磁波」の速度はいずれの場合も V でなければなりません．これもどうしてそうなるかはともかく，定理 2 「光速度不変の原理」を要請したのです．

同時性 アインシュタインの定理1はマクスウェル方程式に，定理2は力学の「速度合成の法則」に矛盾します．それらの矛盾を解決するのが「同時性」の見直しだったのです．アインシュタインの同時性の定義はきわめてあたりまえのようにみえます．棒の両端 A と B に時計が置いてあり，光が時刻 t_A に A を出発し，時刻 t_B に B で反射し，時刻 t'_A に A に戻るとしましょう．2つの時計が合っているとき，

$$t_B - t_A = t'_A - t_B$$

が成り立ちます．異論のある人はいないでしょう．ところが棒が運動しているととたんにアインシュタインの世界に引き込まれてしまいます．論文には次のように書かれています．棒の速度を v とします．

> 棒の両端（A と B）に，静止する系の時計に同期させた時計が置かれているとしよう．すなわちそれらの指示はどの瞬間においてもそれらがいる場所での「静止する系の時刻」に対応しているとしよう．これらの時計は「静止する系において同期」している．
>
> ……光線が時刻 t_A に A を出発し，時刻 t_B に B で反射し，時刻 t'_A に A に戻るとしよう．光速度不変の原理を考慮すると
> $$t_B - t_A = \frac{r_{AB}}{V - v}$$
> および
> $$t'_A - t_B = \frac{r_{AB}}{V + v}$$
> である．ここで r_{AB} は静止する系で測った運動する棒の長さを表す．こうして，運動する棒とともに運動する観測者は2つの時計が同期していないことを発見するが，静止する系にいる観測者は時計が同期していると言明する．

「静止する系」というのは棒が運動している座標系のことです．

もう少していねいに説明しましょう．「静止する系」に観測者がいて運動する棒を観測しています．A を出発した光は 1 秒に V だけ進みます．「光速度不変の原理」によって，光速度は光源の運動に依存しないことに注意してください．棒は同じ 1 秒に v だけ進むので，光が棒の長さ r_{AB} だけ進むためには時間 $\frac{r_{AB}}{V-v}$ が必要ですね．それが第 1 の式の意味です．同じように，B で反射した光は逆向きに 1 秒に V だけ進みます．光が棒の長さ r_{AB} だけ進むためには時間 $\frac{r_{AB}}{V+v}$ が必要です．それが第 2 の式の意味です．

　棒と一緒に運動する観測者 A と B の場合はどうでしょうか．A と B は「静止する系」の時計を見て時刻を決めることにします．「静止する系」にはいたるところに時計が置いてあり，すべての時計はいつも同一時刻を指しているとします．A と B はいつも目の前を通り過ぎる時計を見て時刻を決めるのです．A と B が見る時計の目盛りは「静止する系」の観測者が見る目盛りと同じですから A から B へ光が届く時間は $\frac{r_{AB}}{V-v}$，B から A へ光が届く時間は $\frac{r_{AB}}{V+v}$ ですね．行きと帰りで時間が異なります．

　A と B が自分の時計を参照したらどうでしょう．2 人にとって棒は止まっているのですから光は行きも帰りも同じ時間をかけて往復します．2 人は「自分たちの時計は合っているが，静止する系の時計は合っていない」と言い出すに決まっています．こうして時間は観測者がどの座標系にいるかによって異なることがわかります．アインシュタインの結論はこうです．

> こうしてわれわれは同時性の概念に絶対的な意味を与えることができず，1 つの座標系で調べたときに同時である 2 つの事象が，その系に相対的に運動する系で調べるともはや同時であると解釈できないことがわかる．

ローレンツ変換　相対的に運動する 2 つの座標系で時計の位置と時計の指針の関係はどうなっているのでしょうか．1 次元の運動のみを考え，「静止する系」（棒が速度 v で運動する座標系）の時刻を t，位置座表を x，「運動する系」（棒と同じ速度 v で運動する座標系）の時刻を τ，位置座標を ξ で表すことにします．2 つの系は $t = \tau = 0$ で原点が一致するとします．一様並進運動する系（慣性力のない系）の間で 2 つの座標の関係式は線形でなければなりません．また「静止する系」において速度 v で運動する座標は「運動する系」では静止しているはずですから，ξ は $x - vt$ に比例しなければなりません．

2 つの座標の関係式を見つけるために「光速度不変の原理」を使います．$t = \tau = 0$ で原点を出発した光はいずれの系でも左右に V で伝わっていきます．光の位置はそれぞれ $x = \pm Vt$，$\xi = \pm V\tau$ です．$x^2 = V^2 t^2$ と $\xi^2 = V^2 \tau^2$ が同時に成り立っています．線形の関係式のもとで $\xi^2 - V^2\tau^2$ が $x^2 - V^2 t^2$ となるもっとも一般の関係式は

$$\tau = \beta\left(t - \frac{v}{V^2}x\right), \quad \xi = \beta(x - vt)$$

です．これが「ローレンツ変換」です．

$$\beta = \frac{1}{\sqrt{1 - \left(\frac{v}{V}\right)^2}}$$

は現代ではローレンツ因子と呼ばれる量で γ と書くのが普通ですがここではアインシュタインの記号を使いましょう（「光速度不変の原理」と「線形性」だけでは β に v の大きさのみの関数 $\varphi(v)$ の不定性がありますが，「v で運動する系」に対して「$-v$ で運動する系」が「静止する系」になることを使うと $\varphi(v) = 1$ が得られます）．

アインシュタインの思考実験で得られた奇妙な事実が実現されていることを確かめておきましょう．光が A を出発した時刻に 2 つの

系の原点が一致しているとします．すなわち $t_A = \tau_A = 0$ とします．そのとき「静止する系」で，A は $x = 0$ に，B は $x = r_{AB}$ に，時刻 t で A は $x = vt$ に，B は $x = r_{AB} + vt$ にいます．「運動する系」では A の位置は $\xi = 0$，B の位置は $\xi = \beta r_{AB}$ で一定です．βr_{AB} は棒の長さですからそれを l とすると

$$r_{AB} = l\sqrt{1 - \left(\frac{v}{V}\right)^2}$$

が成り立つことがわかります．「静止する系」の棒の長さは「運動する系」に比較して短くなっていることがわかります．これが「長さの収縮」です．1889 年および 1892 年にそれぞれ独立にフィッツジェラルドとローレンツが仮説として提唱したので「フィッツジェラルド–ローレンツ収縮」と言います．

「静止する系」の時刻 t では「運動する系」における A の時刻は

$$\tau = t\sqrt{1 - \left(\frac{v}{V}\right)^2}$$

B の時刻は

$$\tau = t\sqrt{1 - \left(\frac{v}{V}\right)^2} - \beta\frac{v}{V^2}r_{AB}$$

になります．この式を使うと B が光を受け取る時刻 $t_B = \frac{r_{AB}}{V-v}$ は「運動する系」で $\tau_B = \frac{l}{V}$ になります．光が速度 V で距離 l を進んだことを表す当然の関係が成り立っています．同じように A が光を受け取る時刻 $t'_A = \frac{2V}{V^2-v^2}r_{AB}$ は「運動する系」で $\tau'_A = \frac{2l}{V}$ となります．こうして観測者 A と B は 2 つの系の時計が食い違うことに気づいたのです．

時間の遅れ 「静止する系」における時間の進み方 Δt と「運動する系」における時間の進み方 $\Delta \tau$ は

$$\Delta\tau = \Delta t \sqrt{1-\left(\frac{v}{V}\right)^2}$$

の関係にあります．上で与えた τ から，A の場合は明らかですね．τ は，「静止する系」で時刻 $t=0$ から t まで進む間に「運動する系」で $\tau=0$ から進む時間を表しています．B の場合は注意が必要です．「静止する系」で B が $t=0$ のとき「運動する系」では $\tau=-\beta\frac{v}{V^2}r_{AB}$ になっています．そこで「静止する系」で B が時刻 $t=0$ から t まで進む間に「運動する系」では $\tau=-\beta\frac{v}{V^2}r_{AB}$ から τ まで進む時間は $\Delta\tau$ になっていることがわかります．

「時間の遅れ」についてアインシュタインの原論文では次のようになっています．

> この時計の場所に関係する量 x,t および τ の間に明らかに方程式
> $$\tau = \frac{1}{\sqrt{1-\left(\frac{v}{V}\right)^2}} \left(t - \frac{v}{V^2}x\right)$$
> と $x=vt$ が成り立つ．それはまた
> $$\tau = t\sqrt{1-\left(\frac{v}{V}\right)^2} = t - \left(1-\sqrt{1-\left(\frac{v}{V}\right)^2}\right)t$$
> で，それから時計の指針は（静止する系で見て）毎秒 $(1-\sqrt{1-(v/V)^2})$ 秒だけ，あるいは 4 次以上の高次の項を無視すると $\frac{1}{2}(v/V)^2$ 秒だけ遅れることになる．

またこのすぐ後で

> A で同期した 2 つの時計がありその 1 つを再び A に戻るまで一定速度で t 秒の間閉曲線上を運動させたとすると，その時計は A に到着したとき静止していた時計に比べて $\frac{1}{2}t(v/V)^2$ 秒だけ遅れる

と言っています.「双子のパラドクス」ですね.「時間の遅れ」を明瞭に述べたことがアインシュタインを相対論の創始者にしています.

時間と空間座標だけではなく電場と磁場も座標系に依存して変化します.それは不思議なことではありません.電荷が等速運動している系では電荷がつくる電場と電荷が運動することによって流れる電流がつくる磁場が存在します.ところが電荷と同じ速度で運動する系では静止した電荷がつくる電場しかありません.一般に「静止する系」の電磁場を E, B,「運動する系」の電磁場を E', B' とするとそれらの間には決まった関係が成り立ちます.ここでは具体的な変換則は省略しますが,「運動する系」でもマクスウェル方程式

$$\frac{1}{V}\frac{\partial B'}{\partial \tau} = -\nabla' \times E', \qquad \frac{1}{V}\frac{\partial E'}{\partial \tau} = \nabla' \times B'$$

が厳密に成り立ちます.∇' は,ξ, y, z に関する微分を表します.こうしてマクスウェル方程式に「非対称性」がないことがわかりました.「静止する系」の観測者も,「運動する系」の観測者もまったく同じ形をしたマクスウェル方程式によってファラデイの法則を説明することができます.

「時間の遅れ」を最初に実験的に検証したのはアイヴズです.1938年のスティルウェルとの共著論文で

> 本実験はこの割合が関係式
>
> $$\nu = \nu_0(1 - v^2/V^2)^{\frac{1}{2}}$$
>
> に従うことを確立した.ここで ν_0 はエーテル中に静止する時計の振動数,ν は運動中の振動数である.……本実験によってその現実性が確立されたと考えてよい時計の進み方の変化がもたらす諸結果の議論は事実上ラーモアとローレンツによって発展させられた運動物体の光学の全理論をなしている

と言っています．アイヴズは生涯アインシュタインの相対論を認めず，この論文でもアインシュタインに言及していませんが，アイヴズの実験はきわめて優れた相対論の検証になっています．アイヴズがラーモアの名をあげているのは，ラーモアが 1900 年に出版した『エーテルと物質』の中でローレンツ変換を与えていたからです．

ラーモアは電磁場のローレンツ変換も正確に導き，マクスウェル方程式が座標系に依存しないことを証明していました．ラーモアは「時間の遅れ」にも気づいています．彼の思考実験はこうです．定常な円軌道を描く電子を考えましょう．この軌道面がある方向に速度 v で運動するとき軌道は v の方向に楕円率 $1 - \frac{1}{2}v^2/V^2$ で平たくなることに注意しています．そして

> 電子が平均位置より前方にいる場合に位相の 1 次の遅れがあり，後方にいるときの加速と相まって全体としては周期が 2 次の比 $1 + \frac{1}{2}v^2/V^2$ で変化するということを主張することができる

と言っています．「静止する系」では周期が長くなることを言っているのです．ここでラーモアが普遍的な物理的帰結を述べていたら相対論の創始者になっていたかもしれませんが彼は生涯相対論を理解することはありませんでした．

解析学者と物理学者

座標系によって時間が異なるという考え方はアインシュタインが初めてではありません．ポアンカレーは 1898 年の論文「時間の測定」で時間，同時性，経過時間について疑問を呈しています．ポアンカレーが 1900 年に書いた「ローレンツ理論と反作用の原理」は，物質ばかりではなく光も運動量をもつことを示した重要な論文で，「任

意の装置が電磁エネルギーを生成した後でそれをある方向に輻射として送り出すとすると，装置は砲弾を発射した大砲のように反跳すると結論せざるを得ない」として，「装置が 1 kg の質量をもつとし，ある方向に光速度で 300 万ジュールを送り出すとすると，反跳による速度は毎秒 1 cm である」と書いています．輻射がそのエネルギーを V^2 で割った質量をもつことを示したもので，「質量とエネルギーの等価性」を示す先駆となっています（アインシュタインは 1906 年の論文で「箱の中の光子」という思考実験を用いて「質量とエネルギーの等価性」を示していますがポアンカレーのこの 1900 年の論文を引用しています）．ポアンカレーはその論文の中で

> 異なる位置に置かれた観測者が光信号を用いて時計を合わせるものとする．彼らは伝達時間だけ信号を修正しようとするが，自分たちが運ばれている並進運動を知らず，したがって信号が 2 方向に同じ速さで伝達すると信じていて，A から B へ信号を送り次に B から A へ別の信号を送ることによって観測を交差させるにとどまるものとする．局所時間 t' はこのように調整された時計に示された時間である

と言っています．

ローレンツは 1892 年の画期的な論文「マクスウェルの電磁理論と運動物体への応用」以来，運動物体のマクスウェル方程式を研究し，1904 年には座標と電磁場のローレンツ変換に到達していました．ローレンツが導入した「局所時間」t' はアインシュタインの τ と数学的には同じですが，ローレンツが t' を数学的な量と考えたのに対し，ポアンカレーやアインシュタインが t' もまた物理的な時間であると考えたことが本質的な違いです．ローレンツはそのため相対論的な速度の加法則に至らず，マクスウェル方程式は「運動する系」では完全には同じ形にならなかったのです．ローレンツは 1915 年『電子論』第 2 版に

> 私の失敗の主要な原因は，変数 t だけが真の時間とみなすことができ，私の局所時間 t' は単なる数学的な補助的な量とみなさなければならないという考え方を捨てきれなかったことにある．アインシュタインの理論ではその逆に t' は t と同じ役割を果たす．x', y', z', t' によって現象を記述したいなら，x, y, z, t とまったく同様にこれらの変数を扱わなければならない

と書き加えています．

ポアンカレは 1900 年の論文では結果しか書いていませんが 1906–7 年冬学期にソルボンヌで行った講義「ニュートンの法則の限界」で局所時間を正確に導いています．その中で次のように言っています．

> 2つの局 A と B が互いに距離 D に位置しているとする．A と B において 2 人の観測者が互いに時計を合わせようとする．彼らは光信号を送る．彼らは光速度を考慮に入れる必要がある．
>
> A が信号を送り B は直ちにそれを送り返す．光が A から B へ行くために要する時間を得るために，A は行きと帰りの時間の平均を取る．
>
> 光は，行きは時間 $\tau = \frac{D}{V}$，帰りは時間 $\tau_1 = \frac{D}{V} = \tau$ をかける．そこで A は時間 $\tau + \tau_1$ を記録し，その時計の調整として τ のかわりに $\frac{\tau + \tau_1}{2}$ を取る．2 つの局 A と B が固定されているならこれは正しい．
>
> AB 系の変位が速度 v で AB 方向に運ばれているとする．そのとき
> $$\tau = \frac{D}{V-v}, \qquad \tau_1 = \frac{D}{V+v}$$
> である．

ポアンカレの思考実験はアインシュタインと同じです．

アインシュタインの相対論の論文は 1905 年 6 月 30 日が受理日ですが，その前の 6 月 5 日にポアンカレーは論文「電子の力学について」をパリ科学アカデミーで発表しました．7 月 23 日には同名の本論文をパレルモ数学会に投稿しています．アインシュタインとは独立に書かれた本論文は驚くべき内容をもっています．第 1 節は「ローレンツ変換」です．「ローレンツ変換」や「相対性原理」という用語はポアンカレーが名づけたのです．速度の相対論的加法則，電荷密度と電流密度のローレンツ変換，電磁場のローレンツ変換を与え，マクスウェル方程式がローレンツ変換のもとで形を変えないことを証明しました（ラーモアの証明は物質がない真空中でした）．アインシュタインが与えなかったポテンシャルやローレンツ力密度の変換則などもこの論文に書かれています．電磁場のラグランジュ関数はローレンツ変換のもとで不変である（第 3 節），ローレンツ変換は群をなす（第 4 節），等速度運動する電荷のつくる電磁場をクーロン場のローレンツ変換で導く（第 5 節），$x,y,z,t\sqrt{-1}$ は 4 次元空間をつくる（第 9 節），などは，現代の相対論の教科書に，ポアンカレーに言及することなく書かれています．

ポアンカレーは亡くなる直前の 1912 年 5 月 4 日にロンドン大学で行った講演「空間と時間」の中で次のように言っています．

> それでは物理学の最近の進歩に起因する革命とは何だろうか．相対性原理は，その昔のままの形では，放棄しなければならず，ローレンツの相対性原理によって置き換えなければならなかった．それは力学の微分方程式を変えない「ローレンツ群」の変換のことである．系が，固定軸ではなく，並進運動する軸に準拠していると仮定すると，すべての物体は変形を受け，たとえば球はその短軸が軸の並進に平行な楕円体に変形することを認めなければならない．時間も完全に変更される必要がある．

> ここに2人の観測者がいて，1人は固定軸に，もう1人は運動軸に束縛されているが，両者とも静止していると信じているとする．前者が球と見る形が後者には楕円体に見えるというばかりではない．前者が同時と見る2つの事象は後者にはもはやそう見えないだろう．新しい概念では空間と時間はもはや別々に考えられるべき別個の存在ではなく同じ1つの全体の2つの部分，容易には分離できないほどしっかり結ばれた2つの部分とみなすことができる．

ポアンカレーは一度もアインシュタインの相対論に言及することはありませんでしたが，ここで述べられた内容は相対論そのものです．それにもかかわらず，なぜポアンカレーは革命家にはならなかったのでしょうか．同じ講演でポアンカレーは次のようにしめくくっています．

> これらの新たな結論を考慮するとわれわれの立場はどうなるだろう？　われわれの結論を修正しなければならないだろうか？　そんなことはない．……今日ある物理学者らは新しい規則を採用することを望んでいる．彼らがそうしなければならないというわけではない．彼らはこの新しい規則がより便利だと考えるからである．それだけである．この意見に賛成しない人々も昔の習慣を乱さないように昔の規則を正当に保持することができる．われわれの間では長い間そうするものと信じている．

　私としては2人の偉大な数学者と物理学者を並べて論評することはできませんが，ド・ブロイが『ポアンアレー全集』で述べている言葉を紹介するのが適切なのではないでしょうか．

> このようにポアンカレーは堅固な基礎の上に，現代においても多くの応用例をもつ電子の相対論的新力学を確立した．こうして彼は重要な業績を成し遂げたが，同時に，おそらく物理学者である以上に解析学者であったから，距離や持続時間

の測定に関するきわめて精緻な解析に基づく普遍的な視点を読み取らなかった．若きアルベルト・アインシュタインは，天才の直観でそれを発見し，それが彼を空間と時間に関するわれわれの考え方の完全な変換に導いた．ポアンカレーはこの決定的な一歩を踏まなかったが，彼はローレンツと共に，それを可能とするために最大の貢献をしたのである．

すっかりわかったよ

アインシュタインが相対論の論文を書いたのはベーゼンショイアーヴェーク 28 に引っ越してからでしたが，工科大学の同窓で特許局の同僚でもあるベッソーも近くのシュヴァルツェンブルク通り 15 に越してきました．特許局から徒歩で 15 分ほどの距離を 2 人で議論しながら帰ってきたのでしょう．アインシュタインは 1922 年 12 月 14 日に京都大学で行った講演「如何にして私は相対性理論を創つたか」で 17 年前を思い出して次のように語っています（石原純『アインスタイン教授講義録』，改造社，1923）．

> 「……ともかくもこの時私はマックスウェル・ローレンツの電気力学の方程式が確かなものであり，正しい事実を示すことを信じました．しかもこの式が運動座標系に於ても成り立つと云ふことは，謂はゆる光速不変の関係を私たちに教へるものです．けれどもこの光速不変は既に私たちの力学で知つてゐる速度合成の法則と相容れません．何故にこの二つの事がらはお互に矛盾するのであらうか．私はこゝに非常な困難に衝き当るのを感じました．私はローレンツの考をどうにか変更しなけ〔れ〕ばならないことを期待しながら，殆ど一年ばかりを無効な考察に費さねばなりませんでした．そして私には容易にこの謎が解けないものであることを思はずにはゐられませんでした．
>
> 「ところがベルン（瑞西）にゐた一人の私の友人が偶然に私を助けてくれました．或る美はしい日でした．私は彼を尋〔ママ〕ねて斯う話しかけたのです．

『私は近ごろどうしても自分に判らない問題を一つ持つてゐる．けふはお前のところにその戦争を持ち込んで来たのだ』と．私はそしていろいろな議論を彼との間に試みました．私はそれにより翻然として悟ることが出来るやうになりました．次の日に私はすぐもう一度彼のもとに行つてそしていきなり言ひました．
　『ありがたう．私はもう自分の問題をすつかり解釈してしまつたよ』
　私の解釈と云ふのは，それは実に時間の概念に対するものであつたのでした．つまり時間は絶対に定義せられるものではなく，時間と信号速度との間に離すことの出来ない関係のあると云ふことがらです．以前の異常な困難は之で始めてすつかりと解くことが出来たのでした．」
　「この思ひ付きの後，五週間で今の特殊相対性原理が成り立つたのです．……」

「ベルンにいた私の一人の友人」というのがベッソーのことです．相対論の論文はローレンツの名もポアンカレーの名もなく，ベッソーへの謝辞で終わっています．

　　最後に，ここで扱った問題を研究するにあたって私の友人で同僚の M. ベッソーが私を誠実に助けてくれたこと，私は多くの価値ある提案を彼に負っていることを述べておきます．

「物体の慣性はエネルギー量に依存するか?」
Ann. Phys. **18**, 639, 1905.

Lecture **2**

もっとも有名な関係式 $E=mc^2$
エネルギーと質量の等価性

加藤光裕

アインシュタインの関係式 $E = mc^2$ は，相対論を学んだことのない人でも一度はどこかで見たことがあるほどの有名な関係式だと思います．Tシャツの図案やテレビCMなど，その内容とは無関係な文脈でさえお目にかかるほどです．おそらく物理学で現れる関係式の中でももっとも有名なものの1つでしょう．

　このシンプルな関係式は，20世紀に確立した現代物理学において，それ以前とは革新的に違う物理概念の変更を人類に突きつけた新理論の象徴として掲げられていると同時に，純粋に科学的な結果が，人間社会の中で，直接的であろうと間接的であろうと，思わぬものを生み出すきっかけや背景的基礎付けを与えてしまう可能性があること，科学が社会と無縁に発展することができないことを初めて深刻に認識させた点においても，大きな歴史的存在感を放っているのです．

　この講義では，この有名な関係式がどのような原理に基づいて現れてくるのか，その意味するところは何かについて，特殊相対性理論のさまざまな特徴と合わせて説明していきましょう．まずは，アインシュタイン自身がこの関係式について，ある講演の中でとても簡潔に説明したくだりを引用しておきます．

> 特殊相対性理論からは，質量とエネルギーはどちらも同じものの違った実現の仕方なのだということが導かれました──日常感覚からは少し慣れない考え方ですが．さらに，エネルギーを光の速度の2乗をかけた質量に等しいとおく方程式 $E = mc^2$ は，ほんの少量の質量が莫大な量のエネルギーに転換し得るということ，あるいはその逆を表していたのです．実のところ前述の公式に従えば，質量とエネルギーは等価なのでした．このことはコッククロフトとウォルトンによって1932年に実験的に示されました．

このきわめて要を得た説明の意味を，その起源となる原理とともにじっくり理解することがこの講義の目的です．類推に頼ったあいまいな説明ではなく，あまり難しくならない範囲内で，しかしできる限り正確な説明を試みます．そのため少々の数式も使うことにしましょう．

ローレンツ変換

　「奇跡の年」1905 年にアインシュタインが発表した論文のうち，もっとも知られているのが，「運動物体の電気力学について」と題された論文でしょう．彼はこの論文の中で特殊相対性理論を提唱し，その本質的な部分をほぼ完成してしまったのです．しかし，関係式 $E=mc^2$ とその重要な意味を認識するのは，同じ年の少し後に書かれた短い論文「物体の慣性はエネルギー量に依存するか？」の中でした．そこでは光のエネルギーつまり電磁場のエネルギーに関する考察に基づいて議論していますが，ここでは少しやり方を変えてできるだけ力学の知識だけで関係式を導くことにしましょう．どちらにしてもまずは特殊相対性理論について知らなければなりません．

　そこでまず，特殊相対性理論（以下この講義では単に相対論と呼ぶことにします）の基本から始めましょう．相対論は次の 2 つの基本原理に立脚しています．

(A) 相対性原理： すべての慣性系で物理法則は同じ形で記述される．

(B) 光速度不変の原理： 真空中の光速度は光源や観測者の運動によらない．

ここで，慣性系とは，慣性の法則（ニュートンの第 1 法則）が成り立つ座標系です．すなわち，他から力が働いていないとき，質点は

等速度運動をすることが確かめられる座標系のことです．（特殊）相対性原理は，そのような座標系はどれもみな同等あるいは対等であり，物質や場の運動を記述する物理法則は同じ形をしていて，座標変換で互いに移り合えることを主張しています．光速度不変の原理は，そのような座標変換の形を具体的に制限します．光は電磁波ですから電磁場の満たす方程式の形を不変に保つようなものでなければならないということになります．

ニュートンの運動方程式は，ガリレイ変換のもとで形を変えないので，(A) をその意味で満たしていますが，ガリレイ変換自身は (B) を満たしません．では，どのような座標変換が (B) を満たすのでしょう．それを表すためには，時間と空間座標を対等に扱うのが便利です．真空中の光速度を c と書くことにすると，時間 t に c をかければ長さの次元をもつので，空間座標 (x, y, z) と合わせて，(ct, x, y, z) をまとめて扱うことにします．すると欲しい座標変換は，慣性系を慣性系に移す変換であることから，（座標原点を適当に取っておけば）この 4 次元ベクトルに対する 1 次変換（線形変換）であることがわかるので，次のように表せます．

$$\begin{pmatrix} ct' \\ x' \\ y' \\ z' \end{pmatrix} = \begin{pmatrix} a_{00} & a_{01} & a_{02} & a_{03} \\ a_{10} & a_{11} & a_{12} & a_{13} \\ a_{20} & a_{21} & a_{22} & a_{23} \\ a_{30} & a_{31} & a_{32} & a_{33} \end{pmatrix} \begin{pmatrix} ct \\ x \\ y \\ z \end{pmatrix} \qquad (2.1)$$

そして (B) の要請から，この変換が

$$x^2 + y^2 + z^2 - (ct)^2 = x'^2 + y'^2 + z'^2 - (ct')^2 \qquad (2.2)$$

を満たす必要があります．式 (2.1) の右辺の行列を A と表すと，

$$J \equiv \begin{pmatrix} -1 & & & \\ & 1 & & \\ & & 1 & \\ & & & 1 \end{pmatrix}$$

なる行列 J を用いて $A^\mathrm{T} J A = J$ を満たすことがわかります（A^T は A の転置行列）．このような A による座標変換をローレンツ変換と呼びます．つまり，物理法則はローレンツ変換のもとで形を変えないというのが，相対論の要請なのです．

電磁場の満たすマクスウェル方程式（電磁気学の基本法則）は，この性質をはじめからもっていたため，真空中の光速度が慣性系によらず一定の値に導かれたのでした．一方，力学法則であるニュートンの運動方程式は後で出てくるように修正が必要でした．

ローレンツ変換の具体例 ローレンツ変換の具体的な例として，座標系 (ct, x, y, z) に対して座標系 (ct', x', y', z') が x 軸の正方向に速度 v で等速度運動している場合を考えると

$$\begin{cases} x' = \frac{x - vt}{\sqrt{1 - v^2/c^2}} \\ y' = y \\ z' = z \\ t' = \frac{t - (v/c^2) x}{\sqrt{1 - v^2/c^2}} \end{cases} \quad (2.3)$$

という変換で表されます．

v が光速度 c に比べて十分小さい $(v \ll c)$ 場合，近似的に

$$\begin{cases} x' = x - vt \\ y' = y \\ z' = z \\ t' = t \end{cases}$$

となりますが，これはガリレイ変換に他なりません．これはローレンツ変換の意味で不変な相対論的力学が，ガリレイ変換の意味で不変なニュートン力学を，光速度 c に比べて物体の速度が小さいときの近似として含むことと対応しています．

時間と空間の相対性

ローレンツ変換は，慣性系同士の間の座標変換ですから，これだけから等速度で運動する物体に関していくつかの性質を導くことができます．特に有名な例は，運動物体の見かけの収縮と時計の遅れです．これを以下でくわしく見てみましょう．

運動物体の見かけの収縮　いま，観測者の座標系を S，運動物体に固定された座標系を S′ とします．S から見てこの物体が x 軸の正方向に等速度 v で運動しているとすると，2 つの座標系はローレンツ変換 (2.3) で結びついています．この物体の長さを測ってみましょう．まず，物体固有の長さは，物体に固定された S′ 系で先端の座標 x'_1 と後端の座標 x'_0 を読み取れば，その差 $l_0 = x'_1 - x'_0$ で与えられます．S′ 系では，物体は静止しているので，座標の読みは測定する時刻によらないことに注意しておきます．次に，S 系で観測します．時刻 t_1 に先端の座標 x_1 を，時刻 t_0 に後端の座標 x_0 を読み取ったとすると，物体の長さは同時刻に読み取った先端と後端の座標の差ですから，$t_0 = t_1$ のときの $l = x_1 - x_0$ となります．

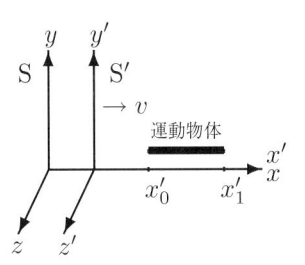

さてローレンツ変換を用いれば，S 系での先端と後端の観測という事象 (t_1, x_1), (t_0, x_0) は，S′ 系ではそれぞれ次の式で表される (t'_1, x'_1), (t'_0, x'_0) に移されます．

$$\begin{cases} x'_i = \dfrac{x_i - v t_i}{\sqrt{1 - v^2/c^2}} \\ t'_i = \dfrac{t_i - (v/c^2)\, x_i}{\sqrt{1 - v^2/c^2}} \end{cases} \quad (i = 0, 1)$$

注意すべきは，$t_1 = t_0$ であったとしても，$t'_1 = t'_0$ とは限らないということです．つまり同時刻という性質は座標系に依存しているのです．これを「同時刻の相対性」と呼びます．上式から，l と l_0 の関係は，

$$\begin{aligned} l_0 &= x'_1 - x'_0 \\ &= \frac{x_1 - x_0 - v(t_1 - t_0)}{\sqrt{1 - v^2/c^2}} \\ &= \frac{l}{\sqrt{1 - v^2/c^2}} \end{aligned}$$

となります．すなわち，観測者が測った運動物体の長さ $l = l_0 \sqrt{1 - v^2/c^2}$ は，物体固有の長さ l_0 に対して $\sqrt{1 - v^2/c^2}$ 倍したぶんだけ「短い」のです．これは，運動することで物体が物理的に縮んだのではなく，長さや同時刻というものが相対的であって座標系に依存するということを表しているのです．

時計の遅れ　上に述べたことと同じことが時間の刻みについても言えます．運動物体に固定された時計を考えてみましょう．たとえば S′ 系の座標 $x' = x'_0$ の位置にこの時計があるとします．時刻 $t' = t'_0$ にこの時計とちょうど重なる位置にある S 系の時計は，ローレンツ変換に従って

$$t_0 = \frac{t'_0 + (v/c^2)\, x'_0}{\sqrt{1 - v^2/c^2}}$$

なる時刻を示しています．この事象から少しの後，S′ 系の時計が $t' = t'_0 + \Delta t'$ の時刻を時計が示したとき，S 系の時計は，

$$t_0 + \Delta t = \frac{t'_0 + \Delta t' + (v/c^2)\, x'_0}{\sqrt{1 - v^2/c^2}}$$

なる時刻を示しています．したがって，S′ 系の時計が $\Delta t'$ の時間を刻む間，S 系の時計は，$\Delta t = \frac{\Delta t'}{\sqrt{1 - v^2/c^2}}$ の時間を刻んでいることになります．つまり S 系の観測者にとって運動物体の時計は自分の時計よりゆっくり時を刻んでいるように見えるのです．これも，運動物体の時計が物理的に遅く動くのではなく，時間間隔というものが相対的であり，座標系に依存しているということなのです．

　逆に，S 系に固定された時計も S′ 系で見れば同様に遅れて見えます．たとえば，S 系の $x = x_0$ にその時計が固定されていたとすると，この時計が時刻 t_0 を示した瞬間に重なった S′ 系の時計は，時刻

$$t'_0 = \frac{t_0 - (v/c^2)\, x_0}{\sqrt{1 - v^2/c^2}}$$

を示しています．前と同様に少しの時間の後，S 系の時計が時刻 $t_0 + \Delta t$ を示すとき，S′ 系の重なる時計は，

$$t'_0 + \Delta t' = \frac{t_0 + \Delta t - (v/c^2)\, x_0}{\sqrt{1 - v^2/c^2}}$$

なる時刻を示します．したがって，S 系の時計が Δt の時間を刻む間，S′ 系の時計は $\Delta t' = \frac{\Delta t}{\sqrt{1-v^2/c^2}}$ だけ進みます．こうして S 系の時計を S′ 系で観測すれば時計はやはり遅れて見えるのです．

　このような運動物体の時計の遅れの現象は，実際に観測することができます．地球上には宇宙からたくさんの宇宙線が降り注いでいます．それが大気上空の分子と衝突してできる素粒子の 1 つに μ 粒子があります．この粒子は固有寿命が 2.2×10^{-6} 秒くらいなので瞬く間に電子やニュートリノなどに崩壊してしまいます．もし相対論を使わずに考えると，μ 粒子がたとえ光速で走ったとしても 660 m 程度しか進めず，ほとんど地上で観測することができません．しかし，実際には地上でたくさんの μ 粒子を観測することができます．これは，相対論を用いれば容易に理解できます．たとえば光速の 99.9995 % で走る μ 粒子の時計は観測者から見ると 100 倍ほどゆっくり進むため，崩壊するまでに 66 km 程度は進むことができるのです．

速度の変換則　ローレンツ変換 (2.3) を用いると，それぞれの座標系で観測した速度どうしの変換則も得られます．すなわち S 系から見た粒子の速度は，$(u_x, u_y, u_z) = (\frac{\mathrm{d}x}{\mathrm{d}t}, \frac{\mathrm{d}y}{\mathrm{d}t}, \frac{\mathrm{d}z}{\mathrm{d}t})$ であり，S′ 系から見た粒子の速度は $(u'_x, u'_y, u'_z) = (\frac{\mathrm{d}x'}{\mathrm{d}t'}, \frac{\mathrm{d}y'}{\mathrm{d}t'}, \frac{\mathrm{d}z'}{\mathrm{d}t'})$ であるので，関係式

$$\frac{\mathrm{d}x}{\mathrm{d}t} = \frac{\mathrm{d}x}{\mathrm{d}t'} / \frac{\mathrm{d}t}{\mathrm{d}t'} = \frac{\frac{\mathrm{d}x'}{\mathrm{d}t'} + v}{1 + \frac{v}{c^2}\frac{\mathrm{d}x'}{\mathrm{d}t'}},$$

$$\frac{\mathrm{d}y}{\mathrm{d}t} = \frac{\mathrm{d}y}{\mathrm{d}t'} / \frac{\mathrm{d}t}{\mathrm{d}t'} = \frac{\mathrm{d}y'}{\mathrm{d}t'} \frac{\sqrt{1-v^2/c^2}}{1 + \frac{v}{c^2}\frac{\mathrm{d}x'}{\mathrm{d}t'}},$$

$$\frac{\mathrm{d}z}{\mathrm{d}t} = \frac{\mathrm{d}z}{\mathrm{d}t'} / \frac{\mathrm{d}t}{\mathrm{d}t'} = \frac{\mathrm{d}z'}{\mathrm{d}t'} \frac{\sqrt{1-v^2/c^2}}{1 + \frac{v}{c^2}\frac{\mathrm{d}x'}{\mathrm{d}t'}}$$

から，最終的に

$$u_x = \frac{u'_x + v}{1 + vu'_x/c^2},$$
$$u_y = u'_y \frac{\sqrt{1 - v^2/c^2}}{1 + vu'_x/c^2},$$
$$u_z = u'_z \frac{\sqrt{1 - v^2/c^2}}{1 + vu'_x/c^2}$$

が得られます．これから，速度 v で移動する慣性系から見て速度 u'_x をもつ粒子を，観測者から見たときの速度 u_x が，その和 $v + u'_x$ ではないということがわかります．また，光速以下の速度をどれだけ合成しても光速を越えることはないということも言えます．

運動量とエネルギーの関係式

運動物体の質量と運動量　慣性系であるか否かを判定する基準は慣性の法則が成り立っているかどうかでした．質点が力を受けないとき慣性運動をすることは，運動量が保存していることを表しています．運動量保存則は，空間の一様性と深く結びついていて，相対論に移って運動方程式は修正する必要が生じたとしても，この基本的な法則はゆらぐことなく成立しています．

ニュートン力学では，質点の運動量は，速度に比例していてその比例係数が質量でした．相対論での運動量の表式を得るため，運動量を必ずしも速度の 1 次関数とは仮定せず調べてみましょう．それはすなわち質量を定数とせず質点の速さ u の関数 $m(u)$ として扱うことを意味しています．

さて $m(u)$ の関数形を決めるため，質点同士の弾性衝突を考えてみましょう．外力が存在しなければ全系の運動量は保存されます．いま，相対速度 v ですれ違う観測者 A および B が $z = 0$ 平面上にいて，すれ違いざまにお互いからまったく同じ質点を投射して衝突さ

せ，跳ね返った質点がもとの観測者の位置に戻ってくる過程を考えます．ここで同じ質点という意味は，静止しているとき測った質量が等しいということです．Aから見て，すなわちAの静止座標系で観測したとき，Bはx軸正方向に速度vで運動しています．そしてAの質点はy軸方向に速度uで投射されたとします．衝突の過程でAの質点は$-2m(u)u$の運動量変化を起こします．Aの観測するBの質点の速度を$(w_x, w_y, 0)$，速さを$w = \sqrt{w_x^2 + w_y^2}$とするとBの質点の運動量変化は，$2m(w)w_y$となります．一方，この過程をBから見ると，すなわちBの静止座標系で観測すると（Bの座標系で見た量を$'$を付けて表す），$w'_x = 0, w'_y = u$ですから，速度の変換則を用いて$w_x = v, w_y = u\sqrt{1-v^2/c^2}$となります．運動量保存則により

$$\begin{aligned}2m(u)u &= 2m(w)w_y \\ &= 2m\left(\sqrt{v^2 + u^2(1-v^2/c^2)}\right)u\sqrt{1-v^2/c^2}\end{aligned}$$

すなわち，$m(u) = m\left(\sqrt{v^2 + u^2(1-v^2/c^2)}\right)\sqrt{1-v^2/c^2}$となり，特に$u \to 0$の極限を考えれば，$m(0) = m(v)\sqrt{1-v^2/c^2}$が得られます．$m(0)$すなわち静止質量を$m_0$と書けば，速度$v$で運動する質点の質量$m = m(v)$は，

$$m = \frac{m_0}{\sqrt{1-v^2/c^2}}$$

そして運動量は，

$$\boldsymbol{p} = m\boldsymbol{v} = \frac{m_0 \boldsymbol{v}}{\sqrt{1-v^2/c^2}}$$

となることが結論できます．

運動方程式とエネルギー　上記のように質量や運動量の定義の変更を受けて，力 $\boldsymbol{F}$ が働いている場合の運動方程式 $\frac{d\boldsymbol{p}}{dt} = \boldsymbol{F}$ も次のようになります．

$$\frac{d}{dt}\left(\frac{m_0 \boldsymbol{v}}{\sqrt{1-v^2/c^2}}\right) = \boldsymbol{F}$$

これが，ニュートンの運動方程式に対する相対論での対応する式です．この方程式は，ローレンツ変換のもとで形を変えないという相対性原理を満たしています．さてこの式の両辺に $\boldsymbol{v}$ を内積すると，

$$\begin{aligned}\boldsymbol{F} \cdot \boldsymbol{v} &= \boldsymbol{v} \cdot \frac{d}{dt}\left(\frac{m_0 \boldsymbol{v}}{\sqrt{1-v^2/c^2}}\right) \\ &= \frac{d}{dt}\left(\frac{m_0 c^2}{\sqrt{1-v^2/c^2}}\right)\end{aligned}$$

となりますが，左辺は単位時間あたりに質点が受ける仕事，つまり仕事率ですから，右辺の括弧の中身は，定数分の不定性を除いて質点のエネルギーに一致するはずです．ローレンツ変換のもとでの変換性などをくわしく調べると不定の定数は 0 とおくことが自然であることがわかるので，結局エネルギーの表式として

$$E = \frac{m_0 c^2}{\sqrt{1-v^2/c^2}} = mc^2$$

が得られます．このようにして本講義の目的であったエネルギーと質量に関するアインシュタインの関係式が，相対論の基本原理から必然的に導かれるということがわかります．

エネルギーと質量の等価性

アインシュタインの関係式 $E = mc^2$ は，質量の概念をニュートン力学におけるそれと比べて大きく変えることになりました．ニュー

トン力学では，質量は慣性の大きさを表すパラメータであり質点や物体ごとに定まった定数でした．しかし相対論では c^2 をかけて次元を合わせることでエネルギーと等価になる物理量なのです．運動状態が違えば質量は変化します．これは運動エネルギーによって質量が変化しているのです．たとえば，物体の速度 v が c に比してあまり大きくない場合に v/c のべきで展開してみると

$$E = \frac{m_0 c^2}{\sqrt{1-v^2/c^2}} = m_0 c^2 + \frac{1}{2} m_0 v^2 + \cdots$$

となりますが，第 2 項はニュートン力学での運動エネルギーを表していることがわかります．つまり相対論では「$\cdots$」の部分の補正項が運動エネルギーに加わると同時に，静止しているときも第 1 項 $m_0 c^2$ が存在しています．後者を静止エネルギーと呼ぶことがあります．物体が内部自由度をもつ場合には，たとえば熱を与えるなどして内部エネルギーを変化させると，物体の質量は変化します．

　質点の静止質量 m_0（あるいは静止エネルギー $m_0 c^2$）は慣性系の選び方によらない固有のパラメータですが，これもエネルギーの一部分であることに違いはありません．実際，この静止質量の一部あるいは全部を他の形態のエネルギーに転換することさえできるのです．

コッククロフトとウォルトンの実験　初めてこの事実を実験的に検証したのは，1932 年のコッククロフトとウォルトンの実験でした．彼らは，リチウムの原子核に陽子（水素の原子核）を衝突させ α 粒子（ヘリウムの原子核）2 個を取り出す実験を行いました．

$$^{7}_{3}\text{Li} + ^{1}_{1}\text{H} \longrightarrow {}^{4}_{2}\text{He} + {}^{4}_{2}\text{He}$$

反応前の粒子の静止質量はそれぞれ $m_0(^{7}_{3}\text{Li}) = 7.016003\,\text{u}$, $m_0(^{1}_{1}\text{H}) = 1.007825\,\text{u}$ です．ここに u は原子質量単位で，$1\,\text{u} = 1.6605402 \times$

10^{-27} kg です.一方,α 粒子の静止質量は,$m_0({}^4_2\text{He}) = 4.002603$ u ですから,反応前後での質量の減少分(質量欠損)は,$\Delta m = (7.016003 + 1.007825 - 2 \times 4.002603)$ u $= 0.018622$ u $= 3.092 \times 10^{-29}$ kg となります.これは,$\Delta E = \Delta mc^2 = 2.77 \times 10^{-12}$ J のエネルギーに相当します.全体のエネルギーは保存するので,この質量欠損分のエネルギーは反応前後の粒子の運動エネルギーの差額に一致するはずです.コッククロフトとウォルトンは,注意深く運動エネルギーを測定し,その差が $(2.76 \pm 0.05) \times 10^{-12}$ J との結果を得ました.すなわちエネルギーの収支勘定が相対論の予言通りであることを実験の誤差の範囲内で確かめたのです.

素粒子の崩壊過程 素粒子の反応に目を向けてみると,そこではさらにドラスティックに物質自体が消滅しそれがすべてエネルギーへと転換してしまう例すら見出すことができます.たとえば,原子核内の力を媒介する粒子として湯川秀樹がその存在を予言し,宇宙線中に発見されいまや加速器で日常的に作り出されている π 中間子をとりあげてみましょう.特に電荷をもたない中性の π 中間子 π^0 は,生成されてから平均寿命 $\sim 8.4 \times 10^{-17}$ 秒というきわめて短い時間で消滅してしまいます.そしてその静止質量分を含む全エネルギーは,ほとんどの場合,すべて崩壊反応で生成された 2 個の光子(光量子,γ)に運動エネルギーとして分け与えられもち去られてしまうのです.

$$\pi^0 \longrightarrow \gamma + \gamma$$

$m_0(\pi^0)c^2 = 135\,\text{MeV} = 2.16 \times 10^{-11}$ J なので,静止した中性 π 中間子が崩壊すると 2 個の光子が逆方向にそれぞれ等量のエネルギーをもち去り,その波長は,$\sim 1.84 \times 10^{-14}$ m $= 1.84 \times 10^{-4}$ Å

となることがわかりますが，これは観測事実とよい精度で合致するのです．

ニュートリノ振動　素粒子の静止質量がエネルギーの一形態だということを端的に示す別の例は，ニュートリノ振動です．量子力学に従えば，エネルギーだけが違って他の量子数が等しい状態を複数個「重ね合わせた状態」を考えると，観測したときそれらのどの状態を見出すかという確率は時間とともに振動することが知られています．ニュートリノにはいくつかの違った種類があることがわかっており，それらに質量があってその値が種類ごとに違っていれば，質量がエネルギーの一形態である以上，やはりその状態の間で振動することが示せるのです．したがって太陽の中の核反応や大気上空の宇宙線の衝突などで作られたニュートリノを離れた場所で観測すると，作られたときの種類とは違った種類のニュートリノを観測することになります．このことは最近日本のスーパーカミオカンデなどのニュートリノ実験装置で実際に確かめられるようになりました．つまりニュートリノには質量があって種類ごとにその値が違っていること，そして反応でニュートリノが生成されるときにはそれらを「重ね合わせた状態」であるということが結論されたのです．これはパウリがニュートリノの存在を提唱して以来，実に 70 年近い歳月を経てようやく質量があることが確認されたという歴史的な結果と言えます．

科学と社会

以上のようにアインシュタインの見出した質量とエネルギーの関係式は，それ以前の物理の常識を覆し，新しい自然認識を私たちにもたらすことになったのでした．もちろんこの関係式のみならずアインシュタインの完成した相対性理論自体や，奇跡の年に発表され

た他の研究から生み出されていった量子力学や統計物理学がとても革新的な理論であったわけですが，とりわけ $E = mc^2$ という関係式がそれら現代物理学の象徴となったのは，この式が背景となって得られた知識や技術が，単に科学の成果やその応用というレベルを超えて，人類に大きな記憶として残る負の遺産をももたらしたからです．

先ほど見てきたように，質量変化を伴う原子核反応によって開放されるエネルギーは莫大なものになるわけですが，これを平和的に利用するだけでなく軍事的にも利用されてしまったのです．アインシュタインは当初このことが意味する点を過小評価していました．そして第 2 次世界大戦の足音が聞こえる中，ナチスドイツによって原子爆弾を先に開発されてしまうことを恐れ，米国大統領にその開発を進言する手紙の署名人の 1 人となってしまったのです．実際には当時ドイツでは核兵器の研究はほとんど進んでいなかったのです．しかし，その後完成された原子爆弾は，結果的に広島と長崎に落とされ，日本は世界で唯一の核兵器の被爆国になったのでした．

アインシュタインは戦後，この結果に深く心を痛め，核兵器廃絶へ向けた運動に積極的に取り組みました．ラッセル – アインシュタイン宣言，パグウォッシュ会議の創設など，その後の軍縮平和運動の流れを基礎付ける重要な役割を果たしていったことはみなさんもどこかで聞いたことがあると思います．

こうしてアインシュタインの関係式は，純粋科学の成果が現代社会とは無縁のままでは存在しえないということを初めて深刻に受け止めるきっかけを作った有名な例として深く人類に記憶されることにもなったのです．その後，さまざまな分野での科学者の社会的責任が議論されるようになっていきました．現代では物理学のみならず，遺伝子操作やクローン技術などさまざまな科学の成果が社会問

題と深く関わって議論されていることをみなさんはご存知だと思います．すなわち軍事研究との関わりにとどまらずより広い意味での科学倫理ということが議論され，それ自身が研究対象にもなっているのです．

　このように，アインシュタインが見つけた小さな1つの関係式が，科学や社会ひいては人類に広範な影響を与えることになったわけです．その意味でこの関係式のもつ科学的意味そして社会的・歴史的意味はとても大きいものがあります．科学を学ぶみなさんは，時にはこういったことにも思いを巡らせながら，アインシュタインの理論のすごさを味わってみるのもよいのではないでしょうか．

> 549
>
> 5. *Über die von der molekularkinetischen Theorie der Wärme geforderte Bewegung von in ruhenden Flüssigkeiten suspendierten Teilchen;*
> von A. Einstein.
>
> In dieser Arbeit soll gezeigt werden, daß nach der molekularkinetischen Theorie der Wärme in Flüssigkeiten suspendierte Körper von mikroskopisch sichtbarer Größe infolge der Molekularbewegung der Wärme Bewegungen von solcher Größe ausführen müssen, daß diese Bewegungen leicht mit dem Mikroskop nachgewiesen werden können. Es ist möglich, daß die hier zu behandelnden Bewegungen mit der sogenannten „Brownschen Molekularbewegung" identisch sind; die mir erreichbaren Angaben über letztere sind jedoch so ungenau, daß ich mir hierüber kein Urteil bilden konnte.
>
> Wenn sich die hier zu behandelnde Bewegung samt den für sie zu erwartenden Gesetzmäßigkeiten wirklich beobachten läßt, so ist die klassische Thermodynamik schon für mikroskopisch unterscheidbare Räume nicht mehr als genau gültig anzusehen und es ist dann eine exakte Bestimmung der wahren Atomgröße möglich. Erwiese sich umgekehrt die Voraussage dieser Bewegung als unzutreffend, so wäre damit ein schwerwiegendes Argument gegen die molekularkinetische Auffassung der Wärme gegeben.
>
> § 1. *Über den suspendierten Teilchen zuzuschreibenden osmotischen Druck.*
>
> Im Teilvolumen V^* einer Flüssigkeit vom Gesamtvolumen V seien z-Gramm-Moleküle eines Nichtelektrolyten gelöst. Ist das Volumen V^* durch eine für das Lösungsmittel, nicht aber für die gelöste Substanz durchlässige Wand vom reinen Lösungs-

「熱の分子運動論から要求される静止液体中に浮遊する粒子の運動について」
Ann. Phys. **17**, 549, 1905.

Lecture **3**

ミクロとマクロをつなぐ
ブラウン運動

佐々真一

分子の個数を数える

　水がたくさんの H_2O 分子の集まりだということはみなさんよくご存知だと思います．コップ 1 杯の水の中にある分子の個数を「公式」を使ってすぐに計算できる人もいるでしょう．6×10^{24} くらいです．これだけの個数の分子がコップの中にひしめきあっている様子を想像できますか？　地球上にいる人の総数が 6×10^9 人くらいですから，まさに桁違いの個数です．ところで，ここで使った「公式」はどうやって求められたのでしょう？

　たとえば，ある土地に植えられた 1000 本近い木の数を数えるには，鉢巻をちょうど 1500 本用意して，何も考えずにひたすらすべての木に鉢巻をまけばよいでしょう．残った鉢巻の個数を数えれば，木の本数が分かります．このように，数えたい対象にラベルをつけるのが，個数を数える基本です．しかし，分子の場合には，ラベルをつけて何かに 1 対 1 対応させることはできそうにありません．

　19 世紀には，物質の量の単位として，化学反応から経験的に決まる換算則が利用されていました．モル (mol) がその単位です．たとえば，1 mol は水素 2 g，水 18 g，酸素 32 g です．物質が分子からなり，分子が原子番号を原子量とする原子からなることを認めれば，物質の種類によらず，1 mol とは分子 N_A 個の集まりであることが分かります．この N_A がアヴォガドロ数です．したがって，コップ 1 杯の中の水分子の数は，アヴォガドロ数が分かれば勘定できます．つまり，アヴォガドロ数を求めることができれば，分子にラベルをつけられなくても，分子の個数を数えられることになります．

　アヴォガドロ数を測定によって決める理論を提示したのが，アインシュタインの 1905 年の論文「熱の分子運動論から要求される静止液体中に浮遊する粒子の運動について」です．とっかかりのアイ

デアの卓抜性に驚きます．妥当性がはっきりしない仮説をぎりぎりつないでいく議論の大胆さに緊張します．そこから結論されるアインシュタイン関係式の簡潔さと非自明さに感心します．そして，アヴォガドロ数の関わり方に呆然とします．

　この講義では，そのアインシュタインの論文の雰囲気を伝えたいと思います．アレンジをいれるので，論文の正確な解説ではありません．論文の核はアヴォガドロ数と測定量の関係を与えるアインシュタイン関係式にありますが，論文のすごさを端的に表す式があります．それは

$$8 = 4 + 4$$

です．小学1年生でも理解できるこの式とアインシュタインの論文の関係については説明しません．この講義を最後まで聴いていただければ，自然に分かると思います．

　アインシュタインの論文では，そのタイトルから分かるように，大きさが 10^{-4} cm 程度の微粒子が水に浮かんでいるときに観測される運動を考察します．この運動はブラウン運動と呼ばれます．歴史的には，植物学者のブラウンが1827年に発見したと言われています．みなさんの中には，花粉に付着した微粒子の運動を顕微鏡で見たことがある人がいるかもしれません．私も中学生のときに理科の授業で顕微鏡をのぞきました．山間部の小さな中学校に，教科書にこだわらずに科学としておもしろい話を次々と展開してくれる先生が赴任されたのは，私にとって幸運なことでした．私がここで講義をしている原点かもしれません．

　最近では，インターネットで微粒子の運動の記録は公開されています．「ブラウン運動」や「画像」などの鍵言葉をいれて検索してみてください．微粒子はもにょもにょふらふらしながら，位置をかえ

図 3.1 ブラウン運動の軌跡．3.3 秒間の運動について，1/8000 秒ごとの位置を線で結んだもの．軌跡の横幅が $1\,\mu\mathrm{m}$ 程度（学習院大学西坂研究室提供）．

ていきます．図 3.1 はブラウン運動の軌跡を書いたものです．不規則に運動している様子が分かると思います．ブラウン運動を先に見てしまうと，その不規則な運動の起源を考えたくなるかもしれません．しかし，それは後回しにします．

先を急がず，ここで少し一息いれましょう．考えたい問題は，1 mol の物質に含まれる分子の個数でした．なぜ，この問題と微粒子の運動が関係するのでしょうか．その関係は，議論の全体が見えるまで分かりません．つまり，最初から飛躍しているのです．議論の全体をつかめるまでは，個別的な問題に身をゆだねて，一歩ずつ進んでいってください．まずは，ブラウン運動を特徴づけます．拡散係数と呼ばれる重要な量が導入されます．この特徴づけを使って，アインシュタイン関係式を導出します．流体力学や熱力学を使うので，油断するとすぐに自分の立ち位置を見失ってしまうかもしれません．論旨はていねいに説明しますが，あっけにとられる形でアヴォガドロ数が登場します．アインシュタイン関係式を導出した後で，アインシュタインが行った統計力学的考察のエッセンスを紹介します．不規則な運動の記述など，その論文以降の発展についても簡単に説明します．

拡散現象を見る

簡単のため，1 辺の長さが L の立方体の容器に水が入っているとします．立方体の領域が $-L/2 \leq x \leq L/2$, $-L/2 \leq y \leq L/2$, $0 \leq z \leq L$ と表せるように x 軸，y 軸，z 軸を選びます．z 軸は鉛

直上向きにとっておきます．次の設定を考えましょう．ある時刻でたくさんの微粒子を面 $x=0$ の近くに集めます．個々の微粒子がもにょもにょふらふらあっちに行ったりこっちに来たりするので，微粒子の分布は時間の経過とともに広がっていきます．この現象は拡散と呼ばれます．直観的な議論で拡散現象の性質を明らかにすることによって，ブラウン運動を特徴づけようと思います．

時刻 t を止めて，微粒子の配置を見ましょう．微粒子の大きさより十分に大きく，容器の 1 辺の長さ L よりずっと小さい ℓ を選んで，立方体を面 $x=i\ell$, $i=0,\pm 1,\cdots,\pm i_{\max}$ で分割します（$i_{\max}$ は $L/2\ell$ を超えない最大の整数です）．面 $x=i\ell$ と面 $x=(i+1)\ell$ ではさまれた領域を箱 B_i と記します．この箱の中にある微粒子の数 $N(i,t)$ を数えて，粒子数密度を $\hat{\rho}(i,t)=N(i,t)/\ell$ とします．

まず，$N(i,t)$ の時間変化を考えましょう．Δt を，マクロな時間単位（たとえば，1 秒）に比べると十分に短く，水分子が微粒子に衝突する時間間隔に比べると十分に長い時間とします．箱 B_{i-1} と箱 B_i の境界（面 $x=i\ell$）で通過する微粒子を観測します．箱 B_{i-1} から箱 B_i へ移動すればプラス 1，逆に移動すればマイナス 1 をわりふって，時間 t から時間 $t+\Delta t$ までの間に移動する微粒子の合計を $\hat{J}(i,t)\Delta t$ と書きます．この量を「箱 B_{i-1} から箱 B_i への粒子移動数」と呼びます（負の値になりえることに注意してください）．箱 B_i から箱 B_{i-1} への粒子移動数が，$-\hat{J}(i,t)\Delta t$ であることに注意すると，箱 B_i に含まれる粒子数の時刻 t から時刻 $t+\Delta t$ への増分 $[N(i,t+\Delta t)-N(i,t)]$ は，箱 B_{i-1} からの粒子移動数 $\hat{J}(i,t)\Delta t$ と箱 B_{i+1} からの粒子移動数 $-\hat{J}(i+1,t)\Delta t$ の和で書けます．つまり，

$$[\hat{\rho}(i,t+\Delta t)-\hat{\rho}(i,t)]\ell = -\hat{J}(i+1,t)\Delta t+\hat{J}(i,t)\Delta t \quad (3.1)$$

となります．

次に，$\hat{J}(i,t)$ の振る舞いを素朴な考察から決めてみます．時間間隔 Δt の間に 1 つの微粒子がある箱から隣の箱に移動する確率を考えると，微粒子は勝手気ままに不規則に動いているのですから，その確率は微粒子の分布によらないと期待できます．また，Δt, ℓ の選び方から，時刻 t から $t+\Delta t$ の間に箱 B_{i-1} と箱 B_i の境界（面 $x=i\ell$）を横切る微粒子は，時刻 t では箱 B_{i-1} か箱 B_i にいると仮定できます．したがって，それぞれの箱から面 $x=i\ell$ にやってくる微粒子の総数はその箱の時刻 t での粒子数に比例するはずです．式で書くと，

$$\hat{J}(i,t) = -D\frac{\hat{\rho}(i,t) - \hat{\rho}(i-1,t)}{\ell} \tag{3.2}$$

と表されます．分母の ℓ 依存性は，パラメータ D が ℓ に依存しないように選びました．正直に言うと，式 (3.3) を先にカンニングしたのです．

ℓ の選び方から，$\rho(i\ell,t) = \hat{\rho}(i,t)$ を満たす x のなめらかな関数 $\rho(x,t)$ があることを期待できます．この関数を使って，

$$\hat{\rho}(i,t+\Delta t) - \hat{\rho}(i,t) \simeq \frac{\partial \rho(x,t)}{\partial t}\Delta t,$$
$$\hat{\rho}(i,t) - \hat{\rho}(i-1,t) \simeq \frac{\partial \rho(x,t)}{\partial x}\ell \tag{3.3}$$

などがよい精度で成立すると期待できます．また, 式 (3.2) と式 (3.3) より，$J(i\ell,t) = \hat{J}(i,t)$ を満たす x のなめらかな関数 $J(x,t)$ があることが分かります．これらより，式 (3.1) と式 (3.2) は，次のように表現できます．

$$\frac{\partial \rho(x,t)}{\partial t} = -\frac{\partial J(x,t)}{\partial x}, \tag{3.4}$$

$$J(x,t) = -D\frac{\partial \rho(x,t)}{\partial x}. \tag{3.5}$$

式 (3.4) と式 (3.5) をあわせて，

$$\frac{\partial \rho(x,t)}{\partial t} = D \frac{\partial^2 \rho(x,t)}{\partial x^2} \tag{3.6}$$

を得ます．この方程式は拡散方程式，D は拡散係数と呼ばれます．

式 (3.6) の一般解を求めるのは少しやっかいですが，容器が十分に大きく $L \to \infty$ としてよいとき，

$$\rho(x,t) = \frac{N_0}{\sqrt{4\pi Dt}} \mathrm{e}^{-\frac{x^2}{4Dt}} \tag{3.7}$$

が解の 1 つであることは簡単に確かめられます．これは，まさに $t=0$ で $x=0$ に集中していた N_0 個の微粒子が系全体に広がっていく様子を表しています．この解を使って移動距離の 2 乗の平均を計算すると

$$\frac{1}{N_0} \int_{-\infty}^{\infty} \mathrm{d}x \rho(x,t) x^2 = 2Dt \tag{3.8}$$

を得ます．これは，移動距離の 2 乗の平均が経過時間に比例することを示しています．拡散を特徴づける明確な性質です．また，この性質により拡散係数を実験的に求めることができます．具体的には，平均 2 乗変位を時間の関数として測定すれば，その比例係数から拡散係数が決まります．

拡散の説明が随分長くなったので，もとの問題を忘れてしまいそうです．アヴォガドロ数はどこにいったのでしょうか．安心してください．ここまでの話では，誰もアヴォガドロ数の関わり方を推測できません．先をあせらず，拡散を確実に理解して，次に進みましょう．

アインシュタイン関係式

今度は鉛直方向に着目します．鉛直方向には重力が働いています．微粒子の質量密度が水の質量密度より大きかったら，微粒子には鉛直下向きの力が働いて沈降するはずです．この沈降の様子を 2 つの

方向から考えます．微粒子がずっと大きい場合からの外挿とずっと小さい場合からの外挿です．微粒子はちょうどマクロ世界とミクロ世界の接点にあるので，2つの外挿の融合が新しい知見を生み出します．そして，その結果としてアヴォガドロ数に関する公式が得られるのです．

微粒子がもっと大きかったら　微粒子のかわりに半径 $1\,\mathrm{mm}$ の玉を水にいれると静かに沈んでいくでしょう．簡単のため，質量 m の1つの玉だけをいれます．玉には重力 $-mg$ が働きます．g は重力加速度です．水からも力を受けます．玉が静止している場合には，水から受ける力は圧力だけです．圧力を玉の表面全体にわたって積分すると，浮力になります．浮力は，玉によって排除された部分の水の質量 $\bar{m}$ によって，$\bar{m}g$ と表されます．玉が一定速度 v_s で運動をする場合には，玉のまわりに生じた流れによって，水は玉に抵抗力を及ぼします．この抵抗力は流体力学によって計算できます．十分にゆっくりした流れの場合には，抵抗力は $-\gamma v_\mathrm{s}$ と表せて，抵抗係数 γ は

$$\gamma = 6\pi\eta a \tag{3.9}$$

と計算されます．ここで，η は水の粘性係数で，a は玉の半径（いまの場合，$1\,\mathrm{mm}$）です．

　以上により，鉛直方向の力のつりあいは

$$-\gamma v_\mathrm{s} - (m - \bar{m})g = 0$$

になります．この式から，一定速度で沈降する玉の速度は

$$v_\mathrm{s} = -\frac{m - \bar{m}}{\gamma} g \tag{3.10}$$

と決まります（沈降する場合，$m > \bar{m}$ なので，$v_\mathrm{s} < 0$ に注意してください）．式 (3.9) とあわせると，沈降速度は，水の粘性係数と質量密度，玉の半径と質量密度によって，

$$v_\mathrm{s} = -\frac{m - \bar{m}}{6\pi\eta a}g \tag{3.11}$$

と決まります．この表現はストークスの式と呼ばれます．

さて，微粒子の場合を考えます．水にたくさんの微粒子をいれて十分時間がたつと，容器の底に微粒子がたまるのでしょうか．ここで，目を閉じて想像しましょう．個々の微粒子は，不規則にあっちに行ったりこっちに来たりしています．全体として底に向かって沈降していくとしても，あいかわらず不規則に動き回っているはずです．だから，底に微粒子がべったり並んでおしまいになるのではなく，微粒子の密度は空間的に不均一になるでしょう．おそらく底ほど密度が高く，上側ほど密度が薄くなっているはずです．この密度プロファイルを求めましょう．

x 方向に着目したときの拡散の記述と同じように，z 方向について粒子数密度の時間変化を考えます．まず，$\rho(x,t), J(x,t)$ と同様に，$\rho(z,t), J(z,t)$ を定義します．z 方向に特有な重力の効果として，個々の微粒子が平均的に v_s で沈むと考え，式 (3.5) の形を少し修正して，

$$J(z,t) = \rho(z,t)v_\mathrm{s} - D\frac{\partial \rho(z,t)}{\partial z} \tag{3.12}$$

と書きます．式 (3.4) の形は，z 方向についても成立します．

$$\frac{\partial \rho(z,t)}{\partial t} = -\frac{\partial J(z,t)}{\partial z}. \tag{3.13}$$

先に想像したように，十分に時間がたてば，$t = 0$ の分布の形と無関係に，粒子数分布は時間に依存しない分布 $\rho_\mathrm{s}(z)$ になることを期

待します．このとき，式 (3.13) より，単位時間あたりに z 軸に平行な面を通過する微粒子の個数 $J(z,t)$ は定数 J_s になっているはずで，式 (3.12) より

$$J_\text{s} = \rho_\text{s} v_\text{s} - D \frac{d\rho_\text{s}}{dz} \tag{3.14}$$

と書けます．ところで，$z=0$ に容器の底があるので，$z=0$ の面を微粒子は通過するこができません．したがって，$J_\text{s}=0$ です．以上により，

$$\rho_\text{s} v_\text{s} - D \frac{d\rho_\text{s}}{dz} = 0 \tag{3.15}$$

となります．これを解くと，

$$\rho_\text{s}(z) = \rho_\text{s}(0) e^{-\frac{(m-\bar{m})g}{\gamma D} z} \tag{3.16}$$

を得ます．ここで，式 (3.10) を使いました．粒子数密度は底から指数関数的に減衰し，その減衰長 d は

$$d = \frac{\gamma D}{(m-\bar{m})g} \tag{3.17}$$

と書けます．

　数学として難しいことは使っていませんが，論旨はこみいってきました．半径 1 mm の玉に対するストークスの式 (3.11) は，実験で確認されていますが，それより 3 桁も小さい長さの現象に対して適用していいのでしょうか．また，式 (3.12) のように，流体力学の考えと不規則な運動に由来する拡散の考えを同時に使っていいのでしょうか．いまの段階で，これらはすべて仮説です．論理的に演繹されたわけではありません．たとえば，実験で密度プロファイルの減衰長を測定し，式 (3.17) を検証することによってこの節で用いた仮説の妥当性が確認されるのです．

　式 (3.17) は明確な理論的予言ですが，興奮する内容ではありませ

ん.そもそも,アヴォガドロ数はまだでてきていません.次に,いよいよアヴォガドロ数が登場します.どういう論旨で登場するのか,その瞬間を見逃さないようにしてください.

微粒子がもっと小さかったら もし,微粒子の大きさが 10^{-8} cm 程度だったら,その微粒子の集まりは何かの液体のように見えるでしょう.それを液体 F と呼びます.もはや,水に浮かぶ微粒子の集まりではなく,水と液体 F の混合体が目前にあることになります.液体 F の密度が水に比べて十分に希薄なとき,この混合体には次のような特徴的な性質があります.

まず,水を通過させるが液体 F を通過させない膜(半透膜)を介して混合体と水を接触させると混合体の圧力が大きくなります.この圧力差 P_{osm} は浸透圧と呼ばれ,温度 T の平衡状態では,

$$P_{\mathrm{osm}} = n_{\mathrm{F}} RT \tag{3.18}$$

に従うことが熱力学の結果として知られています(また,実験で検証されています).ここで,n_{F} は液体 F のモル数密度です.R は気体定数で,気体を希薄にしたときの状態方程式の測定から $R = 8.31$ J/(K mol) と決められています.

次に,半透膜の両側に混合体がある場合を考えます.半透膜の右側にある混合体の液体 F のモル数密度を n_{F},左側の混合体でのモル数密度を n'_{F} とします.この場合,半透膜の右側から $n_{\mathrm{F}} RT$,左側から $n'_{\mathrm{F}} RT$ の浸透圧が半透膜に作用します.

浸透圧の考え方を使って,2 つの平面 $z = z_0$,$z = z_0 + \Delta z$ にはさまれた領域 Ω にある液体 F に働く力を考えましょう.Δz は十分に小さいとします.液体 F の鉛直方向のモル数密度プロファイルを $n_{\mathrm{F}}(z)$ と書きます.上面と下面に半透膜をいれても状態は

変わりません．領域 Ω にある混合体が上面の半透膜に及ぼす力は，$n_{\mathrm{F}}(z_0 + \Delta z)RTL^2$ ですから，作用反作用の法則より，半透膜が領域 Ω にある混合体に及ぼす力は $-n_{\mathrm{F}}(z_0 + \Delta z)RTL^2$ です．水は半透膜を自由に通過できるので，半透膜から力を受けないと考えます．そうすると，$-n_{\mathrm{F}}(z_0 + \Delta z)RTL^2$ の力がそのまま領域 Ω にある液体 F に働くことになります．下面の半透膜について同様な考察をすると，$n_{\mathrm{F}}(z_0)RTL^2$ の力が領域 Ω にある液体 F に働くことが分かります．また，領域 Ω 内の液体 F には，重力と浮力

$$-(m_* - \bar{m}_*)n_{\mathrm{F}}(z_0)g(\Delta z)L^2$$

が働きます．ここで，m_* は液体 F の 1 mol あたりの質量で，$\bar{m}_*$ は 1 mol の液体 F によって排除された水の質量です．$\Delta z \to 0$ の極限で，これらの力のつりあいの式を書くと

$$-(m_* - \bar{m}_*)gn_{\mathrm{F}}(z) - \frac{\mathrm{d}n_{\mathrm{F}}(z)}{\mathrm{d}z}RT = 0$$

を得ます（z_0 を z と置き直しました）．これを解くと，液体 F のモル数密度プロファイルは

$$n_{\mathrm{F}}(z) = n_{\mathrm{F}}(0)\mathrm{e}^{-\frac{(m_* - \bar{m}_*)g}{RT}z}$$

になります．底から指数関数で減衰し，減衰長 d は

$$d = \frac{RT}{(m_* - \bar{m}_*)g} \tag{3.19}$$

と決まります．

さて，微粒子の大きさは 10^{-4} cm 程度ですから，実際は液体 F ではありません．なんといっても 1 つずつが顕微鏡で見えるのですから！ だから，式 (3.19) を微粒子の集まりに対して適用するなどとんでもないことかもしれません．それでも，「微粒子の集まりを熱力

学が適用できる物質のように扱ってもよい」ことを仮説として認めて議論を進めます．しかし，まだここには大きな飛躍があります．1 mol の微粒子とは何でしょうか．化学反応を使って標準化することはできませんし，原子量の考え方も適用できません．ここで，アヴォガドロの仮説を逆手にとって，1 mol の微粒子は微粒子 N_A 個に相当すると仮定します．このとき，モル数密度の減衰長を決める式 (3.19) は

$$d = \frac{RT}{N_A (m - \bar{m})g} \tag{3.20}$$

になります．m は微粒子 1 つの質量であり，$\bar{m}$ は 1 つの微粒子によって排除された水の質量です．

結果 式 (3.17) は粒子数密度分布の減衰長で，式 (3.20) はモル数密度分布の減衰長です．いままでの仮定をすべて認めれば，両者は等しいはずです．両方の式に現れる $m, \bar{m}$ は同じ物理量です．したがって，

$$D = \frac{1}{\gamma} \frac{RT}{N_A} \tag{3.21}$$

を得ます．この式がアインシュタイン関係式です．拡散係数，抵抗係数，温度，気体定数がアヴォガドロ数と関わっていることを示しています．式 (3.9) を使って，より明示的に

$$N_A = \frac{1}{6\pi\eta a} \frac{RT}{D} \tag{3.22}$$

と書きます．水の粘性係数，温度，気体定数はマクロな測定で得られます．微粒子の大きさと拡散係数は顕微鏡を使って測定できます．それらのデータを組み合わせると，式 (3.22) によりアヴォガドロ数が求まるのです．

あっけにとられたかもしれません．アヴォガドロ数は，最後の式 (3.20) で唐突に登場しました．論旨を追うのは難しくないと思い

ますが,「微粒子の集まりに対して浸透圧を考え,アヴォガドロの仮説によってモル数を粒子数に置き換える」発想は,筋道だてて考えているだけではとうてい思いつくものではありません.ひょっとすると,アインシュタインの頭には,もっとも飛躍した式 (3.20) が最初に降りてきたのかもしれません(実際,アインシュタインの論文では,微粒子に対する浸透圧が最初に議論されます).これさえあれば,相方の式 (3.17) を考えるのも,次に説明する統計力学による定式化を考えるのも,理解可能な思考の飛躍にあるように思います.

アインシュタイン関係式から統計力学へ

アイシュタインの論文では,鍵となる微粒子に対する浸透圧の式を当時完成まもない平衡統計力学の定式化にのっとって導出しています.また,アイシュタイン関係式は 20 世紀に発展する非平衡統計力学の萌芽とも見なせます.次に,平衡統計力学や非平衡統計力学におけるアインシュタイン関係式の位置づけについて説明しましょう.

平衡統計力学の確立へ アインシュタインは,溶媒や微粒子を構成するすべての力学自由度(正準座標と正準運動量)から系全体の自由エネルギーを決める式を書き下すことからはじめています.その式は,現在では統計力学の教科書に書かれていますが,その当時はまだ定着していませんでした.19 世紀にボルツマンによる独創的な定式化がなされ,1902 年にギブズの本が刊行されました.アイシュタイン自身,ギブズの仕事と独立に,1902 年,1903 年に統計力学の定式化を試みています(統計力学という言葉はギブズによるものです.アインシュタインは,統計力学に相当する定式化を「熱の分子運動論」と呼んでいました).アインシュタインは,彼自身の定式化に基づいて,すべての力学自由度のうち,微粒子の重心座標を残してそれ以

外の自由度の統計平均を先に考えました．さらに，微粒子の密度が希薄であることを利用して，

$$P_{\text{osm}} = \rho \frac{RT}{N_\text{A}} \tag{3.23}$$

を導出しました．ここで，ρ は微粒子の粒子数密度です（モル数密度ではないことに注意してください）．式 (3.18) のかわりに最初から式 (3.23) があれば，モル数から粒子数への読み替えの仮説なしで，式 (3.20) を得ることができます．あるいは，読み替えの仮説によって得られた結果を統計力学によって計算したとみなせます．

さて，ここで統計力学の妥当性について考えましょう．定式化の前提となっている等重率の原理を直接検証することは不可能でしょうし，等重率の原理を他の物理法則から演繹するのも途方がありません．ただ，等重率の原理を認めれば，熱力学と整合する定式化は自然に決まるので，その妥当性を信じたくなります．もちろん，信じるだけではだめで，検証を積み重ねる必要があります．固体の熱容量，ゴム弾性，磁性などさまざまな具体的例題について，ミクロスケールで妥当なモデルを考え，それに統計力学を適用し，マクロスケールで測定されている結果を導出してきました．これらの積み重ねの結果として，いまや，統計力学は十分に信頼されている体系になっています．アインシュタイン関係式の提出は，額縁としての統計力学に魂をいれていく先駆的試みでもあるのです．実際，気体論にとらわれず実験で検証可能な命題を考えていく研究は，この論文以降活発化していきます．アインシュタインの論文は，統計力学の定式化にのっとってミクロとマクロをつなごうとする営みの雛形を与えたといってもよいかもしれません．

ところで，微粒子の重心座標が，原子の力学座標と同様に統計力学に従う自由度であることは自明でしょうか．たとえば，1 mm の玉

を水にいれた場合を考えましょう．その重心座標が統計力学に従って分布するなど経験的にありえません．微粒子と玉を区別するのは大きさだけです．拡散によって半径 a の粒子 1 個分移動するのにかかる典型的な時間は，$a^2/D = Ca^3$ になります．C は水の粘性係数と温度で決まり，半径には依存しません．つまり，半径が 3 桁違うと，粒子が自分の大きさ分だけ移動する時間は 9 桁違うことになります．たとえば，微粒子の場合，1 秒もたてば微粒子の不規則運動にともなう位置の移動を確認できるでしょう．それに対して，半径 1 mm の玉の場合には，30 年ほど待たなければ同じ現象を見ることができません．したがって，1 mm の玉の重心座標の分布は統計力学に従わないのです．微粒子はぎりぎり統計力学の対象になっているのです．アインシュタインが微粒子をとりあげたのは，その事実を知っていたからなのでしょうか．

非平衡統計力学の萌芽 ブラウン運動を観察したときに最初に気づく微粒子の不規則な運動の記述について考えてみましょう．簡単のため，微粒子が 1 つだけあるとします．微粒子には，重力 mg と水から受ける力 $\boldsymbol{F}$ が働きます．微粒子の重心座標 $\boldsymbol{r}$ の従う運動方程式は，

$$m\frac{\mathrm{d}\boldsymbol{v}}{\mathrm{d}t} = \boldsymbol{F} - mg\boldsymbol{e}_z, \tag{3.24}$$

$$\frac{\mathrm{d}\boldsymbol{r}}{\mathrm{d}t} = \boldsymbol{v} \tag{3.25}$$

と書けます．ここで，$\boldsymbol{e}_z$ は z 方向の単位ベクトルです．

微粒子をとりまく水の流れが流体方程式に従うと仮定できるなら，流れの速度が十分小さいとき，水から受ける力は

$$\boldsymbol{F} = -\gamma\boldsymbol{v} + \bar{m}g\boldsymbol{e}_z \tag{3.26}$$

になります.ここで,$\bar{m}$ は,微粒子によって排除された領域の水の質量です.式 (3.24),式 (3.25),式 (3.26) を解いても,不規則な運動に対応する解はありません.式 (3.24) と式 (3.25) は間違いないので,式 (3.26) にとりこぼしがあるはずです.このとりこぼしは微粒子の大きさに由来するはずなので,(水ではなく) 水分子と微粒子の相互作用を想像します.水から微粒子に及ぼす力は,水分子が微粒子に及ぼす力の総和です.たくさんの水分子が微粒子にあちこちの方向からぶつかっています.したがって,時間精度を細かく見ると力の総和が不規則に変動していることを期待できます.この不規則変動が見えないマクロ極限の表現が式 (3.26) だと解釈します.

そこで,Δt を平均的な衝突時間間隔よりはずっと長く,しかし,微粒子の位置の変化が測定できるよりはずっと短くとります.時間間隔 Δt の間に平均した力を

$$\boldsymbol{F} = -\gamma \boldsymbol{v} + \bar{m} g \boldsymbol{e}_z + \boldsymbol{\xi} \tag{3.27}$$

と書きます.$\boldsymbol{\xi}$ は有限時間間隔 Δt で平均された力のマクロ極限式 (3.26) からずれを表します.水分子が微粒子に及ぼす力の統計分布は得体の知れないものでしょうが,長い時間にわたる力の平均値の分布は,ガウス分布に近づくだろうと推測できます (中心極限定理[1]にのっとっています).したがって,$\boldsymbol{\xi}$ の確率密度分布は分散 $2B/\Delta t$ のガウス分布

$$P(\boldsymbol{\xi}) = \left(\frac{\Delta t}{4\pi B}\right)^{3/2} \mathrm{e}^{-\frac{\Delta t}{4B}|\boldsymbol{\xi}|^2} \tag{3.28}$$

によって表されます.B はある定数です.

---

[1] 母集団がどのような分布をもっていても (ただし,平均と分散が有限),そこからとりだした標本の算術平均の分布は,標本数を大きくするにつれてガウス分布に近づくことを主張する数学の定理.

ここで，時刻を $t_n = n\Delta t$ と離散化します．このとき，式 (3.24)，式 (3.25)，式 (3.27) より，時間経過 $t_n \to t_{n+1}$ における微粒子の重心の力学座標の変化 $(\boldsymbol{r}_n, \boldsymbol{v}_n) \to (\boldsymbol{r}_{n+1}, \boldsymbol{v}_{n+1})$ は，漸化式

$$m(\boldsymbol{v}_{n+1} - \boldsymbol{v}_n) = \Delta t[-\gamma \boldsymbol{v}_n - (m - \overline{m})g\boldsymbol{e}_z + \boldsymbol{\xi}_n], \quad (3.29)$$

$$\boldsymbol{r}_{n+1} - \boldsymbol{r}_n = \Delta t \boldsymbol{v}_n \tag{3.30}$$

でうまく記述できそうです．$\boldsymbol{\xi}_n$ はガウス分布に従う確率変数として扱うので，n ごとに異なる値を確率的にとります．

式 (3.29) と式 (3.30) に対して $\Delta t \to 0$ の極限を数学的に正しく考えるには，いろいろな準備がいります．しかし，厳密な数学を気にしなければ，物理便宜的な扱いのもとで $\Delta t \to 0$ の極限を書いてしまうことはできます．そうして得られた式は，ランジュヴァン方程式と呼ばれます．この方程式が微粒子の不規則な運動を記述します．そして，ランジュヴァン方程式の解析により，重心座標の分布が統計力学に従う条件から定数 B を

$$B = \gamma \frac{RT}{N_\mathrm{A}} \tag{3.31}$$

と決めることができます．また，ランジュヴァン方程式に従う多数の微粒子に対して拡散方程式 (3.6) を導くことができて，拡散係数は

$$D = \frac{B}{\gamma^2} \tag{3.32}$$

と計算されます．式 (3.31) と式 (3.32) からアインシュタイン関係式 (3.21) が導かれます．このことはランジュヴァン方程式が妥当であることを示唆しています．

$\Delta t \to 0$ の数学的な扱いは厳密に整備され，確率解析と呼ばれる分野ができました．力学自由度に対するニュートンの運動方程式とランジュヴァン方程式の関係については，射影演算子法によって定

量的に議論されました．また，オンサーガーはランジュヴァン方程式による記述に基づいて熱力学変数のゆらぎの時間変化を議論し，19世紀からの宿題だった「輸送係数の相反性」の起源を「詳細つりあい」と呼ばれるゆらぎの性質に帰着させました．この成果により，オンサーガーは1968年にノーベル賞を受賞しました．

さらに，アインシュタイン関係式やオンサーガーの理論は，線形応答理論として結実しました．拡散係数は微粒子のゆらぎを特徴づける量で，抵抗係数は外場に対する応答を特徴づける量です．拡散係数と抵抗係数の逆数の比例関係は，適切に定義された相関関数と応答関数の比例関係に拡張されました（比例係数はアインシュタイン関係式と同様に RT/N_A です）．たとえば，電気伝導系の場合には，電気伝導率が平衡状態における電流ゆらぎの時間相関関数によって表されます．これらの一般的な式の原点に，アインシュタイン関係式があるのです．

8＝4＋4：ミクロとマクロをつなぐ

現在，アヴォガドロ数は，X線干渉計を用いて単結晶の格子定数を精密測定することにより，$N_\mathrm{A} = 6.0221415(10) \times 10^{23}$ と評価されています．アイシュタイン関係式による評価よりもずっと精度が高いです．また，歴史的には，1865年にロシュミットが気体分子運動論を使ってアヴォガドロ数の評価をしています．つまり，アヴォガドロ数の評価に関するかぎり，アインシュタイン論文の結果は，史上初でもないし，最終版でもありません．

これは，アインシュタインの論文の意義を薄めるものではありません．まず，アインシュタイン関係式 (3.21) は非常に簡潔な形で本来別世界にいる量たちを結びつけています．また，溶媒の種類や微粒子の種類に関係なく成立する普遍的な式です．関係式が簡潔であ

ればあるほど，結びつきに意外性があればあるほど，普遍性が高ければ高いほど，学問的に深いのです．実際，前節で述べたように，アインシュタイン関係式を出発点にして，非平衡統計力学や確率解析が発展しました．アヴォガドロ数の勘定を超えた意義があるのです．

論理的には，アインシュタインは，1 mol の物質が N_A 個の分子からなることを論証したわけではありません．その意味では，アインシュタインのブラウン運動の理論により，原子論が確固たるものになった，と主張するのは言い過ぎだと思います．統計力学を使った成功だから，原子論が強固になったとする説明はありえます．ただし，その統計力学の応用においても水分子の果たす役割は小さく，水分子の実在を直接支持する理論ではありません．この論文の原子論に関する科学史的な位置づけについては，私は理解しきっていません．しかし，原子論の話題と無関係に，ぎりぎりの論旨をつないで，新しい世界を切り開く結果をもたらすことこそが面白く思えます．

分子の世界と私たちの世界には，8 桁もの壁があります．あまりにも大きい壁です．それに対して，4 桁までならなんとか接近できます．分子の集まりに適用される浸透圧の公式が，それより 4 桁大きい対象の集まりに対しても適用できると考えます．マクロな世界で適用される流体力学の公式がそれより 4 桁小さくても適用できると考えます．だから，ちょうど真ん中に足場をおいて，ミクロとマクロに 4 桁ずつ手をのばせば，8 桁に届きます．ミクロな極限に向けて猪突猛進するのでなく，ミクロな世界とマクロの世界をつなぐ橋をかけることによって，自然法則についての深い知見を得たのです．この醍醐味が少しでも伝わればうれしく思います．

この講義を行うにあたり，田崎晴明さんと早川尚男さんから貴重な意見をいただきました．感謝します．

「光の発生と変換に関する発見的な見方について」
Ann. Phys. **17**, 132, 1905.

Lecture 4

「革命的」3月論文
量子仮説と光量子論

松井哲男

「奇跡の年」の最初に発表されたアインシュタインの3月論文には，「光の発生と変換に関する発見的な見方について」という少し控えめな表題がつけられています．

　この論文は通称「光量子論」と呼ばれている理論の最初の論文ですが，アインシュタインに1921年度のノーベル物理学賞が授与されたとき，この論文における「光電効果の説明への功績」が特に強調されたため「光電効果の論文」としても知られるようになりました．しかし，この論文をそう呼ぶのはあまりにも矮小化した見方で，この論文のもつ重大な歴史的意義を正しく伝えていません．実は，この年に書かれた6編の論文の中で，アインシュタインが「非常に革命的」だと友人に語ったのはこの論文だけなのです．

　この年の5月と12月に提出された「ブラウン運動の理論」は，4月に提出された学位論文と同じく，ボルツマンの統計力学の帰結を突き詰めて，それまで仮説でしかなかった原子の存在が，統計平均からの「ゆらぎ」に着目することによって立証できることを示した画期的なものです．この論文は，目に見えないミクロな世界の力学と，私たちが直接観察のできるマクロな世界の現象をつなぐ強力な方法論を提供しました．しかし，これはあくまでも原子論の立場から古典的な力学的世界観を強化する仕事でした．

　また，6月と9月に提出された「特殊相対性理論」は，真空中のマクスウェル方程式の座標変換に対する対称性とニュートン以来の力学方程式の対称性の不整合性を，「エーテル」という既成概念を捨てて，相対性原理と光速度不変の原理を基本原理にして理論を再構成することによって解消したものですが，これは「同時性」の批判的分析から「絶対時間」の概念を打ち壊し，「時空」という新しい概念の導入へ道を開いた点でも非常に画期的なものでした．しかし，この場合もあくまで，古典力学と古典電磁気学（場の理論）の矛盾を

なくし，（重力の問題を除いて）古典物理学の体系を完成させる仕事であったと見ることができます．

これに対し3月論文では，古典物理学の体系そのものに挑戦しています．まず，古典統計力学を用いてプランクによって得られた熱輻射の理論がマクスウェルの電磁場の古典理論と矛盾していることを明らかにしたうえで，熱輻射の経験則から得られる光（電磁波）の物理的描像が波動描像とまったく異なる，むしろ気体粒子の描像に類似したものであることを指摘しました．そして，その「発見的な見方」を用いると，古典電磁気学で説明できないいくつかの現象（光電効果も含まれる）の規則性が自然に説明できることを示したのです．

この論文は，その控えめな表題とは対照的に，古典物理学の強固な体系を根底からゆるがして，やがてそれに替わる新しい理論体系（量子力学と場の量子論）が現れることを予見する画期的な論文でした．アインシュタインというとすぐ「相対性理論」を思い浮かべがちですが，この3月論文こそ「奇跡の年」の冒頭を飾るにふさわしい，まさに革命的内容をもつものであったのです．

この講義では，量子論誕生の直接の契機になった熱輻射の問題にまで遡って，プランクの量子仮説とアインシュタインの光量子論が誕生した歴史的背景とその意義についてお話ししようと思います．

熱輻射の問題：キルヒホフからヴィーンまで

量子論の誕生の発端となった熱輻射の問題とは次のようなものです．みなさんは物質が高温になると光を発するのをご存知ですね．ロウソクやガスコンロの炎は気体が化学反応で発熱し発光しているのですが，高温の金属のようにそれ自体化学反応をしなくても外部から熱を加えれば発光します．そしてさらに高温になると発光する

物質の色は青みを帯びてきます．これは光の波長が短くなるためです．反対に温度が低くなると光の波長は長くなり，赤みを帯びてきます．実は低温であっても物質からは絶えず光（電磁波）が出ています．たとえば，私たちの体はたえず電磁波を出していますが，その波長が可視光領域より長い赤外領域にあるため目には見えません．このように物質が有限温度で発する電磁波のことを熱輻射と呼びます．熱輻射の問題とは，簡単に言うと物質の放出する光の波長が温度によってどのように決まるかという問題です．

この問題を初めて定量的に考察したのは，キルヒホフというドイツの物理学者です．電気回路のキルヒホフの法則というのはこのキルヒホフがまだ若い学生の時の仕事です．彼は簡単な思考実験により，2つの異なる物質（物質Aと物質Bと呼ぶことにしましょう）が熱輻射をやりとりして熱平衡（変化のない状態）にあるとき，次のような関係が成り立たなければならないことに気がつきました．

$$\frac{e_A(\lambda, T)}{a_A(\lambda, T)} = \frac{e_B(\lambda, T)}{a_B(\lambda, T)}.$$

ここで，$e_A(\lambda, T), e_B(\lambda, T)$ と書いたのは，それぞれ物質Aと物質Bが，ある温度Tで単位表面積，単位時間あたりに放出する波長λの電磁波の強度で，$a_A(\lambda, T), a_B(\lambda, T)$ はそれぞれの物質にこの電磁波をあてたときそれが吸収される確率を表します．この関係は輻射平衡に関するキルヒホフの法則と呼ばれています．もちろん，$e(\lambda, T)$ や $a(\lambda, T)$ のそれぞれの値は物質によって異なります．実際，ある温度で物質が放出する（吸収する）光の波長の分布（スペクトル）は物質を構成する原子・分子の構造に由来した固有の特徴（輝線・暗線構造）をもつため，物質の化学分析に用いられています．当時キルヒホフはハイデルベルク大学で太陽光のスペクトル分析の研究を化学者ブンゼンと共同で始めていました．その研究の初期の段階で

理論家のキルヒホフが発見したのは，2つの量の比

$$K(\lambda, T) = \frac{e(\lambda, T)}{a(\lambda, T)} \quad (4.1)$$

は物質によらず，物質の温度と熱輻射の波長だけによって決まる普遍関数にならなければならないということだったのです．関数 $K(\lambda, T)$ はキルヒホフ関数と呼ばれ，その関数形を決めることが熱輻射の基本問題となりました．

　いま，仮に，どのような波長の電磁波でもそれにあてると完全吸収する物質があったとします．このような物質はその定義から $a(\lambda, T) = 1$ となり，すべての光を吸収する「完全黒体」と呼ぶことができるでしょう．キルヒホフ関数 $K(\lambda, T)$ はこのような物質が温度 T で発光する際の光のスペクトルを与えることから，「黒体輻射のスペクトル」と呼ばれます．「発光する黒体」というのは奇妙に聞こえるかもしれませんが，吸収だけでは物質は熱平衡に達しません．吸収と放出がつりあってはじめて熱平衡が実現できるのですから，「完全黒体」も熱平衡では発光しなければならないのです．実際にはこのような「完全黒体」は存在しませんが，空洞に小さな穴を開けてそこから漏れ出てくる電磁波のスペクトルを見ると，この黒体輻射のスペクトルに近いものが得られるはずです．なぜなら，この小さな穴に外から放り込まれた電磁波は，ほぼ確実に穴の中に吸収されるからです．したがって，黒体輻射は「空洞輻射」とも呼ばれます．いま，この穴を閉ざし，空洞の中に入って内部を飛び交う輻射のスペクトルを測定すれば $K(\lambda, T)$ が決められるはずです．現在実験的に得られる「黒体輻射」にもっとも近いスペクトルは，「宇宙背景輻射」と呼ばれるもので，人工衛星から観測した宇宙の彼方の暗い部分からやってくる光のスペクトルですが，それはまさにかつて熱平衡にあった初期宇宙の「空洞輻射」の残光を見ているのです．

キルヒホフがこの法則を発見したのは 1859 年のことですが,その後,1862 年頃にマクスウェルによって電磁気の基本法則がほぼ完成されました.光が電磁波であることが理論的に分かったのもこのときです.ボルツマンはこのマクスウェルの理論とやはり完成したばかりの熱力学の法則を用いて,熱輻射のエネルギー密度 u が絶対温度の 4 乗に比例し,$u = \sigma T^4$ となることを 1884 年に示しています.ここで,σ は温度によらない定数ですがその値はまだ決まりません.この関係はボルツマンの師であったシュテファンが当時の(精度の悪い)観測結果から経験則として 1879 年に提案していたもので,シュテファン – ボルツマンの法則と呼ばれています.エネルギー密度 u は振動数 ν をもつ熱輻射の成分 u_ν によって $u = \int_0^\infty d\nu u_\nu(T)$ と分解され,それぞれの成分の重みはキルヒホフ関数 (4.1) と

$$u_\nu(T) = \frac{8\pi}{c} K(2\pi/\nu, T) \qquad (4.2)$$

という関係にあります.

キルヒホフ関数(または $u_\nu(T)$)を求める研究は,その後,キルヒホフが最後にいたベルリン大学とその周辺の人々によって行われました.その頃ベルリンは,イギリスに少し遅れて産業革命によって急速に台頭してきた新興国家プロイセンの首都から,普仏戦争をへて,統一ドイツ帝国の首都となっていました.溶鉱炉の温度測定という現実的問題のためにも熱輻射のような基礎研究が国家的に奨励されたと言われています.このような中で特に重要な 2 つの発見したのがベルリンの国立研究所にいたヴィーンでした.

ヴィーンの第 1 の発見(1893 年)は,「ヴィーンの変位則」と呼ばれるものです.いま温度 T の熱輻射を完全反射($a = 0$)する壁で取り囲まれた空洞の中に閉じ込め,空洞の壁をゆっくり動かして輻射に断熱的に外に仕事をさせます.熱輻射は壁に仕事をするため温

度が下がり，反射波はドプラー効果によって波長が長くなりますが，このとき λT（ν/T）という量が不変に保たれることをヴィーンは示しました．ここでシュテファン–ボルツマン則を考慮すると，キルヒホフ関数（2 変数関数）が，ある 1 変数関数 $F(x)$ を用いて

$$u_\nu(T) = \nu^3 F(\nu/T) \tag{4.3}$$

と表されなければならないことが示されます．このスケール則のことをヴィーンの変位則と呼ぶことにします．関数 $F(x)$ が $x = x_0$ で最大値をもつと，温度を変化させたとき分布の最大値を与える振動数は $\nu_m = x_0 T$ で「変位」するからです．

ヴィーンはさらに関数 $F(\nu/T)$ がどのような形になるかを考察します．彼は，ここで熱力学から一歩進めて，気体分子運動論の考えを導入します．気体分子運動論は物質を構成するミクロな分子のランダムな運動によって熱の本性を説明するものですが，その際，熱平衡のときの分子の速度分布をマクスウェルが導いていました．ヴィーンは，熱平衡では輻射は物質と平衡状態にあるので輻射の波長分布は物質を構成する分子速度のマクスウェル分布を反映したものになるはずだと考え，指数関数を使って $F(\nu/T) = a\mathrm{e}^{-b\nu/T}$ とおき，

$$u_\nu(T) = a\nu^3 \mathrm{e}^{-b\nu/T} \tag{4.4}$$

という具体的な関数形を 1896 年に提案しました．これがヴィーンの分布公式と呼ばれるものです．

ヴィーンの変位則 (4.3) と分布公式 (4.4) の間には大きな飛躍があります．ヴィーンの分布公式は論理的な考察によって導かれたものではなく，直観によって得られた経験則で，実験によって空洞輻射のスペクトルが波長の比較的短い領域において分布公式 (4.4) に非常によく合うことが示されました．このヴィーンの分布公式の物理的意

味の考察からアインシュタインの 3 月論文が生まれるのです．しかしその話の前に，このヴィーンの分布公式を論理的に「導出」することを試みて，思いがけず大発見をしたプランクのお話をしましょう．

プランクの分布公式の導出と量子仮説

ベルリン大学でキルヒホフの後任の教授となっていたプランクは，実験に非常によく合うヴィーンの分布公式は正しいはずだと考えて，それを理論的に「導く」ことを試みました．その際，彼がまず注目したのは熱力学の第 2 法則，すなわちエントロピーの法則です．プランクは有名な熱力学の教科書を書いていますが，学位論文も熱力学の第 2 法則に関するものでした．プランクは，その長い研究人生において，熱力学，特にその第 2 法則には深いこだわりがあったようです．

熱力学的アプローチ　プランクは，のちのアインシュタインのように熱輻射の問題を輻射場自体の性質の問題と考えず，あくまで輻射と熱平衡にある物質の性質として理解しようとしました．そのときの彼の達観は，キルヒホフの法則から，熱輻射のスペクトルは個々の物質の性質によらないので，輻射平衡にある物質としてできる限り簡単なものを考えればよいとした点にあります．ここでプランクが導入した物質の構成要素の模型が「共鳴子」と呼ばれるものです．「共鳴子」というのはある波長の輻射に共鳴する振動数をもった調和振動子で，バネでつながれた正負の電荷を帯びた 2 つの質点（双極子）のようなものを考えてください．

プランクはまず，この共鳴子が振動数 ν の輻射と平衡にあるとき，共鳴子のエネルギー U と輻射のエネルギー分布が次のような関係で結ばれることを電磁気の法則を使って示します．

$$U = \frac{c^3}{8\pi\nu^2} u_\nu(T) \quad (4.5)$$

この関係式に $u_\nu(T)$ のヴィーンの分布公式 (4.4) を使うと熱平衡にある共鳴子のエネルギー U を温度の関数として

$$\frac{1}{T} = -\frac{1}{b\nu} \ln\left(\frac{8\pi U}{ac^3 \nu}\right) \quad (4.6)$$

という関係式が得られます. 一方, 熱力学のエントロピー S, エネルギー U, 圧力 p, 体積 V の間の関係式, $dU = TdS - pdV$, から体積変化のない場合 $(dV = 0)$ には,

$$\frac{dS}{dU} = \frac{1}{T} \quad (4.7)$$

という関係があります. プランクは, この2つの式から温度 T を消去して共鳴子がもつエントロピー S とエネルギー U の間に

$$S = -\frac{U}{b\nu}\left[\ln\left(\frac{8\pi U}{c^3 a\nu}\right) - 1\right] \quad (4.8)$$

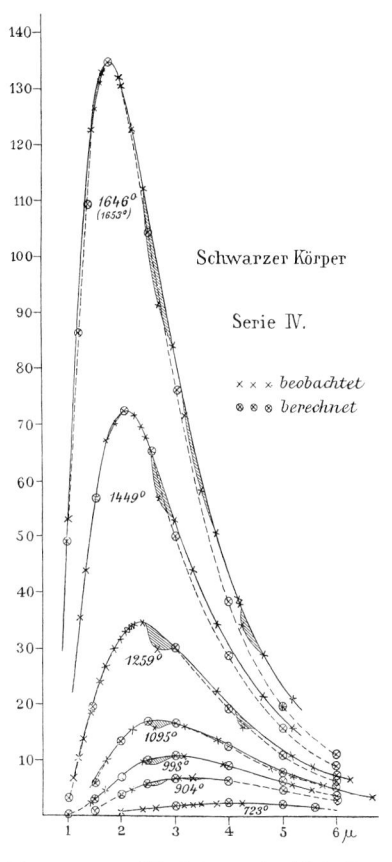

図 **4.1** 1899年にルンマーとプリンスハイムの実験によって得られた黒体輻射のスペクトル. 実験（×印）が測定値. 破線はヴィーンの分布公式 (4.4) による値. *Verhandl. Deutschen Phys. Gessellsch.* **1**, 215, 1988 より.

という関係があることを導きました. 彼はさらに,

$$\frac{\mathrm{d}^2 S}{\mathrm{d}U^2} = -\frac{1}{b\nu U} \tag{4.9}$$

となることに注目し，この関係がエントロピーのもつべき性質，つまり熱平衡で極大値をとるという熱力学的安定性の条件，$\mathrm{d}^2 S/\mathrm{d}U^2 < 0$，を満たすもっとも簡単な表式であることに満足しました．

ところが，その後，長波長の赤外領域（$\lambda = 12$–$60\,\mu\mathrm{m}$）でヴィーンの分布公式からの実験値の「ずれ」がベルリンの国立研究所の実験グループによって観測されました（図 4.1）．ヴィーンの分布公式は正確な法則ではなかったのです．それまでヴィーンの分布公式が正しいと信じてそれを「証明」しようとしていたプランクは，ただちに方針を転換し，ヴィーンの分布公式の分析から得られたエントロピーとエネルギーの関係を熱力学の基本法則と矛盾しない枠内で少し修正して，それから新しい分布公式を導きました．プランクはまずエントロピーの 2 階微分係数の表式 (4.9) を

$$\frac{\mathrm{d}^2 S}{\mathrm{d}U^2} = -\frac{\alpha}{U(\beta + U)} \tag{4.10}$$

と少し変形します．一般に α と β が正であれば熱力学的安定性の条件は満たされます．この式を，$T \to \infty$ で $U \to \infty$ という条件をおいて積分すると，

$$\frac{\mathrm{d}S}{\mathrm{d}U} = -\frac{\alpha}{\beta} \ln\left(\frac{U}{\beta + U}\right)$$

が得られます．これを式 (4.7) の左辺に代入すると U と温度 T の関係が求まり，それに共鳴子と輻射の平衡の関係式 (4.5) を使って，

$$u_\nu(T) = \frac{8\pi\nu^2}{c^3} U = \frac{8\pi\nu^2 \beta}{c^3} \frac{1}{\mathrm{e}^{\frac{\beta}{\alpha T}} - 1}$$

が導かれます．ここでヴィーンの変位則 (4.3) を満たすように，$\beta = h\nu$，$\alpha = k$ とおくと有名なプランクの輻射公式が得られますが，h

と k の物理的意味はこの段階ではまだ分かりません（本講義では，プランクの表記にあわせ，ボルツマン定数 k_B を k と書くことにします）．次に，プランクは彼が発見した新しい分布式を，統計力学のボルツマンの原理から「再導出」することを試みます．この過程で「量子仮説」が生まれるのです．

統計力学的アプローチ　ボルツマンの原理によると巨視的な数 N 個の構成要素からできたマクロな物質の状態を特徴づけるエントロピーは，ある決められたエネルギーにおいてその物質がとりうるミクロな状態（コンプレクシオン）の数 W により，

$$S_N = k \ln W \tag{4.11}$$

と表されます．ここでコンプレクシオンというのは物質を構成する要素（共鳴子）のそれぞれに物質全体がもつエネルギーを配分する1つの方法だと考えてください．物質がたくさんの構成要素からできていると，その場合の数は指数関数的に増加して天文学的な数字になりますが，対数をとることにより構成要素の数に比例して増加する量となります．プランクは彼の共鳴子が平均的にエネルギー U をもつときの共鳴子1つあたりのエントロピー $S = S_N/N$ を公式 (4.11) を用いて計算したのです．

いま，共鳴子の数が N 個あるとしますと，系全体のエネルギー $U_N = NU$ を便宜的にある小さいユニット ϵ に分割して N 個の共鳴子に配分する方法の数を計算すると，

$$W = \frac{(N+P-1)!}{P!(N-1)!}$$

となります．ここで $P = U_N/\epsilon$ は分割された小さいエネルギーのかたまりの数です．これを公式 (4.11) に代入して，スターリングの

近似式，$N! \simeq (N/e)^N$，を用いると，共鳴子 1 個あたりのエントロピー $S = S_N/N$ は

$$S = k\left\{\left(1 + \frac{U}{\epsilon}\right)\left[\ln\left(1 + \frac{U}{\epsilon}\right) - 1\right] - \frac{U}{\epsilon}\left(\ln\frac{U}{\epsilon} - 1\right)\right\}$$

となります．この計算は初等的ですので自分で確かめてください．ここで ϵ は計算上便宜的に導入した量で，エネルギーが連続的に変化する量であれば，本来それは最終的に $\epsilon \to 0$ とおいて消去すべき量です．ところが ϵ が有限であるとしてこの表式を使い d^2S/dU^2 を計算して $\alpha = k$，$\beta = \epsilon$ とおくと式 (4.10) が得られます．そして，

$$\epsilon = h\nu \tag{4.12}$$

とおけば，$dS/dU = 1/T$ からプランクの輻射公式

$$u_\nu(T) = \frac{8\pi h\nu^3}{c^3}\frac{1}{e^{\frac{h\nu}{kT}} - 1} \tag{4.13}$$

がでてきます．つまり，プランクの輻射公式は共鳴子に配分されるエネルギーが，もうこれ以上分割できない量（「エネルギー量子」）からできていて，それが共鳴子の振動数に比例することを意味していたのです．これがプランクの「量子仮説」と呼ばれるものです．

この仮説は明らかに古典力学の枠内では説明のつかないもので，まさに革命的第一歩であったのですが，プランクはこのときはこの大胆な仮説に確信がもてず，のちにこれを肯定的な結果をだしたいがための「苦肉の策」だったと語っています．

こうして導出されたプランクの新しい分布公式は $h = 6.55 \times 10^{-27}\,\mathrm{erg/s}$，$k = 1.346 \times 10^{-18}\,\mathrm{erg/K}$ ととると実験値とぴったり合うことが分かりました．それは短波長の領域（$\beta/\alpha T = h\nu/kT \gg 1$）ではヴィーンの分布公式 (4.4) でよく近似されますが，ヴィーンの分

布公式からの実験値のずれが大きくなる長波長の領域 ($h\nu/kT \ll 1$) では，のちにレイリー – ジーンズの分布公式と呼ばれるようになった式

$$u_\nu(T) = \frac{8\pi\nu^2}{c^3}kT \tag{4.14}$$

と一致します．プランクの公式は「熱力学的導出」だけであれば単なる「内挿公式」と呼ぶこともできますが，この統計力学的導出は実はそれがもっと深い意味をもつことを示したのです．

プランクの輻射公式 (4.13) には c, k, h の3つの定数が現れます．c は光速で，共鳴子のエネルギーと輻射のエネルギーとの関係 (4.5) からでてきたものですが，これは本質的には熱輻射がマクスウェル方程式に従う電磁波であることに由来しています．ボルツマン定数 k はボルツマンの原理 (4.11) を使ったことから入ってきたのですが，気体の状態方程式 $pV = nRT$ に現れる気体定数 R は，ボルツマン定数 k とアヴォガドロ数 N_A と，$R = kN_A$ という関係で結ばれています．気体定数 R は気体の法則の測定からすでに知られていますから，k の値が決まれば 1 mol の気体の中に含まれる分子数 N_A が決まることになります．プランクは当時の熱輻射の測定結果を用いて $N_A = 6.17 \times 10^{23}\,\mathrm{mol}^{-1}$ という値を得ました．アインシュタインもこのことに注目していて，彼の学位論文やブラウン運動の理論で求めた N_A の値がプランクの得た値と近かったことで，彼自身の理論の正しさに確信をもてたようです．プランクの量子仮説によって導入された新しい定数 h はプランク定数と呼ばれ，これが新しい物理法則（量子論）を特徴づける定数となります．

プランクの輻射公式は，量子論（h）だけでなく，相対論（c）と統計力学（k）という現代物理学のもっとも基本的な法則を象徴する定数が現れる素晴らしい公式なのです．この公式が現れたのは 1900

年の年末で，20 世紀における現代物理学の飛躍的な発展の冒頭を飾るのにふさわしい式となりました．

古典論からの帰結

しかし，このプランクの理論は当時の学会からただちに認められたわけではありません．なぜなら，それは古典物理学からはどうしても得られない式であったからです．そのことを最初に指摘したのが，イギリスのレイリー卿です．レイリーはプランクより 16 歳年長で，当時，波動学の権威でした．空がなぜ青いのかということを説明しようとした，空気中の微粒子（のちに空気分子に変更）による光の散乱（レイリー散乱）の理論はいまでも有名です．レイリーはマクスウェルの波動方程式によって記述される電磁波の基準モードの数を計算し，それに古典統計力学の等分配則を使うとヴィーンやプランクの分布則でなく，式 (4.14) のように $u_\nu(T)$ が $\nu^2 T$ に比例しなければならないことをプランクの公式の発表されたのと同じ 1900 年に 2 ページの短い論文で指摘しました．レイリーはヴィーンの輻射公式を「推測にすぎない」と批判しましたが，彼の導いた分布式はそのままでは実験結果と合わないため，この論文ではヴィーンと同じように意味不明な指数関数因子（$\mathrm{e}^{-b\nu/T}$）を説明なしに付けています．

レイリーは，1879 年にケンブリッジ大学で 48 歳の若さで亡くなったマクスウェルの後任教授となり，1887 年にはかつてファラデイのいたロンドンの王立研究所の教授になっていましたから，彼がファラデイやマクスウェルの築いた電磁場の理論を擁護する立場にあったのは当然のことと言えますが，プランクもまたマクスウェル理論の絶対的正しさを疑うことはなく，量子化は共鳴子の問題，のちには共鳴子から電磁波が放出されるときの問題だと考えていました．

また，「電子論」によって物質の電磁的性質を説明する体系的理論を作ったローレンツも，レイリーの結果を確認し，実験値が合わないのはエネルギーの等分配則に問題があると考え，プランクと同様に物質による輻射の放出・吸収過程に問題解決の糸口を見出そうとしています．このようなマクスウェル理論への呪縛から逃れ，量子化は電磁場自身の問題だときっぱりと言い切ったのがアインシュタインだったのです．

アインシュタインの「発見的な見方」

アインシュタインはプランクの輻射公式と量子仮説が現れた年にチューリヒの連邦工科大学 (ETH) を卒業し，その後 1902 年からベルンの特許局の仕事をしていました．1905 年に彼は 26 歳になっていましたが，プランクが輻射公式を発表したのは 42 歳のときなので，論文を書いたときのプランクとアインシュタインの年齢差は，プランクとレイリーの年齢差と奇しくも一致します．この年齢の差が，この 3 人の考え方の違いにはっきりと現れました．

アインシュタインは 3 月論文の序文で次のように述べています．

> 私には，黒体輻射，蛍光，紫外光による陰極線の生成，そしてその他の光の放出と吸収に関係した現象の観測結果は，光のエネルギーが空間的に不連続に分布していると考えたほうがよりよく理解できると思われる．これから考察される仮説では，光線が点から広がるとき，そのエネルギーはどんどん広がってゆく空間に連続的に分布するのではなく，空間のいくつかの点に局在化した有限個のエネルギー量子から構成され，それはさらに分割されることなく進み，（それぞれは）全体としてしか吸収されたり生成されることはないのである．

ここに描かれた「発見的な見方」は，当時受け入れられていた電磁場のマクスウェル理論とは絶対相容れない描像で，古典物理学の体

系に対する大胆な挑戦でした．

アインシュタインはまず，プランクの共鳴子にエネルギー等分配則を適用すると，運動エネルギーとポテンシャルエネルギーにそれぞれ $kT/2$ のエネルギーが配分され，

$$U = 2 \times \frac{1}{2}kT = kT \left(= \frac{RT}{N_\mathrm{A}} \right)$$

となり，プランクの共鳴子と輻射場の平衡条件 (4.5) からレイリーの分布公式 (4.14) がただちに得られることを示します．実は分布公式 (4.14) を係数も含め導いたのは，このときのアインシュタインが最初でした（ジーンズは同じ年にレイリーの計算の間違いを指摘して正しい値を出しました）．輻射平衡のプランクの関係式を使っていますが，彼の導出方法はもっとも簡単かつ明瞭で，パイスはこの公式を「レイリー – アインシュタイン – ジーンズの公式」と呼ぶことを提案しています．この結果は，マクスウェルの電磁場の方程式の解の基準モード分解を使わなくても，共鳴子に古典統計力学を用いる限り平衡においてはレイリーの分布公式 (4.14) が必然的結果であることを示すものでした．したがって，プランクのやったことは古典論の原理と明らかに矛盾しているわけです．

ではプランクの公式はいったい何を意味するのでしょうか？　この問題を考えるために，アインシュタインは，プランク分布でなく短波長領域で実験結果をよく再現し，プランクの公式のよい近似となるヴィーンの分布公式 (4.4) を使います．ここであえてプランクの公式を使わなかったところに意味があるのですが，そのことは後でもう一度ふれます．

さて，アインシュタインはヴィーンの分布公式を使って，輻射場のエントロピーを計算しました．プランクは輻射場と熱平衡にある共鳴子を導入して，共鳴子に熱力学・統計力学を適用し，輻射場に

熱力学・統計力学を直接用いることを巧妙に避けましたが，アインシュタインはむしろ初めから輻射場自体の問題としてヴィーンの分布公式から何が出てくるかを考えたのです．そして彼が発見したのは，ヴィーンの分布公式が正しいとすると，完全反射する空洞の中に閉じ込められた熱輻射のエントロピーは空洞の体積の変化 $V_0 \to V$ により

$$S(V) - S(V_0) = \frac{E_\nu}{b\nu} \ln\left(\frac{V}{V_0}\right)$$

と体積比 V/V_0 の対数に比例して変化するということでした．ここで，$E_\nu = u_\nu V \mathrm{d}\nu$ は体積 V の空洞の中の振動数が ν と $\nu + \mathrm{d}\nu$ の間にある熱輻射のもつエネルギーです．プランクはヴィーンの分布公式を導出した論文で「輻射場のエントロピー密度」を導いていますが，彼の式は輻射のエネルギー密度で表式が与えられており，その物理的意味については特に注意を払いませんでした．これは，プランクがマクスウェルの電磁場の理論の正しさを信じきっていたためだろうと思います．アインシュタインはこの振る舞いは熱力学でよく知られた N 個の分子から構成される理想気体のエントロピーの体積依存性

$$S(V) - S(V_0) = nR \ln\left(\frac{V}{V_0}\right) = kN \ln\left(\frac{V}{V_0}\right)$$

と同じであることに気がつきます．この2つの式を比べると，振動数 ν の熱輻射はあたかも

$$N_\nu = \frac{E_\nu}{kb\nu} = \frac{E_\nu}{h\nu}$$

個の粒子の理想気体のように見えるのです（ここで $kb = h$ というプランクの輻射公式から出てくる関係を使いました）．このように，アインシュタインの慧眼は，ヴィーンの分布公式がマクスウェルの

Lecture 4 「革命的」3月論文 —— 77

電磁場の理論と矛盾するだけでなく，熱輻射があたかも粒子の集まりであるように振る舞うことを見抜いたのです．

アインシュタインはさらに，マクスウェル理論が言うように光がエーテルの中を伝わる連続的な波動ではなく，もし振動数 ν の輻射（光）がエネルギー $\epsilon_\nu = h\nu$ の粒子だと考えると他に自然に説明できる現象はないかと考えます．そして彼があげた 3 つの現象の 1 つが，光電効果でした．

光電効果は金属に光を当てると電子が飛び出してくる現象で，電磁波の存在を検証したヘルツによって 1886 年に発見されました．その後，レーナルトの実験で，飛び出してくる電子のエネルギーは光の強度によらず，その振動数によって決まることが示されていました．マクスウェル理論では光のもつエネルギーは波の強度，つまり波の振幅の 2 乗により決まり，波の振動数や波長にはよりませんから，レーナルトの実験結果は説明できません．しかし，光がエネルギー $\epsilon_\nu = h\nu$ をもつ光量子からできていると考えると，その光量子の 1 つが物質中の 1 つの電子に吸収されると電子のエネルギーは $h\nu$ 増加し，それがある閾値 P を超えたとき金属への束縛から離れて飛び出してくるとすれば，電子のエネルギーの最大値 E_e は，$E_\mathrm{e} = h\nu - P$ という簡単な関係式で与えられることになります．アインシュタインの得たこの関係式は，のちにシカゴ大学のミリカンによって非常によい精度で検証され，比例係数 h が熱輻射のプランクの分布公式から決めた値とぴたりと一致することが示されました．

光量子論の実験的検証

アインシュタインの光量子論は，プランクが熱輻射の分布公式を出すためしぶしぶ導入したエネルギー量子の概念がより普遍性をもち，量子性がマクスウェルの電磁場自身の性質であることを主張し

ましたが，これがあまりにも「革命的な見方」であったためすぐには受け入れられませんでした．1911年に開かれた第1回ソルヴェー会議の主題は量子論となり，アインシュタインはプランクとともに会議の主役となりましたが，プランクは，光量子論の一定の成功を認めつつも，ほとんどの電磁気現象を精密に説明するマクスウェル理論を放棄することをためらい，エネルギー量子化を「作用の量子化」という新しい理論で理解しようとしています．この視点はその後，電子軌道の量子化で重要な役割を果たしました．プランクはアインシュタインを相対性理論の仕事で高く評価し，1914年に教育義務をもたない教授という破格の条件でベルリン大学に招聘しますが，そのときでもまだ光量子論は認めていませんでした．光電効果におけるアインシュタインの関係式を実験的に検証したミリカンも1916年の光電効果の論文の冒頭で，光の波動論に挑戦したアインシュタインの光量子論を「向こう見ずな」仮説で，「すでにおおかたのところ放棄されてしまった理論」などと述べ，彼の実験結果がその理論の予言と完璧に一致したことに驚いています．

　アインシュタインは1922年に前年度のノーベル物理学賞を「理論物理学への貢献，特に光電効果の説明」という理由で受賞しますが，光量子論の正しさが本当に認められるのは翌年のコンプトン効果の発見を待たなければなりませんでした．コンプトン効果というのは光（X線）と電子の散乱で光の振動数が変化する現象ですが，振動数 ν の光をエネルギー $\epsilon = h\nu$ と運動量 $p = \epsilon/c$ をもって光速で伝わる粒子だと考えると，エネルギー・運動量の保存則から散乱後の光量子のエネルギー ϵ' と運動量 p' が散乱角の関数として決まります．それから得られた散乱後の振動数 $\nu' = \epsilon'/h$ が実験結果とぴったり一致したのです（光量子はエネルギーだけでなく当然運動量をもつはずですが，不思議なことにそのことは1916年まではっ

きり認識されませんでした).そして,コンプトン効果が発見された暫く後(1926年)からは,光量子は「光子」と呼ばれるようになり,素粒子の一員に加えられたのです.

「発見的な見方」のその後

　光量子論がなかなか認められなかった理由の1つは,光の性質の2面性にありました.プランクの輻射公式が長波長領域で古典的な波動説に基づくレイリー–ジーンズの公式に一致するということは,アインシュタインの議論はヴィーンの公式が近似的に成り立つ短波長の領域でしか有効でないことを意味します.アインシュタインは1905年の論文ではこの点については沈黙していましたが,その後(1909年),輻射のエネルギーの平均値からの「ゆらぎ」を計算し,プランクの輻射公式を用いると,輻射のゆらぎが波動性から期待される値と粒子性から期待される値の和となることを示しています.光は波の性格と粒子である性格をかね備えたいわば二重人格者であったのです.これは,今日では粒子・波動二重性と呼ばれ,すべての素粒子が共有する性質と考えられていますが,当時これはまったく不可解なことでした.特に,電磁場の場合,古典電磁気学の成功と光量子論の成功がどうして矛盾なく両立できるのか,依然謎として残ったのです.

　その謎解きは,量子力学の出現(1925–26年)とそれを電磁場の理論に拡張した場の量子論の誕生(1929年)まで待たなければなりませんでした.プランクやアインシュタインの先駆的な仕事の後,前期量子論から量子力学の完成まで主導的役割を果たしたのはデンマークのボーアした.ボーアは,1913年にプランクやアインシュタインの導入した量子概念を使って原子模型を作り,キルヒホフやブンゼンが調べていた原子・分子から出る光のスペクトルの微細構造

に現れる規則性を量子化された電子軌道の間の遷移によって説明することに成功しました．アインシュタインはこのボーアの仕事を高く評価し，1949 年に書かれた自伝的ノートでも次のように語っています．

> これらの新しい知識へ物理の理論的基礎を適合しようという私の試みはすべて失敗に終わった．それはあたかも足下から土台が取り除かれたようで，なにかを打ち立てる確固とした基盤はどこにも見えてこなかったのである．このような不安定で矛盾した状況は，ボーアのような卓越した直感と感性をもった人には，原子のスペクトル線と電子殻の基本法則，そしてその化学への意義を明らかにするのに十分であった．これは私には奇跡としか見えなかった，いまでも奇跡だと思う．これは，思索という領域でのもっとも高度な音楽性であった．

その後，ハイゼンベルク，シュレーディンガー，ディラック，パウリらによって量子力学と場の量子論という新しい物理学の体系が作られました．1927 年に開かれた第 5 回ソルヴェー会議ではこの新しくできた量子力学とその解釈が議論の主題となりました．この会議にアインシュタインはプランクとともに出席しましたが，その主役はボーアやハイゼンベルクなどの若手に移っていました．アインシュタインは会議で報告をしませんでしたが，そのかわり毎日朝食でボーアたちに議論をふっかけて量子力学にはまだ矛盾があることを示そうと試みました．しかし，ボーアはいつも夕食の時までにはアインシュタインの考察に欠陥があることを発見し論破したそうです．これが「アインシュタイン－ボーア論争」の始まりでした．結局，アインシュタインは量子力学とその確率解釈（コペンハーゲン解釈）を最後まで受け入れることを拒み，「神はサイコロを振らない」という有名な言葉を残してこの世を去りました．

しかし，皮肉なことに，アインシュタインの「発見的な見方」の正しさはその後の場の量子論の成功により，ますます確固としたものになり，光の問題を超えて，原子核・素粒子の極微の世界でもその視点が実りあるものであることが分かりました．1935 年に湯川は，原子核の内部で陽子や中性子を結合する核力の起源として中間子場という新しい場を導入し，その「場の量子」として新しい粒子の存在を予言しました．この粒子は 12 年後に宇宙線の軌跡の中に発見され，現在では π 中間子と呼ばれています．その後，高エネルギー加速器実験で新粒子が続々と発見されますが，素粒子の相互作用を「力の場」によって記述するという湯川の手法は素粒子論のパラダイム（模範）となりました．こうした理論の実験的検証はほとんどが「場の量子」の存在の確認を通して行われています．素粒子の崩壊の際に働く弱い相互作用と電磁相互作用の統一理論（ワインバーグ–サラム理論）の $W^{\pm}$ 粒子や Z 粒子，陽子や中性子の内部でクォークを結合する強い力の理論である量子色力学のグルーオン（この場合，間接的ですが）がその例です．

　1905 年に「革命的」であったアインシュタインの「発見的な見方」は，100 年後の今日，現代物理学でもっとも基本的でかつ有益な見方になっているのです．

「一般相対論の基礎」
Ann. Phys. **49**, 769, 1916.

Lecture **5**

生涯でもっとも素晴らしい考え
特殊相対論から一般相対論へ

風間洋一

一般相対性理論，それはアインシュタインという自然科学史上希有の偉才が，その全知全能を傾けた苦闘の末に築き上げた類なき金字塔です．1905 年，特殊相対性理論という革命的理論を構築したアインシュタインは，ほどなくこの理論が重力の法則に適用できないことに不満を抱き，より徹底した相対性を基礎的原理とする一般相対性理論の建設に向かいました．しかし，これはアインシュタインの天才をもってしても容易ならぬ難事業であり，最終的な完成にはそれから 10 年近くの歳月を要することになります．この経緯を簡単にまとめたのが以下の年譜です．

　　1905: 特殊相対論の構築
　　1907: 等価原理の発見
　　1911: 一般相対論の物理的基礎
　　1912–1915: 数学的定式化への苦闘
　　1915–1916: 一般相対論の完成
　　1919: 観測による検証

この講義では，この一般相対論の内容とそれが構築されていく様子を，アインシュタインの思考過程に沿ってお話したいと思います．

特殊相対論の復習

　一般相対論は，その名の通り，特殊相対論の拡張として生まれました．特殊相対論については，すでに第 2 回目の講義 (Lecture 2) で述べられていますが，一般相対論へ向かう出発点として，その本質的な部分をもう一度ごく手短に復習することから始めましょう．

相対性原理　　特殊相対論は，「光とは何か」という問に対するデカルト以来の連綿とした理論的，実験的論争の末に，アインシュタインによ

る「時間」（とりわけ「同時性」の概念）に関する深い考察とニュートン力学および電磁気学における相対性の探究を基礎として打ち立てられました．それは，互いに等速直線運動をする非常に特殊な観測者（慣性系）の間の相対性に関する理論であり，以下のたった2つの「特殊相対性原理」の仮定から構築される無類に美しい体系です．

1. 相対性原理：すべての物理法則は任意の慣性系で同じ形をとる．
2. 光速度不変（普遍）の原理：
    (i) 光速度 c は光源の運動によらず一定であり，
    (ii) それは時，場所によらない普遍な値をとる．

慣性系の間の座標変換：ローレンツ変換　特殊相対論の要となるのは，2つの慣性系の座標の関係を与える「ローレンツ変換」と呼ばれる変換式です．これは，たとえば次のようにして導出することができます．図 5.1 のように，基準となる慣性系を S 系，それに対して x 軸正方向に速度 V で運動している慣性系を S′ 系と呼ぶことにして，原点から発せられた x 軸正負の方向に伝播する光の方程式を考えてみましょう．これは S 系では $x = \pm ct$ と表されますが，$x^{\pm} \equiv x \pm ct$ という新たな座標を導入すると，

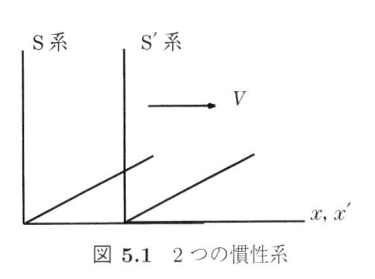

$$s^2 \equiv x^2 - (ct)^2 = x^+ x^- = 0 \tag{5.1}$$

のように簡明に書くことができます．ここで c が慣性系によらないことを用いれば，光の運動方程式は S 系でも S′ 系でも同形であり，

$s^2 = x'^+ x'^- = x^+ x^-$ が成り立つと考えられます（$x'^\pm$ は $x' \pm ct'$ を表します）．この解は，a をゼロでない定数として，$x'^+ = ax^+$, $x'^- = (1/a)x^-$ で与えられ，a は容易に相対速度 V で表すことができます．そして，$\gamma \equiv 1/\sqrt{1-(V/c)^2}$ という量を導入し，x', t' を x, t で解くと

$$x' = \gamma(x - Vt), \quad t' = \gamma\left(t - \frac{V}{c^2}x\right)$$

という形の「ローレンツ変換」が得られるのです．V/c が 1 より非常に小さい通常の場合には，$\gamma \to 1$ となり，上記の変換はニュートン力学でよく知られたガリレイ変換，$x' = x - ct, t' = t$, に帰着しますが，V が光速度 c に近づくときには，時間と空間が 1 次変換で互いに融合的に絡み合うという，驚くべき結果を表しています．

4次元時空の概念 アインシュタインの論文から 2 年後，ミンコフスキーは，「4 次元時空」の概念を導入し，ローレンツ変換の幾何学的な意味を明らかにしました．すなわち，「世界点」$x^\mu = (ct, x, y, z)$, $(\mu=0,1,2,3)$ の集まりとしての 4 次元の空間を考え，そこでの「回転」としてローレンツ変換を捉えるというアイデアです[1]．通常の 3 次元の空間では原点からの距離の 2 乗を表す $s^2 = x^2 + y^2 + z^2$ という量は原点周りの回転に対して不変量であり，逆にこの量を変えない変換として回転を定義することができますが，同様に 4 次元時空においては，これを拡張した

$$s^2 = x^2 + y^2 + z^2 - (ct)^2$$

---

1) この観点からは，時間は，空間座標と同様な長さの次元をもつ量 ct として捉えるのが自然です．

という量を不変にする一種の「回転」としてローレンツ変換を特徴づけることができるのです．この s^2 が式 (5.1) の拡張になっていることは明らかでしょう．4次元時空を y,z 部分の拡がりを立体的に示唆して描いたものが図 5.2 で，原点から発した光は円錐の表面に沿って伝播し，またそれより速度の遅い粒

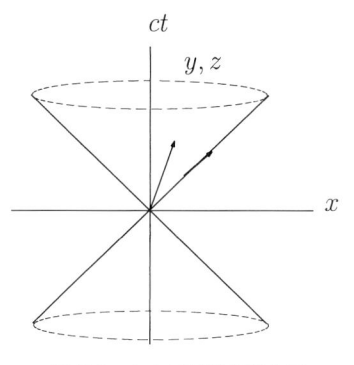

図 **5.2** 4次元図形の概念図

子は円錐の内部に向かって運動するという描像が得られます．この4次元時空の概念は，のちに一般相対論においてリーマン幾何学で記述される曲がった時空へと一般化されることになります．

特殊相対論の帰結 特殊相対論は数々の常識を覆す現象を予言しますが，その中からもっともよく知られたものをいくつか復習しておくことにしましょう．

その第1は，「ローレンツ収縮」と呼ばれる現象で，ある方向に速度 V で動いている物体はその方向に $\sqrt{1-(V/c)^2}$ だけ収縮したように観測されることを意味します．図 5.3 のように S′ 系で静止している（したがって S 系では速度 V で動いている）長さ ℓ_0 の棒の長さを S 系で測定することを考えましょう．S 系での棒の長さとは，S 系における同時刻での棒の両端の位置の読みの差のこと（図 5.3 参照）ですから，ローレンツ変換の式の1つである $x' = \gamma(x - Vt)$ を棒の両端に適用して辺々引き算すると容易に，$x'_2 - x'_1 = l_0 = \gamma(x_2 - x_1) = \gamma l$ が得られます．ここで γ の定義 $\gamma = 1/\sqrt{1-(V/c)^2}$ を思い出すと，

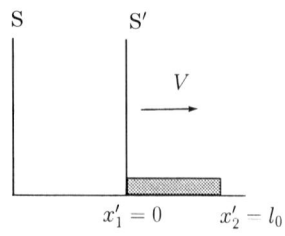

図 5.3 動いている棒の長さの測定

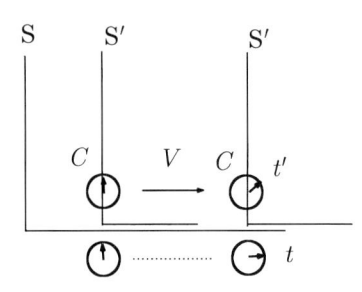

図 5.4 動いている時計と静止している多数の時計の比較

$$l = \sqrt{1-(V/c)^2}\,l_0 < l_0$$

すなわち，動いている棒の長さの測定値は，棒が静止している系での長さよりも小さいという結論が得られるのです．

相対論では，長さだけではなく，時間の観測にも常識を破る現象が現れます．これはよく「動いている時計は静止している時計に比べて遅れる」と言い表されるのですが，この意味を安易にとると，時計が動いているか静止しているかは相対的なのだから，どちらが遅れるとは言えない，というパラドクスに陥るので注意しなければなりません．

S′系の原点にくくりつけられている時計 C の刻む時刻と S 系での時計の示す時刻を比べましょう．この際重要なことは，時計 C は S 系では動いているので，動いていく先々に用意してある多くの異なる時計（図 5.4 ではこの様子を点線で示してある）との読みを比べなければならないことです．こんどはローレンツ変換のもう 1 つの式を逆に解いて t を t' と x' で表したもの，すなわち $t = \gamma(t' + (V/c^2)x')$ を用います．時計 C は S′系の原点にあるので $x' = 0$ を代入すると

$$t = \gamma t' = \frac{t'}{\sqrt{1-(V/c)^2}} > t'$$

が得られます．これは，S 系で測った時間間隔 t は静止している時

計の刻む時間間隔 t' よりつねに大きいことを示しています．矛盾に陥らないために大事なのは，1 つの時計と多くの時計を比べるこの測定のプロセスが S 系と S′ 系の対称性を破っていることをしっかりと認識することなのです．

最後に，相対論でもっとも有名な，エネルギーと質量の等価性を表す公式，「$E = mc^2$」，について述べましょう．これはわずか 3 ページからなる特殊相対論に関する第 2 論文で次のように議論されています．アインシュタインは，速度 v で運動する物体から光の形でエネルギーを放出する過程を考え，放出の前後の物体のエネルギー差が

$$E(\gamma - 1) = E\left(\frac{1}{\sqrt{1-(v/c)^2}} - 1\right) = \frac{1}{2}\frac{E}{c^2}v^2 + \cdots$$

で与えられることを見出しました．ここで E は物体の静止系で見た光のエネルギーを表し，$\cdots$ は v/c の高次の項です．こうして物体のエネルギーは光の放出に際して $\sim \frac{1}{2}(E/c^2)v^2$ だけ減少するという結論が得られます．しかしこれはちょうど質量が $m = E/c^2$ の物体の運動エネルギー $\frac{1}{2}mv^2$ の形をしています．このことから，アインシュタインは物体が光の形でエネルギー E を放出すると，その質量が E/c^2 だけ減少すると解釈し，「物体の質量はその保有するエネルギー量の目安である」と結論づけたのです．

一般相対論の萌芽：等価原理

さて，こうした革命的な内容をもつ特殊相対論の構築に成功したアインシュタインは，しかしその直後からこの理論について大きな不満を抱いていました．1922 年の京都講演の中で，アインシュタインはこう述べています．

> 1907 年に，特殊相対論の緒結論をまとめて書こうとしたとき，……，すべての自然法則が特殊相対性理論によって論じ得られる間に，ただひとつ万有引力の法則にはこれを応用することの出来ないのを認めて，どうにかしてこれの論拠も見いだしたいということを深く感じました．……私の最も不満足に思ったのは，慣性とエネルギーとの関係が〔特殊相対性理論によって〕見事に与えられるにも拘わらず，これと重さの関係がまったく不明に残されなければならないことでありました．おそらくはこの説明は特殊相対性理論によっては到底達せられないものであると私は思っていました．

こうした動機から，アインシュタインは，それから8年余りの歳月を要することになる「一般相対論」の構築にとりかかるのです．

最初の，そしてもっとも重要な手がかりは，1907年のある日突然にやってきました．再度京都講演から引用しましょう．

> 私はベルンの特許局で一つの椅子に座っていました．そのとき突然一つの思想が私に湧いたのです．「ある一人の人間が自由に落ちたとしたなら，その人は自分の重さを感じないに違いない．」私ははっと思いました．この簡単な思考は私に実に深い印象を与えたのです．私はこの感激によって重力の理論へ自分を進ませ得たのです．

これがアインシュタイン自身が「私の生涯でもっとも素晴らしい考え」と呼んだ「等価原理」の発見です．つまり加速度運動をする系にいくことによって（その周りに限れば）重力を消してしまうことができるという，当たり前ではあるが重大な事実に気が付いたのです．

等価原理　この等価原理の根拠を正確に理解するために，地表付近での自由落下の運動をニュートン力学に従って考察しましょう．z 軸を地表に垂直にとり，重力加速度を g と記せば，運動方程式は

$$F = -m_{\rm G} g = m_{\rm I} \frac{{\rm d}^2 z}{{\rm d}t^2} = m_{\rm I} a$$

と書けますが,ここで2つの質量が区別されていることに注目してください.重力を表す項に現れている $m_{\rm G}$ は重力質量と呼ばれ,一方加速度にかかっている $m_{\rm I}$ は慣性質量と呼ばれます.これらは概念的にはまったく別の量なのですが,1890年にエートヴェシによって初めて行われた有名な実験で,$m_{\rm G} = m_{\rm I}$ が高い精度で成り立つことが分かったので,通常は区別せずに単に m と書かれます.すでに述べた $E = mc^2$ に現れた m は実は $m_{\rm I}$ と書かれるべき量であることに注意しておきましょう.さて $m_{\rm G} = m_{\rm I}$ が成り立つおかげで運動方程式は $a = -g$ と簡略化され,その解は,落下点の高さを h とすると,$z(t) = h - \frac{1}{2}gt^2$ で与えられます.これは地上の観測者から見た記述ですが,一方自由落下している観測者から見ると自分の z 座標 z' はつねにゼロであり,したがって z' と z の関係は $z' = z + \frac{1}{2}gt^2 - h$ で与えられます.これを時間で2階微分して加速度を求めると $a' = {\rm d}^2 z'/{\rm d}t^2 = {\rm d}^2 z/{\rm d}t^2 + g = a + g = 0$ となります.すなわち,自由落下している人にとって重力は存在せず,いわゆる無重力状態が生ずるわけです.こうしてわれわれは,すでにニュートン力学の枠組みの中で,加速度運動という等速直線運動を越えたより一般の運動を考えると,必然的に重力との関わりが生ずることを知るのです.

一般相対論の物理的基礎

等価原理の発見から3年後の1911年,アインシュタインは,すでに1907年に得ていたいくつかのアイデアの本質を整理・拡張し,一般相対論の物理的な基礎を築くことになる短い論文「光の伝播に対する重力の影響について」を発表しました.

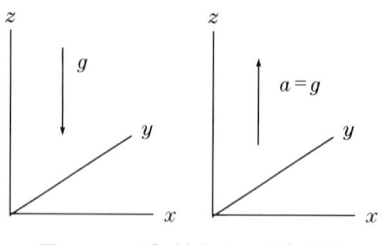

図 5.5　K 系（左）と K′ 系（右）

　論文は 4 つの章からなり，まず「重力場の物理的性質に対する仮説」と題する第 1 章では，等価原理をもとにして，大胆な仮説を提唱しています．図 5.5 のように，一様な重力場中に静止している K 系と，重力場のない空間で z 方向に一様に加速されている K′ 系を考えましょう．容易に分かるように，K 系および K′ 系から見た質点の運動方程式はいずれも $d^2\boldsymbol{x}/dt^2 = -g\boldsymbol{z}/|\boldsymbol{z}|$ で与えられますから，この限りで両系はまったく同等です（等価原理）．ここでアインシュタインは大きな飛躍をします．すなわち，「すべての物理法則に対して両系は同等」と仮定して，これを指導原理と見なそうというのです．

　この仮定を認めると，第 2 章以下で述べられるいくつかの重要な帰結が導かれます．まず「エネルギーの重さ」と題する第 2 章では，エネルギーは慣性質量と等価であるのみならず，重力質量とも等価であることが次のように示されます．すでに導入した K′ 系において，$z = h$ に位置する点 P_2 から時刻 $t = 0$ で原点 P_1 に向かってエネルギー E_2 をもった光を発射するとします．これが P_1 に達したとき（時刻 $t = h/c$）に観測されるエネルギー E_1 を計算するのに，アインシュタインは K′ 系と時刻 $t = 0$ で一致する静止慣性系 S と時刻 $t = h/c$ で（瞬間的に）一致する速度 $v = gh/c$ で運動する慣性系 S′ を導入し，この 2 つの慣性系の間に特殊相対論を

適用するというアイデアを用いました．すると，v/c が小さい場合 $E_1 = E_2(1+(gh/c^2))$ という結果が容易に得られます．さてここで K′ 系は重力場中に静止している K 系に等価であることを思い出してください．このとき P_1 を基準とする P_2 での重力ポテンシャルは $\phi(P_2) = gh$ ですから，K系で同じ実験を行った場合の結果は $E_1 = E_2(1+\phi(P_2)/c^2)$ となるはずです．したがって，エネルギー差は，$E_1 - E_2 = (E_2/c^2)\phi(P_2)$ となり，これはもし光のエネルギー E_2 が重力質量 $E_2/c^2 = m_\mathrm{G}$ と対応していると解釈できるならば，$m_\mathrm{G}\phi(P_2)$，すなわち P_2 と P_1 の重力ポテンシャルの差から生ずるエネルギー，に等しいという

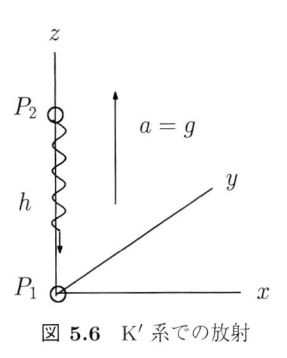

図 5.6 K′ 系での放射

図 5.7 K 系での放射

結果が得られます．つまり，光のエネルギー E もそれと等価な質量 $m_\mathrm{G} = E/c^2$ をともなっており，あたかもその質量をもつ粒子と同様に重力の影響を受けるという結論が導かれるのです．

次の第3章では，重力場の中での時間と光速度についての考察がなされます．K系とK′系を以前と同様にとり，分かりやすくするために，P_1 を太陽，P_2 を地球と考え，P_1 から P_2 に光を発射することにしましょう（図5.8）．まずK′系で考えると，P_1 は P_2 から加速的に遠ざかっており，瞬間的な慣性系として，S系＝静止系，S′系＝光が P_2 に達したときの速度 $v = gh/c$ で運動する慣性系，を考え特殊相対論を適用すると，光のドップラー効果により赤方偏移が起きることが分かり

ます.すなわち,v/c の1次の近似の範囲で,P_1 と P_2 で観測される振動数の関係は $\nu_2 = \nu_1 \left(1 - (v/c)\right) = \nu_1 \left(1 - (gh/c^2)\right) < \nu_1$ となります.これを K 系で再解釈しましょう.P_2 を基準にした P_1 での重力ポテンシャルは $\phi(P_1) = -gh$ で与えられますから,振動数の関係は $\nu_2 = \nu_1 \left(1 - (gh/c^2)\right) = \nu_1 \left(1 + (\phi(P_1)/c^2)\right) < \nu_1$ と読み替えられ,重力場中でも赤方偏移が起こることが示されます.さて,振動数の正確な定義は $\nu_i = P_i$ $(i = 1, 2)$ での時計の単位時間での波の数 $= n/\Delta t_i$ であり,波の数自体は変わらないので,これから $\Delta t_1 < \Delta t_2$,すなわち,重力場が強いところでは時計は遅れる,という結論が導かれます.さらに,光速度とは光が単位時間に進む距離のことですから,P_i での速度を c_i と記すと,$c_1 = c\Delta t_1 < c_2 = c\Delta t_2$ となり,これを一般化すると光速度は $c(\boldsymbol{x}) = c\left(1 + (\phi(\boldsymbol{x})/c^2)\right)$ のように重力場に依存することが結論されます.

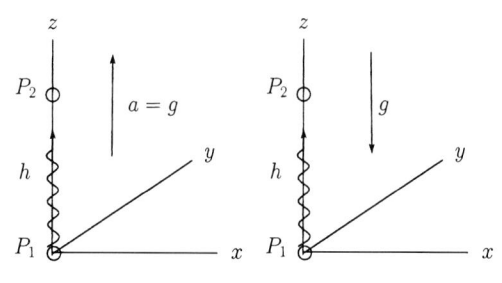

図 **5.8** K′系(左)と K 系(右)でのドップラー効果

最後の第 4 章では,このことからホイヘンスの原理を用いて光の重力による彎曲を導き,太陽近傍を通過する星の光の彎曲角を計算しています.図 5.9 は一定の位相をもった波面 ϵ 上の 2 点 P_1, P_2 から発せられた素元波が,重力場が強い(重力ポテンシャルが減少する)ところで光速度が小さくなることから,そちらの方向に曲がっ

ていく様子を表しています．そして微小な彎曲角 $d\alpha$ を積分することにより，太陽の近くを通る光線の彎曲角が $4\times 10^{-6}=0.83$ 秒となることが示されるのです．この値は，空間自体の曲がりがまだ考慮されていないため，のちの完成された一般相対論から得られる正しい値の半分なのですが，すでにこの重要な新しい現象を等価原理に基づいて予言できたことは特筆に値します．

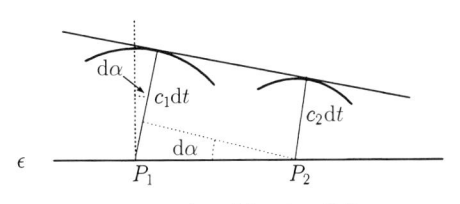

図 5.9 光の重力による彎曲

数学的定式化への苦闘

こうして，一般相対性の物理的基礎は築かれたのですが，これを数学的に満足のいく理論として完成することは思いの外困難であり，ここから幾年にもわたるアインシュタインの苦闘が始まります．

正しい定式化に向かうための重要なアイデアは 1912 年の 7 月頃にすでに気付かれていました．1921 年，アインシュタインはこう回想しています．

> 慣性系に相対的に回転している基準系内のローレンツ収縮のために，剛体を支配する法則はユークリッド幾何学の規則に対応しない．かくして，非慣性系を同等の資格で認めるならば，ユークリッド幾何学は放棄されなければならない．

この認識は，1912 年 8 月に連邦工科大学教授としてチューリヒに戻り，そこで学生時代の親友である数学者グロスマンと議論するこ

とによって,「リーマン幾何学」こそが求めている幾何学であるという確信に高められます. 1923 年の回想から引用しましょう.

> 私が「一般相対性」理論の数学的問題とガウスの表面理論との類似性という決定的な考えを抱いたのは, チューリヒに戻った後の, 1912 年のことで, その当時私はリーマン, リッチ, そしてレヴィ・チヴィタの研究に気が付いていませんでした. これらの「研究」は, 一般的に共変なテンソルで, その成分が 2 次の基本的不変量 $g_{\mu\nu}\mathrm{d}x^\mu \mathrm{d}x^\nu$ の係数 $g_{\mu\nu}$ の微分にのみ依存するものを捜すという問題を, 私が親友のグロスマンに持ち出したときに, 彼によって初めて私の注目するところとなりました.

ここに現れているいくつかの概念と記号についてはすぐ後でくわしく説明しますが, リーマン幾何学という新しい世界に導かれたアインシュタインはこの虜となります. 1912 年 10 月に親友の物理学者エーレンフェストに書き送った手紙の中で彼は興奮した調子でこう述べます.

> 私はこれまでの人生で, これほど一生懸命に仕事に精を出したことは決してありませんでした. 私は数学への深い尊敬の念を抱くようになりました. その一層巧妙な部分を, 私は今の今まで愚かにも単なる贅沢な遊びと見なしていたのです. この問題に比べれば, 最初の相対論は子供の遊びです.

計量の概念 さてそれでは, リーマン幾何学と, それを用いたアインシュタインとグロスマンの研究について述べましょう. それにはまず,「計量」という概念を説明しなければなりません. よく知られたように, 2 次元平面上の 1 つのベクトル v は, 任意の (平行ではない) 2 つの基底ベクトル $\{e_1, e_2\}$ の線形結合で $v = v_1 e_1 + v_2 e_2$ のように表されます. さて幾何学的な量である v の長さの 2 乗は内

積 $\boldsymbol{v}\cdot\boldsymbol{v}$ で与えられますが,これを基底 $\{\boldsymbol{e}_1,\boldsymbol{e}_2\}$ に対する $\boldsymbol{v}$ の成分 (v_1,v_2) で表すと $\boldsymbol{v}\cdot\boldsymbol{v}=\sum_{i,j}(\boldsymbol{e}_i\cdot\boldsymbol{e}_j)v_iv_j$ となり,成分 v_i に加えて,採用した基底ベクトルの内積の情報 $g_{ij}\equiv\boldsymbol{e}_i\cdot\boldsymbol{e}_j$ が必要であることが分かります.この g_{ij} を「計量」と呼びます.g_{ij} は 2×2 行列と見なすこともできますから,

$$\boldsymbol{v}\cdot\boldsymbol{v}=\sum_{i,j=1}^{2}v_ig_{ij}v_j=(v_1,v_2)\begin{pmatrix}g_{11}&g_{12}\\g_{21}&g_{22}\end{pmatrix}\begin{pmatrix}v_1\\v_2\end{pmatrix}$$

と表すこともできます.特に,通常のユークリッド平面で正規直交基底をとった場合には $g_{ij}=\begin{pmatrix}1&0\\0&1\end{pmatrix}$ となることは容易に分かるでしょう.これに対して特殊相対論で現れる「長さの2乗」は(2次元に限ると)

$$s^2=x^2-(ct)^2=(ct,x)\begin{pmatrix}-1&0\\0&1\end{pmatrix}\begin{pmatrix}ct\\x\end{pmatrix}$$

と書けるので,2次元のミンコフスキー時空の計量は $g_{ij}=\begin{pmatrix}-1&0\\0&1\end{pmatrix}$ の形をとることになります.

一般の座標系での4次元計量,一般座標変換,一般相対性 以上は平坦な2次元面の場合でした.これを一般の曲がった4次元時空の場合に拡張するには,必然的に曲線座標系を考えなければならないわけですが,図 5.10 のように,その1点 x^μ における無限小のベクトル dx^μ を考えれば,その近傍は平坦と見なせますから,まったく同様にして,そこでの計量 $g_{\mu\nu}(x)$ が定義できて,無限小の長さの2乗を

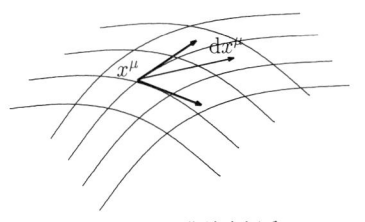

図 **5.10** 曲線座標系

$$ds^2 = \sum_{\mu,\nu=0}^{3} g_{\mu\nu}(x) dx^\mu dx^\nu$$

と表すことができます．今度は各点各点で基底ベクトルが連続的に変化し得るので，計量 $g_{\mu\nu}(x)$ は時空点の関数になるわけです．この ds^2 は幾何学的な量ですから，座標系の取り方を変える「一般座標変換」$x^\mu \to x'^\mu(x)$ を行っても不変です．この変換は物理的には（加速度運動を含む）任意の運動をする系の間の変換に対応します．等価原理によれば，互いに一様な加速度運動する系に対して物理法則の形は変わらないのでしたから，この相対性を大胆に拡張して考えれば，「まったく一般の座標変換に対して物理法則の形は不変である」という「一般相対性」の仮説が生まれます．この正確な意味は，一般に物理量自体は変化するけれども，それらの関係を表す等式の左辺と右辺が同じように変化するので，物理法則の形は変わらない，というものです．この「同じように変化する」という側面を強調する場合には，「一般共変性」という言葉が使われます．

テンソルの概念と共変性 この一般共変性をどのように記述すればよいかを見るために，複素関数を複素平面上のベクトルと見たときの回転の操作を考えましょう．複素関数 $f(x)$ は $f(x) = |f(x)|e^{i\phi(x)}$ のように極座標表示することができますが，これを角度 α だけ回転すると $e^{i\alpha}f(x) = |f(x)|e^{i(\phi(x)+\alpha)}$ となります．ここで，n を正の整数として，角度 α の回転に対して $e^{in\alpha}$ の形の因子がかか

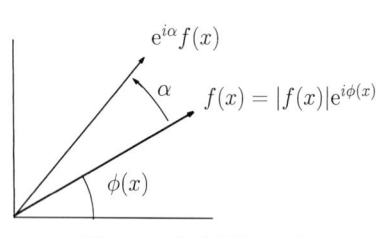

図 **5.11** 複素関数の回転

るものを「n 階の共変テンソル」，$\mathrm{e}^{-in\alpha}$ の形の因子がかかるものを「n 階の反変テンソル」と呼ぶことにすると，$f(x)$ は 1 階の共変テンソルということになります．一方 $f(x)$ の複素共役 $g(x) = f(x)^*$ に対しては $\mathrm{e}^{-i\alpha}$ の因子がかかるので $g(x)$ は 1 階の反変テンソル，また $h(x) = f(x)^2$ を考えると $\mathrm{e}^{2i\alpha}$ の因子がかかるので $h(x)$ は 2 階の共変テンソルになるわけです．ここでは $g(x)$ や $h(x)$ を具体的に $f(x)$ から構成しましたが，それは例であって，着目するのはその変換性のみです．そして大事なことは，このように 1 次の斉次変換をする「テンソル」と呼ばれる量を用意しておくと，回転に対する「不変量」や「共変な」関係式を容易に書き下すことができることです．たとえば，不変量は $f(x)g(x)$, $g(x)^2 h(x)$ といった組み合わせで作ることができますし，$h(x) = f(x)^2$ のような関係式の両辺はともに 2 階の共変テンソルとして同じ変換性を示します．つまり，不変量の構成や共変な関係式を得るのにテンソルは不可欠な概念なのです．

共変微分と接続　さて，物理法則の記述には物理量を表す関数だけでなくその微分が必要になってきます．上に述べた通常の回転では α は定数ですから，$f(x)$ が $\mathrm{e}^{i\alpha}f(x)$ と変換すれば，その微分 $\mathrm{d}f/\mathrm{d}x$ もまた $\mathrm{e}^{i\alpha}\mathrm{d}f/\mathrm{d}x$ と変換する，すなわち $\mathrm{d}f/\mathrm{d}x$ も 1 階の共変テンソルになることは明らかでしょう．ところが，もし各点各点で異なる角度 $\alpha(x)$ で回す「局所回転」を考えるとそうはいきません．実際 $\mathrm{d}f/\mathrm{d}x$ の変換は $\mathrm{d}f/\mathrm{d}x \to (\mathrm{d}/\mathrm{d}x)(\mathrm{e}^{i\alpha}f) = \mathrm{e}^{i\alpha}(\mathrm{d}f/\mathrm{d}x) + i(\mathrm{d}\alpha/\mathrm{d}x)\mathrm{e}^{i\alpha}f$ となり，余分な項が現れるため，テンソルの微分はもはやテンソルではなくなります．幸いなことに，この困難は，微分 $\mathrm{d}/\mathrm{d}x$ の概念を少し拡張して，テンソルからテンソルを作り出す「共変微分」∇_x というものを定義すれば回避することができます．すなわち，「接続」

と呼ばれる関数 $\Gamma(x)$ を導入して

$$\nabla_x f \equiv \frac{\mathrm{d}f}{\mathrm{d}x} - \Gamma(x) f$$

と定義し，$\Gamma(x)$ は回転にともない $\Gamma \to \Gamma' = \Gamma + i\mathrm{d}\alpha/\mathrm{d}x$ と変換するものとするのです．すると，$\mathrm{d}f/\mathrm{d}x$ の変換で現れた余分な項はちょうど Γ の変換からくる項と相殺して，$\nabla_x f$ は1階のテンソルとして振る舞うことが次のように確かめられます：

$$\begin{aligned}(\nabla_x f)' &= \frac{\mathrm{d}f'}{\mathrm{d}x} - \Gamma' f' = \mathrm{e}^{i\alpha}\left(\frac{\mathrm{d}f}{\mathrm{d}x} + i\frac{\mathrm{d}\alpha}{\mathrm{d}x}f - \Gamma f - i\frac{\mathrm{d}\alpha}{\mathrm{d}x}f\right)\\ &= \mathrm{e}^{i\alpha}\nabla_x f.\end{aligned}$$

リーマン幾何学 ここで，一般座標変換に戻って，これまで局所回転について説明してきた概念を対応させながら適用していきましょう．そこからリーマン幾何学が自然に構成されていくのです．一般座標変換とは，$x^\mu \to x'^\mu = x'^\mu(x)$ という任意の局所座標変換を意味するのでしたが，これから無限小の変位に対して

$$\mathrm{d}x^\mu \to \mathrm{d}x'^\mu = \sum_\nu \frac{\partial x'^\mu}{\partial x^\nu}\mathrm{d}x^\nu = \sum_\nu M^\mu{}_\nu(x)\mathrm{d}x^\nu$$

という形の変換が導かれます．一般にこれと同じ形の変換，すなわち $A(x)^\mu \to A'^\mu(x) = \sum_\nu M^\mu{}_\nu(x) A^\nu(x)$ という形の変換を受ける組 $A^\mu(x)$ を1階の反変テンソル，あるいは簡単に反変ベクトルと呼びます．これに対して，「逆」の形の変換 $A_\mu(x) \to A'_\mu(x) = \sum_\nu A_\nu(x)(M^{-1})^\nu{}_\mu$ を受ける組 $A_\mu(x)$ は共変ベクトルと呼ばれます．計量 $g_{\mu\nu}$ は，$\mathrm{d}s^2 = g_{\mu\nu}\mathrm{d}x^\mu \mathrm{d}x^\nu$ が一般座標変換に対して不変な（無限小の）距離の2乗を表すことから，2階の共変テンソルとして変換することが分かります．

局所回転の場合と同様に，こうしたテンソルに通常の微分 $\partial_\nu \equiv \partial/\partial x^\nu$ を働かせて作られる量はもはやテンソルではなくなってしまうので，接続を導入して共変微分を定義しなければなりません．詳細は省きますが，リーマン幾何学では計量 $g_{\mu\nu}$ およびその逆行列 $g^{\mu\nu}$ からなる次の形のリーマン–クリストッフェル接続 $\Gamma^\mu_{\nu\rho}$ というものを用います：

$$\Gamma^\mu_{\nu\rho} = \frac{1}{2} \sum_\sigma g^{\mu\sigma} \left(\partial_\nu g_{\sigma\rho} + \partial_\rho g_{\sigma\nu} - \partial_\sigma g_{\nu\rho} \right).$$

するとたとえば A_ν の共変微分は $\nabla_\mu A_\nu = \partial_\mu A_\nu - \sum_\rho \Gamma^\rho_{\mu\nu} A_\rho$ のように与えられ，2階の共変テンソルになることが示されます．計量 $g_{\mu\nu}$ 自体の共変微分は，接続 $\Gamma^\mu_{\nu\rho}$ が $g_{\mu\nu}$ から作られているために，非常に特別な性質をもちます．このことは，局所回転の例における関数 f に $g_{\mu\nu}$ を対応させて見ると分かります．$\Gamma^\mu_{\nu\rho}$ の形から，先の場合 $\Gamma = f^{-1} \frac{\mathrm{d}f}{\mathrm{d}x}$ と考えればよく，これから $\nabla_x f = \frac{\mathrm{d}f}{\mathrm{d}x} - \Gamma f = \frac{\mathrm{d}f}{\mathrm{d}x} - f^{-1} \frac{\mathrm{d}f}{\mathrm{d}x} f = 0$ のように，共変微分がゼロになってしまうことが見てとれます．実際 $g_{\mu\nu}$ の場合にも，$\nabla_\mu g_{\nu\rho} = 0$ が成立するのです．この関係式はのちにアインシュタインを一時誤った推論に導いてしまうので覚えておいてください．

空間の曲がりを表す曲率テンソル　次に，共変微分の概念を梃子として，空間の曲がりを表す曲率テンソルと呼ばれる量を次のようにして作ります．まず，任意の共変ベクトル A_ρ に共変微分を2回働かせると，$\nabla_\mu \nabla_\nu A_\rho = -\sum_\sigma A_\sigma R^\sigma{}_{\mu\nu\rho}$ という結果が得られますが，右辺に現れた $R^\sigma{}_{\mu\nu\rho}$ という量はリーマンの曲率テンソルと呼ばれるもので，$R^\sigma{}_{\mu\nu\rho} = \partial_\mu \Gamma^\sigma_{\nu\rho} - \partial_\nu \Gamma^\sigma_{\mu\rho} + \sum_\lambda (\Gamma^\sigma_{\mu\lambda} \Gamma^\lambda_{\nu\rho} - \Gamma^\sigma_{\nu\lambda} \Gamma^\lambda_{\mu\rho})$ の形をしており，少し複雑ですが，接続を通じて計量 $g_{\mu\nu}$ のみから組み立てられています．これからリッチの曲率テンソルと呼ばれる対称な2

階のテンソルが $R_{\mu\nu} = \sum_\lambda R^\lambda{}_{\mu\lambda\nu}$ のように構成され，さらに，スカラー曲率が $R = \sum_{\mu,\nu} g^{\mu\nu} R_{\mu\nu}$ のように定義されます．この R という量は非常に直観的な意味をもっています．たとえば2次元の場合，平坦な面に対しては $R = 0$ となり，半径 a の球面に適用すると，$R = 2/a^2$ が得られます．a を大きくしていくと球面がだんだんと平らになっていくことがよく見えます．これらの曲率テンソルこそがアインシュタインの重力理論を構成する上での基本量になってくるのです．

アインシュタイン–グロスマン論文　こうして，リーマン幾何学という数学的な枠組みを手にしたアインシュタインは，その物理的な解釈を追究し，1913年グロスマンとの共著論文「一般相対性理論および重力論の草案」を発表します．この論文の主題は，ニュートンの万有引力の法則を拡張した，一般座標変換に対して共変な重力方程式を導くことにありました．ニュートンの法則は，電磁気学のクーロンの法則と同様，重力ポテンシャル（後者では静電ポテンシャル）ϕ に対するポアソンの方程式 $\Delta\phi = 4\pi G\rho$ から導くことができます．ここで G は重力定数，ρ は質量密度，そして Δ は $\Delta \equiv \partial^2/\partial x^2 + \partial^2/\partial y^2 + \partial^2/\partial z^2$ で定義される2階の微分演算子を表します．これを一般座標変換に対して共変なテンソルを用いた形に拡張したいのですが，アインシュタインは次のように考えました．質量とエネルギーの等価性から，右辺はエネルギー・運動量テンソル[2]と呼ばれる2階のテンソル $T_{\mu\nu}$ に置き換えるべきであり，一方重力ポテンシャルは計量 $g_{\mu\nu}$ の一部として実現されると考えると，左辺は $g_{\mu\nu}$ の2階微分からなる何らかの2階のテンソル $\Gamma_{\mu\nu}$ に拡張されるべきであろう．こうして，彼

---

[2]　正確な定義はここでは与えませんが，物質のエネルギーや運動量およびその流れを表すものであると思ってください．

は基本方程式の形を $\Gamma_{\mu\nu} = \kappa T_{\mu\nu}$（$\kappa$ は定数）と予想したのです．これは最終的には正しい予想であったのですが，アインシュタインは思わぬ早とちりをします．$\Gamma_{\mu\nu}$ を作る際，微分は共変微分を用いなければならないが $\nabla_\rho g_{\mu\nu} = 0$ であるから，$\Gamma_{\mu\nu}$ は作ることができない．こうして，アインシュタインは一般座標変換に対して完全に共変な理論を作ることをあきらめ，当初の目的から大きく後退した，「変換を1次変換に制限した理論」を提唱するのです．一方リーマン幾何学に精通していたグロスマンは $g_{\mu\nu}$ の2階微分から作られるゼロでない2階のテンソルとしてリッチのテンソル $R_{\mu\nu}$ が存在することを知っていましたが，$R_{\mu\nu} = \kappa T_{\mu\nu}$ という式からはどうしてもニュートンの方程式が得られないのでその可能性を断念したのです．実は，正しい理論に到達するには，次に述べるように，決定的に重要な認識が1つ欠けていたのです．

一般相対論の完成と検証

アインシュタインは1914年3月ベルリン大学に移り，研究を続行するのですが，なかなか思うような進展は見られませんでした．

ところが11月4日，この状況は劇的に変化します．これまでアインシュタインは重力場の方程式は計量 $g_{\mu\nu}$ を一意的に決定すべきだと思いこんでいたのですが，実はそれが一般座標変換による分だけ原理的に不定であることに気付いたのです．座標系を取り替えても幾何学的性質は変わりませんが，$g_{\mu\nu}$ の形は座標系に依存するので，一般座標変換の自由度の分だけ動かすことができるわけです．

そして11月11日，アインシュタインは，この自由度を利用して計量の行列式 $\det g_{\mu\nu}$ を1にとった新理論を提案し，さらに11月18日，この理論から次の2つの重大な結果が得られることを発見するのです．1つは，長い間の謎であった水星の近日点移動の解明で

す．水星は太陽の周りを楕円軌道を描いて周回しているわけですが，この軌道は永劫不変ではなく，その近日点（太陽にもっとも近づく点）が 1 世紀あたり角度にして 43 秒ずれるということが 1859 年にルヴェリエによって発見されていました．この値が新理論からぴたりと導出されるのです．これを発見したアインシュタインは，エーレンフェストにこう書きます．「数日の間，私はうれしい興奮でわれを忘れていました．」さらに，この理論は光の彎曲が以前の値の 2 倍になることを予言することも分かりました．これはのちに一般相対論の正しさを証明する決定的な証拠として重要になります．

あとは論文に仕上げるだけという段階にまできたわけですが，ちょうどこの頃，数学界の巨匠ヒルベルトもまた，（アインシュタインと書簡を交換しながら）変分原理という手法を用いて重力方程式を導く研究を行っており，それが 11 月 20 日に完成します．その 5 日後の 11 月 25 日，ついにアインシュタインの苦闘は終わりを告げ，完成した一般相対論の論文がプロシア科学学士院会報に送られることになります．3 日後アインシュタインはエーレンフェストにこう書き送りました．「この 1 カ月の間，私は一生のうちでもっとも興奮かつ奮闘した期間の 1 つを過ごしました．しかし，それはまたもっとも成功した期間の 1 つでもありました．」

アインシュタイン方程式 その後アインシュタインは数カ月間の熟考ののち，翌年の 3 月 20 日，現代物理学の古典となる体系的論文「一般相対論の基礎」を書き上げます[3]．そこに現れる最終的な重力方程式は次のような形をしています．

---

3) Die Grundlage der allgemeinen Relativistatstheorie, *Ann. Phys.* **49**, 769, 1916.

$$R_{\mu\nu} - \frac{1}{2}g_{\mu\nu}R = \frac{8\pi G}{c^4}T_{\mu\nu}. \qquad (5.2)$$

左辺は計量のみから組み立てられた2階の微分を含むテンソルであり，右辺で記述される物質（エネルギー）の配位によってどのように計量が変化するかを支配する微分方程式になっています．そして，ここには書きませんが，曲がった時空中の物質の振る舞いを表す方程式とあわせて，物質（エネルギー）が時空を曲げ，そのゆがんだ時空が物質（エネルギー）の運動を決める，というダイナミックな方程式系をなすのです．

光の彎曲の観測による検証　一般相対論の素晴らしい点の1つは，高度に抽象的な理論でありながら，当初から，観測にかかる現象に対して数値的な答えを与えることができた点です．すでに述べた水星の近日点移動に加えて，太陽による光の彎曲という新しい現象の予言がなされたわけです．前にも述べたように，この現象自体はすでに1911年の論文で述べられており，実は一般相対論が完成する以前から幾度かその観測が試みられていたのですが，第1次世界大戦の勃発などさまざまな理由により成功していませんでした．

　しかし遂に1919年5月29日，イギリスの観測隊による日食の観測において光の彎曲が観測されます．慎重を期するため，ブラジルのソブラルでの観測と，スペイン領赤道ギニア沖プリンシペ島での観測が同時に行われ，星の像の写った幾枚かの写真が得られました．そして半年間にわたる慎重な解析の末，1919年11月6日，イギリス王立協会総会において正式な観測結果が発表されたのです．それは，彎曲角は1.64秒であり，アインシュタイン理論の予言ときわめて近いというものでした．翌日のロンドンタイムス紙は「科学における革命/ 宇宙の新理論/ ニュートンの考えくつがえされる」とい

う見出しでいち早くこれを報じ，さらに全世界の新聞で取り上げられることになりました．こうして，アインシュタインは一躍世界的なスーパースターになったのです．

一般相対論のその後

これまで見てきたように，一般相対論はその考え方からして，ニュートンの理論を根本的に改変した革命的な理論であるわけですが，上に述べた観測結果の面から言えばほんのわずかな修正を迫ったもののように見えるかもしれません．しかし，その後の研究から，この理論がそうした微細な精密化に留まらず，想像を超える数々の新しい構造とヴィジョンを内包していることが次々と分かってきました．その1つとして，われわれの棲む宇宙全体の計量をモデル化してこれにアインシュタイン方程式 (5.2) を適用することにより，信頼できる宇宙論を展開できるようになったことがあげられます．これは後の宇宙膨張の発見や，近年の飛躍的な観測装置の発展と相俟って，豊富な内容をもった一大分野に成長してきています．もう1つ特筆すべきは，アインシュタイン方程式の解として，光を含むすべての物質を飲み込んでしまう強い重力場をともなったブラックホールと呼ばれる奇妙な物体が存在し，しかもそれが星の重力崩壊にともなって実際に形成されることが観測的にも確かめられたことです．しかもこの物体は，重力理論の非常に本質的な部分を凝縮して体現しているものであり，理論的にも実に重要な物体なのです．そして最後に，アインシュタイン自身が以後の半生を費やして取り組んだ「統一理論の夢」にふれておかねばなりません．重力場と電磁場の本質的な類似に着目し，これを統一した形で記述する拡張された一般相対論を構築しようというアインシュタインの野望は，残念ながら実現しなかったのですが，その夢は，量子力学とも整合したはるかに高度な

「超弦理論」による統一の試みとして現代に引き継がれているのです．これらの発展については，本書に収録された他の講義 (Lecture 11) を参照していただきたいと思います．

「一般化された相対論と重力理論の草案」
Z. Math. Phys. **62**, 225, 1914.

Lecture **6**

宇宙を測る
相対論と幾何学

古田幹雄

距離とトポロジー

2つの地点が近い,あるいは遠い,とはどういうことでしょうか.通常は,ほとんど無意識のうちに,その2地点間の距離が小さい,あるいは大きいということと同一視して理解されていると思います.

しかしながら,20世紀初頭の数学において,この無意識の常識に反して,「近い,遠い,繋がっている,離れている」というような一連の概念を,距離をまったく利用せずに表現する方法が,発見されました.トポロジー(位相)と呼ばれる概念がキーワードです.

数学の歴史においては,ある分野の研究が深まってゆくとき,従来の何の変哲もない概念が,思いがけず,突拍子もない方向へ飛躍し,新しく生まれつつある分野のキーワードになることが,まま見られます[1].実際トポロジーが誕生する1つの契機は,天体力学の3体問題において求積法が存在しないことの認識であり,そのような微分方程式に対して,具体的に表示できないが存在するはずの,その解の性質を何とか理解するための,新しい方法がポアンカレーによって模索されました.

実は後から振り返ると,トポロジーの概念は明示的に定式化される以前から,数学の歴史に顔を覗かせていました.しかし,「トポロジー」の「距離」からの解放が誰の目からも明らかな形でなされたのは,このときであったと思われます.

実際,距離を用いて表現することが不可能であるトポロジーも無数に存在します.そのようなトポロジーは,現代数学において[2]日常的に融通無碍に用いられています.

その一方,逆に「距離」の概念も,「トポロジー」の概念から解放

---

[1] もちろん数学だけのことではないでしょうが.
[2] たとえばフェルマーの最終定理の証明の中でも用いられています.

されたといえます．もともと距離概念がもっていたそのような潜在的可能性は，アインシュタインの特殊相対論が，ミンコフスキーによって幾何学的に定式化されたときに，現実となりました．

ミンコフスキーによる定式化において，距離の拡張概念が定義されるのは，3次元の空間の上ではありません．空間と時間をあわせた4次元の空間に，普通の距離と普通の時間とを新たに総合した概念が導入されます．もはや距離とは呼べないその拡張概念は，不定値計量[3]などと呼ばれます．

数学において，トポロジーと距離は，互いの拘束をとき，異なる方角を指してともに羽ばたきました．相対論の出現は，この事実の認知を当時の数学者たちに促した，というと言いすぎでしょうか．

物理では，時空連続体上の光の軌跡とは，幾何学的に「計量が0である方向に沿う軌跡」として，ミンコフスキーによる時空の幾何学から把握されることとなりました．歴史的にアインシュタインは，光速度不変性から出発して力学を組み立てて見せました．しかし，現にある宇宙をどのように受け止めるのがもっとも自然かと問うならば，この不定値計量は，光の物理よりはるかに根底的な，時空の構造として把握されます．

この講義では，数学の立場から，不定値計量はどのような概念であるのか，そして曲率とはどのようなものであるのか，を説明します．

不定値計量は，距離と似ていますが，時空の2点が近いか遠いかは，不定値計量だけからは判定できません．不定値計量の正負は，むしろ時空の2点の間に因果関係で結ばれるか否かということと関わりをもちます．不定値計量の概念の以前に，数学者は計量[4]の概念をもっていました．数学的には，あるいは形式的には，計量の概念

---

[3] あるいは不定計量，擬計量ともいいます．
[4] リーマン計量，正定値計量ともいいます．

から不定値計量の概念にいたるには，わずかに一歩踏み出すだけです．計量の幾何学の形式的体系は，ほとんど改変なしに不定値計量へとスライドされます[5]．まず，例を用いて計量とはどんなものであるかを説明しましょう．

計量とは何か

計量とは，一種の距離のことであり，原理的には座標系を使うことなく定義可能です．しかし，座標系を適宜導入すると扱いやすくなります．

平坦な平面のもつ計量　平らな白紙を思い浮かべてください．まっさらな紙．座標と呼べるようなものはまだありません．ただ，2点を与えるとき，その間の距離は確定しています．この白紙の上に，3通りの座標を次のように設定してみます．

1. 原点を選び，直交する軸を選び，目盛りを 1 cm ごとにきざむ．それによって直交座標 uw を導入する．
2. 原点を選び，60度の角度で交わる軸を選び，目盛りは 1 cm ごとにきざむ．それによって斜交座標 XY を導入する．
3. 原点を選び，角度 0 に相当する半直線を原点から引き，目盛りは半径方向は 1 cm ずつ，角度はラジアンによって測る．それによって極座標 $r\theta$ を導入する．

白紙の上に近い距離にある 2 点をとってみます．その 2 点の間の距離はどう表されるでしょうか．各々の座標を使って距離の 2 乗を表示してみると，次のようになります．

---

[5]　ただし，(たとえば) 空間の大域的構造すなわちトポロジーについての深い性質に関してはその限りではなく，計量，不定値計量に各々固有の現象があります．たとえば宇宙論に一般相対論を適用するとき，その相違は無視できません．

1. (u, w) と $(u+\Delta u, w+\Delta w)$ との距離の2乗は $(\Delta u)^2+(\Delta w)^2$.
2. (X, Y) と $(X+\Delta X, Y+\Delta Y)$ との距離の2乗は $(\Delta X)^2+(\Delta X)(\Delta Y)+(\Delta Y)^2$.
3. (r, θ) と $(r+\Delta r, \theta+\Delta \theta)$ との距離の2乗は $(\Delta r)^2+r^2(\Delta \theta)^2+$ 誤差.

「微小な距離の2乗」を象徴的に $\mathrm{d}s^2$ と表して,上の状況を簡単に次のように書き表すことにします[6].

$$\mathrm{d}s^2 = \mathrm{d}u^2 + \mathrm{d}w^2,$$
$$\mathrm{d}s^2 = \mathrm{d}X^2 + \mathrm{d}X\mathrm{d}Y + \mathrm{d}Y^2,$$
$$\mathrm{d}s^2 = \mathrm{d}r^2 + r^2\mathrm{d}\theta^2.$$

行列を使って書くならば各々次のようになります.

$$\mathrm{d}s^2 = (\mathrm{d}u, \mathrm{d}w)\begin{pmatrix} 1 & 0 \\ 0 & 1 \end{pmatrix}\begin{pmatrix} \mathrm{d}u \\ \mathrm{d}w \end{pmatrix},$$

$$\mathrm{d}s^2 = (\mathrm{d}X, \mathrm{d}Y)\begin{pmatrix} 1 & 1/2 \\ 1/2 & 1 \end{pmatrix}\begin{pmatrix} \mathrm{d}X \\ \mathrm{d}Y \end{pmatrix},$$

$$\mathrm{d}s^2 = (\mathrm{d}r, \mathrm{d}\theta)\begin{pmatrix} 1 & 0 \\ 0 & r^2 \end{pmatrix}\begin{pmatrix} \mathrm{d}r \\ \mathrm{d}\theta \end{pmatrix}.$$

これらの表示は,白紙の上の点の同じ距離関係を,何通りかの座標で表したものです.一般に,座標系 (x, y) をどんなに曲がっているものでもいいから平面上に任意にとると,

$$\mathrm{d}s^2 = g_{11}\mathrm{d}x^2 + 2g_{12}\mathrm{d}x\mathrm{d}y + g_{22}\mathrm{d}y^2$$
$$= (\mathrm{d}x, \mathrm{d}y)\begin{pmatrix} g_{11} & g_{12} \\ g_{21} & g_{22} \end{pmatrix}\begin{pmatrix} \mathrm{d}x \\ \mathrm{d}y \end{pmatrix}$$

---
[6] $\mathrm{d}x^2$ は $(\mathrm{d}x)^2$ の省略形です.

と書くことができます．ここで，g_{ij} は x, y の関数であって，$g_{12} = g_{21}$ を満たすものです．要するに，座標を決めると微小な距離の 2 乗の表示式から関数 g_{11}, g_{12}, g_{22} が定まります．

では逆に，x, y の関数 g_{11}, g_{12}, g_{22} を任意に選ぶとき，これは平面上のなんらかの座標から上のようにして得られるものと一致するでしょうか？

結論から言うと，そうとは限りません．その理由は，大きく言って 2 つあります．

- (理由 1) 距離の 2 乗はけっして負にならない．だから，たとえば $ds^2 = dx^2 - dy^2$ はあり得ない．
- (理由 2) 半径 r の円板の面積は πr^2 のはずである．一方，実は，g_{ij} を利用して「円板の面積」となるべき数を具体的に計算可能である．その値が πr^2 と一致していなければ，この g_{ij} は平面のどのような座標とも対応しない．

理由 1 は不定値計量の概念と関係しています．理由 2 は曲率の概念と関係しています．これらについて説明する前に，平坦でない計量の具体例を 1 つ説明します．

平坦でない計量の例 地球の表面を平面的な地図で表そうとすると，どうしてもゆがみが生じます．メルカトル図法において極地に近づくほど，土地の大きさが実際より大きなサイズに描かれます．もし地図の上に地球上の人が描かれているなら，私たちが地図を見るとき，極地に近づけば近づくほど，人は大きく拡大されて見えてきます．以下に説明するのは，そのゆがみと同様の現象です．

地図は，本物の地球の表面の歪んだコピーです．地図を眺めるとき，それとは別に現実の本物があると私たちはつねに考えています．

しかし，仮に，この地図そのものが「本物」であり，その上に生物が棲んでおり，移動とともに大きくなったり小さくなったりしているのだと想像してみます．メルカトル図法とは少々違いますが，よく似た具体例をあげてみましょう．

uw 平面のうち $u > 0$ の部分だけを考えます．この半平面の上に棲む生物がいたとします．私たちが外から眺めるとき，その生物は，w 軸，すなわち直線 $u = 0$ に近づくほど，拡大されて見えてくると仮定します．簡単のため u 座標の値と体長とが反比例すると仮定します．これは私たちから見てそう見えるだけです．では，この生物自身にとってこの世界の距離はどのように見えているのでしょうか．

その生物にとって，自分の大きさはつねに一定に感じられていると考えられます．だから自分の体長のいくつ分あるかによって距離を測ることができます．私たちから見て生物が拡大して見えるとき，逆にその生物から見ると，私たちが使っている座標軸の目盛は，反対に縮小して見えているはずです．w 軸に近づくとき，その小さくなり方は，u 座標の値と正比例しています．距離の2乗についていうなら u 座標の2乗と正比例しています．したがって，(u, w) と $(u + \Delta u, w + \Delta w)$ との間の「生物の体長を単位として測った距離の2乗」は，「$u^2((\Delta u)^2 + (\Delta w)^2)$＋誤差」と表せるでしょう．

この状況を「この半平面の上には，計量

$$ds^2 = u^2(du^2 + dw^2)$$

が付与されている」と言い表します．先ほどの記号を用いるなら $g_{11} = u^2$, $g_{12} = g_{21} = 0$, $g_{22} = u^2$ となります．

不定値計量

上のような「地図を本物と思う」曲面論を初めて構想したのはガウスでした．ガウスは「ds^2 はプラスであるべき」という条件を尊重しました．この条件は，ds^2 が微小距離の 2 乗なら当然満たしているはずの要請です．座標を使って書くなら，この条件は，どの点においても「対称行列 (g_{ij}) の固有値がすべて正である」と言い換えられます．しかし，実は，この条件が満たされない場合でも，もし，「固有値はどれも 0 でない」という，より弱い条件が満たされていさえすれば，曲面論の多くの概念はほとんどそのまま拡張して定義されるのです．たとえば「まっすぐな線」に相当する概念はそのまま定義され，測地線と呼ばれます．このように拡張された概念が，不定値計量です．

計量，そして不定値計量の概念は，曲面だけでなく，高次元の空間に対しても拡張して定義されることが知られています．

ただし，この不定値計量の幾何学は，計量の幾何学と大きく性格が異なる点があります．計量の幾何学では，微小な距離の 2 乗と解釈される微小量が計量でした．計量は 2 乗であるからつねに 0 以上であり，2 点が近いか遠いかは計量を利用して分かります．しかし，不定値計量ではこれはもはや当てはまりません．不定値計量は負の値をとりえます．空間のつながり具合を空間のトポロジーと呼ぶことにすると，トポロジーは不定値計量によって直接は規定されないのです．

相対論において用いられるのは，4 次元時空連続体上の不定値計量です．不定値計量の与えられた空間[7]においては，特別な曲線に対して，その曲線のどの微小な部分にも，対応する不定値計量がつ

---

7) この「空間」とは 4 次元時空連続体のことです．

ねに 0 でありえます．実は時空連続体上の光の軌跡は，そのような測地線によって表示されます．

特殊相対論と一般相対論の相違を，そこに現れる不定値計量から説明すると次の通りです．

1. 特殊相対論では，特定の不定値計量のみが現れる．その不定値計量は「ミンコフスキー計量」と呼ばれ，ミンコフスキー計量が固定されている空間（時空）は，ミンコフスキー空間（時空）と呼ばれる[8]．
2. 一般相対論においては，不定値計量は，1通りには決まっていない．ただし，現実に物理的に許される不定値計量は，ある偏微分方程式を満たすものとされる．その方程式がアインシュタイン方程式である[9]．

ミンコフスキー計量とは，空間座標を x, y, z とし，時間の座標を t とすると，

$$-c^2 dt^2 + dx^2 + dy^2 + dz^2$$

によって定義される4次元空間上の不定値計量です．ただし，c は光速です．

不定値計量の例 uw 平面のうち $u > 0$ の部分を U とおきます．U の不定値計量であって次式

---

[8] ミンコフスキー計量を複数の慣性系によって記述する際に，斜行座標が現れますが，これは「時空のゆがみ」ではありません．ミンコフスキー空間の曲率はいたるところ 0 となります．

[9] 正確には，計量とエネルギー運動量テンソルとの間の方程式です．時空を満たす物体の種類に応じて，その物体の密度と，その物体にともなうエネルギー運動量テンソルとの関係は異なります．たとえば宇宙の形の考察では，この関係式とアインシュタイン方程式とを連立させる必要があります．以下，もっぱら，真空に対するアインシュタイン方程式を考えます．

$$u^2(-\mathrm{d}u^2 + \mathrm{d}w^2)$$

によって与えられるものを考えてみます．

感じをつかむために，仮に u 方向を時間方向に，w 方向を空間方向に見立てて，U を時空のモデルと考えてみましょう．このモデルは空間の次元が 1 であり，アインシュタイン方程式を満たしていません．しかし，この不定値計量によって与えられるような宇宙のモデルが，直観的にどのような意味をもつかを以下説明してみます[10]．

この不定値計量に対して次の解釈を行ってみます．きわめて近くにある時空の 2 点 (u, w)，$(u + \Delta u, w + \Delta w)$ に対して $A = u^2(-(\Delta u)^2 + (\Delta w)^2)$ とおきます．このとき，

1. $A > 0$ であれば，この 2 点は空間的に隔たっており，その距離は誤差を無視すると $\sqrt{A}$ に等しい．
2. $A < 0$ であれば，この 2 点は時間的に隔たっており，その時間差は，誤差を無視すると $\sqrt{-A}/c$ に等しい．

ただし，c は先ほどと同様，光速のことです．$A = 0$ であるときは，2 点は（誤差を無視すると）時空連続体上の光の軌跡に沿って並んでいます[11]．

（**光の軌跡**）上の不定値計量は $\mathrm{d}u = \pm \mathrm{d}w$ のとき 0 になります．つまり，「$u = \pm w +$ 定数」の形をした，私たちから見て斜め角度 ± 45 度に走る直線の方向には不定値計量は 0 となります．すると上の解釈によると，光の軌跡はこの斜め角度 ± 45 度の直線となります．

（**宇宙のはじまり**）直線 $u = 0$ は厳密に言えば上の表示から除外

---

10)　宇宙論において宇宙原理のもとでアインシュタイン方程式を考察するとき用いられるロバートソン・ウォーカー計量は，u^2 を一般の正値連続関数に置き換え，$\mathrm{d}w^2$ を定曲率 3 次元空間の計量に置き換えた形の計量です．
11)　物体の軌跡は，必ず時間的に隔てられた方向に沿っています．これが物体が光速を超えないことの一表現です．

されています．$u=0$ は，このモデルにおいて言わば宇宙の始まりを表します．

(**宇宙誕生以来の時間経過**) $(u,w)=(0,w_0)$ と $(u,w)=(u_0,w_0)$ を結ぶ線分を L とおきます．この線分をある観測者 O の軌跡と考えるとき，その観測者にとって，宇宙誕生以来の時間経過が t_0 であったとします．t_0 を計算してみます．L 上のきわめて近い 2 点に対しては $\sqrt{-A}=u\Delta u$ となりますから，

$$ct_0 = \int_0^{u_0} u\mathrm{d}u = \frac{1}{2}u_0{}^2$$

が成り立ちます．つまり，一般に時空の点 (u,w) では，宇宙誕生以来の時間経過が $t=u^2/(2c)$ に等しいことが分かります[12]．

(**宇宙の膨張の仕方**) 次にもう 1 人の観測者 O' を考えます．$(u,w)=(0,w')$ と $(u,w)=(a,w')$ を結ぶ線分を L' とおき，これが O' の軌跡であったとします．L と L' とは uw 平面上で平行な線分です．O と O' との距離が，宇宙誕生以来の時間経過とともにどのように変化するかを計算してみます．L 上の点 (u,w) と L' 上の点 (u,w') とを結ぶ線にそって，$\sqrt{A}=u\Delta w$ であるから，その距離 l は次のように計算されます．

$$l = \Big|\int_w^{w'} u\mathrm{d}w\Big| = u|w'-w| = \sqrt{2ct}|w'-w|.$$

すなわち，距離は宇宙誕生以来の時間経過 t のルートに比例して大きくなってゆきます．その意味で，このモデルでは，宇宙は時間のルートに比例して膨張してゆきます．t が 0 に近づく極限では，距離も 0 に近づきます．

(**宇宙の地平線**) 座標 (u_0,w_0) (ただし $u_0>0$) の点に届く光は過去にどの地点から発せられたものでしょうか．光の軌跡は「$u=\pm w+$

---

[12] 厳密には，上のような軌跡をもつ観測者にとってです．

定数」でした．ですから，答えは $(u_0-a, w_0\pm a)$（ただし $0 < a < u_0$）
となります．特に，w 座標の差が $u_0 = \sqrt{2ct_0}$ より大きい地点から
過去に発せられた光は，けっして届くことはありません．この宇宙
の地平線は，宇宙の年齢のルートに比例して遠ざかってゆきます．

（**遠方の観測者の速度**）O から見た O' の遠ざかる速さを計算して
みます．O, O' の距離 $l = \sqrt{2ct}\,|w' - w|$ が t とともに増大する率を
求めればよいので

$$\frac{dl}{dt} = \sqrt{\frac{c}{2t}}\,|w' - w|$$

となります．t と w を固定して，w' を動かしてみます．すると，O
から観測するとき，他の観測者 O' が遠ざかる速度は，O' までの距
離に比例して，遠いほど大きくなることが分かります[13]．

さまざまなトポロジー

これまで半平面の上で，計量と不定値計量の例を見てきました．
別のトポロジーをもつ曲面の上で，計量と不定値計量の例をあげて
みます．

$u > 0$ の範囲で考えた計量 $ds^2 = u^2(du^2 + dw^2)$ は，w 軸方向に
平行移動しても変わりません．たとえば，w を $w + 2\pi$ に置き換え
ても不変です．

これまで，(u, w) は uw 平面上の点を表していると考えてきまし
た．しかし，この不変性を利用して，同じ式を，次のようにまった
く違うやり方で解釈することも可能です．

それは「(u, w) は，ある平面の曲座標を表していて，u は原点か
らの距離，w は角度を表している」という解釈です．w と $w + 2\pi$

---

13) 遠方では光の速度を超えることになります．このモデルにおいては，宇宙
の地平線においてちょうど光速となります．しかし現実の宇宙において必ずそう
なるわけではありません．

とは同じ角度を表しています．だからこの計量がこの解釈において意味をもつためには，まさに，w を $w+2\pi$ に置き換えても不変であることが必要です．すると，原点からの距離 u は正と仮定しているので，平面のうち原点は除かれています．

　このように解釈すると，上の式は平面から 1 点を除いた「穴あき平面」の上の計量を与えていることになります．

　同様に，w を角度と見なすと，不定値計量 $u^2(-du^2+dw^2)$ も，穴あき平面上の不定値計量と解釈することが可能です．

　このように解釈したとき，この不定値計量をもつ曲面の時空としての理解はどうなるでしょうか？

　先ほどまでは，宇宙空間とは，w の動くマイナス無限大からプラス無限大までの範囲の数直線のことと理解されていました．宇宙空間は無限の大きさをもっていました．しかし，いま行った新しい解釈では，宇宙空間とは w の動く 0 から 2π までの範囲と理解しなくてはなりません．ただし，0 と 2π とは，空間の同じ点と解釈します．すると宇宙空間の大きさは有限です．この有限の大きさの宇宙空間は，半径 1 の円周と同一視できます．

　直線と円周とは異なるトポロジーをもちます．同じ計量・不定値計量の表示式を，解釈を変えるだけで，トポロジーが異なる宇宙の時空の計量と見なすことができるわけです．

　このように，宇宙空間が有限であるか，無限に広がっているかは，計量の表示式だけからはすぐには決定できません[14]．

---

14) 仮に宇宙空間の曲率が 0 であると分かったとしても，宇宙空間が有限であるか，無限に広がっているかは決定できません．実際，直線と円周はどちらも曲率 0 です．ただし，曲率の最小値が正ならば，宇宙空間は有限であることを証明できます．曲率が負である場合には有限か無限か不明です．3 次元においては，曲率が正であっても負であっても，宇宙空間のトポロジーの可能性は，数学的には各々無限通り存在します．

幾何学の歴史と相対論

アインシュタインの業績が数学に与えたインパクトについて語るとき，一般相対論と非ユークリッド幾何学との関係について述べることは避けられません．アインシュタイン以前に，リーマン幾何学と呼ばれる幾何学の体系がすでに展開されており，一般相対論の成立のために大きな役割を果たしました．一方，逆に一般相対論の出現が数学者たちにインパクトを与え，リーマン幾何学の理解と認知を促した側面も無視できないと思われます．以下，後者の側面の背景を歴史的に振り返ってみます．

ユークリッド幾何学の体系とは，大雑把に言うなら，平面上の直線と円とからなる図形の幾何学を公理的に展開したもので，公理の出発点は「点」と「直線」でした．ユークリッドは直線を「いくらでも延長可能なもの」と規定しており，球面上の大円のように両側に伸ばすともとに戻ってくる事態は，そもそも念頭に置かれていません．

さて，「第5公準」と呼ばれる公理は，平行線の一意的存在と同等ですが，他の公理と比較して複雑な形をしています．この「第5公準」を他の諸公理から論理的に導けないだろうか，という問は歴史的懸案でした．

この問題へのアプローチとして18世紀後半にサッケーリ，ランベルトらは，第5公準を否定すると，どんな非常識な結果が導かれるかという考察を行いました．最終的に矛盾を導くことが目標でしたが，当初矛盾にいたると思われた議論は，結局誤りであることが分かりました．これらの考察の際，直線の性質について上述の延長可能性が前提とされたため，球面幾何学は非ユークリッド幾何学のモ

デルとしては想定されていませんでした[15]．

19世紀前半，ボヤイ，ロバチェフスキー，ガウスは，「2つの角の和が2直角より小さくとも同じ側に延長された直線が交わらない可能性がある幾何学」が自立した幾何学体系である可能性に思い至りました．実際彼らは独立に，そうした幾何学体系における三角法を展開しました[16]．

ガウスは3つの山の山頂を結ぶ三角形の辺の長さと角度を測量し，ユークリッド幾何学から予言される関係式が成立するかどうか検証しようとしました．現代から見ると当然のことながら，誤差のため，決定的結論は得られませんでしたが，ユークリッド幾何学の公理が検証を要することを見抜き，実際に検証を試みたガウスの功績はゆるがないと思われます．

ガウスは，さらに本質的な一歩を踏み出しました．それは，ユークリッド的な公理的記述とはまったく異なる幾何学として曲面論を展開する可能性でした．すでに当時常識となっていたデカルトの解析幾何学は，「ユークリッド的な公理的記述とはまったく異なる幾何学の展開」の仕方を与えています．その意味では，ガウスの曲面論の前身は，ユークリッド幾何学であるよりは解析幾何学でした．しかし，さらに決定的な飛躍がそこにはありました．

3次元空間の中に1つ曲面を与えれば，そして曲面上の2点に対して，曲面上の曲線の最短距離を用いて距離を定義すれば，何らか

---

[15] 球面上の2つの大円の交点は2点となるため，正確には非ユークリッド幾何のモデルとするには，球面上の向かい合った2点を同一視する必要があります．なおランベルトが地図図法にも名を残していることからも分かるように，当時球面幾何学は周知でした．

[16] 彼らの議論は，その幾何学体系が論理的に矛盾を含まないことの厳密証明とは異なります．しかし，目の前にある対象を記述すればよい球面幾何学とは違って，新たにこうした幾何学を展開するためにはきわめて高度の抽象力と創造力が必要であったことと私には思われます．

の幾何学が実現されていることは確かです．ここまでは誰の目にも明らかでしょう．しかしガウスが構想したのは，言わば，3次元空間を忘れた曲面固有の幾何学，曲面に内在する幾何学でした．先に「地図を本物と思う立場」と述べたのはこれのことです（後でまた説明します）．

　ユークリッド的な公理的発想による非ユークリッド幾何学と，ガウスの曲面論の構想とはまったく異なります[17]．後者に基づいて19世紀中頃に新しい幾何学の扉を開いたのは，リーマンでした．ガウスの構想を，リーマンは2次元的な曲面にとどまらず，3次元，4次元，… そしていかなる高次元の空間に対しても可能な定式化にまで一挙に拡張してみせたのです．

　では，いずれもガウスが関与している，その2通りのまったく異なる発想の幾何学の関係は何なのでしょうか．

　その1つの答えは19世紀後半，ベルトラミ，クライン，ポアンカレらによって明らかにされました．彼らの仕事を通じて，非ユークリッド幾何学のモデルが，ガウスの曲面論を利用してユークリッド幾何学の内部に構成可能であることが分かったのです．モデルの構成法は何通りもあります．彼らの仕事によって，非ユークリッド幾何学から神秘性は剥ぎ取られ，特に，その論理的無矛盾性がユークリッド幾何学のそれと同値であることが厳密に確立されました．

　ここで1つの捩れともいうべき事態が生じます．クラインによって幾何学を統一的に扱う計画が提示されたのです．クラインは，当時発達しつつあった群論を背景として，さまざまな幾何学を，その対称性を表現する群（変換群）によって統制するプログラム（エルランゲンプログラム）を提唱しました．ボヤイ–ロバチェフスキー

---

[17] ガウス自身にとって，両者がいかなる関係として了解されていたのか，その史実の詳細を私は知りません．

の非ユークリッド幾何学はその枠組みにうまく収まります[18]．しかしながら，ガウスの曲面論，リーマンの幾何学はクラインの構想とはなじまないものでした．

リーマン幾何学は当時も着実な進展を遂げていました[19]．しかし，リーマンの構想は，一般相対論の出現以前，おそらくはクラインによる影響があまりにも強かった時代には，十分理解されていなかったと思われます．

現在，リーマン幾何学はその構えを一段と大きくして，微分幾何学と呼ばれる分野へと成長し，現代数学において活発に研究されています．一般相対論は，数学のこうした潮流が確かなものになるための，1つの要でした．

曲率と内在的幾何学

ガウスが曲面固有の，曲面に内在する幾何学の構想を抱く契機となったのは，曲率の概念とその顕著な性質の発見でした．

先に座標を用いて計量の例をあげました．しかし，計量の概念は座標の取り方とは本質的に独立しています．さまざまな座標によって同一の計量をさまざまのやり方で表示し記述することができます．座標を用いて計量を記述する際の g_{ij} という量は，計量に固有の数とは言えません．では，座標によらず，計量そのものの特性と言えるような量があるのでしょうか．ガウスが見出した曲率とは，まさにそのような量でした．

空間内に置かれた，紙でできた図形を考えてみます．特に，円錐面と球面を比較してみると，両者は次の点で異なります．円錐形の

---
[18] 別の起源の幾何学である射影幾何学もこの枠組みに乗ります．
[19] レヴィ・チビタによって計量と曲率の間に，接続というきわめて幾何学的な対象が介在することが明らかになったのはその1例です．

とんがり帽子を切り開いて展開すると平面になります．しかし，球面はどう切り開いても平面に展開できません．

では一般に，紙でできた図形を，実際に切り開くことなしに，「もし展開したら平面になるかどうか」を判定できるでしょうか．

ガウスの答えは曲率がいたるところ 0 ならばそうなる，というものでした．

以下，ガウスの曲率の 2 通りの（同値な）定義を紹介します．

(**曲率の定義 1**) 空間内に曲面 X が与えられたとします．X の各点 p に対して「X の p におけるガウス曲率」と呼ばれる実数が次のように定義されます．

X とは別に，原点を中心とする半径 1 の球面を固定し，それを S とおきます．これから，なめらかな写像 $G: X \to S$ を定義します．その定義は後回しにして，曲率の定義をまず説明しましょう．2 つの曲面間の写像 G は面積を伸び縮みさせています．一般に，面積拡大率は，点ごとに連続的に変わります．X 上の点 p における面積拡大率が p におけるガウス曲率の定義です．ただし，もし写像が p の近くで面を「裏返し」にするときには，ガウス曲率はマイナスの数と考えます．次に G の定義です．X 上の点 p に対して，p を始点とし，X に垂直な方向を向いた長さ 1 のベクトルをとります．そのベクトルを平行移動し，始点を原点に移します．平行移動後のベクトルの終点を $G(p)$ とおいて，写像 $G: X \to S$ を定義します．

(**曲率の定義 2**) 準備として測地線という概念を導入します．測地線とは，曲面上の「まっすぐな曲線」のことです．ここで「まっすぐな曲線」とは近い 2 点に対しては，その 2 点を曲面上でつなぐ最短距離のことです．測地線を用いて p を中心とする半径 r の円を曲面上にかきます．その面積を $A_p(r)$ とおきます．このときガウス曲率は次の極限

$$\lim_{r \to 0} \frac{\pi r^2 - A_p(r)}{r^2}$$

のことです.

2つの定義を比較してみましょう.

定義1は, 空間の中に曲面がどのように入っているかを見るものです. 曲面の外の空間を本質的に使って定義しています. その意味で「外在的定義」と呼ぶことができます.

定義2は, 曲面の外にある対象をいっさい使っていません. 曲面自体の上の幾何学的対象(測地線, 面積)のみを使って定義しています. その意味で「内在的定義」と呼ぶことができます.

ガウスは定義2の内在的性格に注目しました. ガウスが行ったのは, 単に,「曲面を扱うとき, 曲面が置かれている空間を無視できる計算方法」を作ることではありませんでした. ガウスはこの内在性を梃子の支点として, そもそも空間の中に入っていない対象をも「曲面」として数学的に扱う新天地を構想したのです.

「そもそも空間の中に入っていない対象」の例をあげてみます. 次のような奇妙なビリヤード台を考えてみます. そのビリヤード台の上をころがるボールは1つの辺にぶつかるとそこで消えうせ, 向かい合った辺の対応する位置から出現するのです[20]. すると, このビリヤード台のどの1点の近くを見ても, 平面と区別がつきません. 辺や角でどうなっているのか気になるかもしれませんが, その上を転がるボール自身から見れば, 自分がワープしていることに気づかなければ, ふつうの平面上を転がっているのと区別できません. したがって, このビリヤード台の曲率は, 平面と同様にいたるところ0です.

---

[20] xy 平面において, すべての整数 n, m に対して, (x, y) と $(x+n, y+m)$ とは同じ点であると解釈したものと言ってもよいです.

しかし，このワープする平らなビリヤード台を通常の 3 次元ユークリッド空間の中で実現することは不可能であることは，直観的には明らかでしょう[21]．

アインシュタイン方程式

リーマンはガウスの曲面論を高次元化し，現在リーマン多様体と呼ばれている概念を提示しました．一言で言うなら，リーマン多様体とは，「高次元のまっさらな空間に計量が付与されたもの」です．

先に述べたように，ガウスは曲面に対して曲率の定義を与えました．この概念の直接の高次元化には 2 つの可能性が考えられます．

1. （断面曲率）さまざまな向きにできるだけ平らに埋め込まれた微小曲面のガウス曲率たちの集まりとして定義する．
2. （スカラー曲率）1 点 p を中心とする半径 r の高次元球体の高次元体積 $A_p(r)$ を用いて定義する．

断面曲率は，1 点 p を固定しても，微小曲面の方向ごとにさまざまな値をとります．一方，スカラー曲率は 1 点 p に対して定まる 1 つの実数です．断面曲率をあらゆる方向に平均化したものがスカラー曲率と比例しています．その意味で，断面曲率は情報量が多く，スカラー曲率は情報量が少ないといえます．

情報量が両者の間となっている概念として，「リッチ曲率」があります．模式的に言うなら

$$\text{断面曲率} \xrightarrow{\text{少し平均をとる}} \text{リッチ曲率} \xrightarrow{\text{平均をとる}} \text{スカラー曲率}$$

となっています．スカラー曲率は，1 点を中心とする高次元の球体の体積が，半径を変えたときにどう増大するかを測ることによって

---

[21] 実は 4 次元ユークリッド空間の中では実現できます．また，平らなままではなく，歪めてもよければ，ドーナツの表面として実現できます．

定義されました．球体の代わりに，ラグビーボール状のさまざまな歪み方をした図形に対して体積の増大度を測ることによって定義されるのが，リッチ曲率であるといえます[22]．

さて，やっと，アインシュタイン方程式そのものについて語ることができます．アインシュタインが提示した，4次元の時空の構造についての方程式とは，不定値計量についての方程式であり，「リッチ曲率をスカラー曲率で少し補正したものがエネルギー運動量テンソルと等しい」という関係式です．

私たちは，幾何学を，内在的に展開できる事実を強調してきました．キーワードは曲率でした．座標も，外の空間もいりません．時空そのものに即して幾何学を展開できるのです．実際，アインシュタインが彼の方程式を導いたときの指導原理は，数学的にはまさにこの事実でした．方程式が座標に本質的に依存していないこの性格を「一般共変性」と呼ぶこともあります[23]．

相対論と現代数学

宇宙はどんな形をしているのでしょう．

アインシュタイン方程式は，不定値計量だけでなく，計量に対しても意味をもつ方程式です．通常，数学においては，計量のほうが基本的な対象であると考えられています．まっさらな空間[24]が1つ与えられたとしてみます．その上にどんなアインシュタイン計量が入りうるだろうか，と考えるのは純粋に数学の問題です．

興味深いことに，アインシュタイン計量がけっして入らないような4次元空間の存在が知られています．アインシュタイン計量が入

---

22) 不定値計量に対しては，$A_p(r)$ を直接は使えません．しかし接続の概念を経由した曲率の表示が存在し，不定値計量に対しても適用可能です．
23) あるいはテンソルによって方程式を書けること，と言ってもよいです．
24) 正確には多様体です．

るような 4 次元空間は，限られたトポロジーの可能性しかもたないのです．現在そのような議論が 2 通り知られています．

すでにガウスは，計量の性質が空間のトポロジーをある程度規定していることを見出していました．球面と同じトポロジーをもつ曲面は，どんな計量に対しても

$$\frac{1}{2\pi}\int_{曲面}曲率 = 2$$

が成立していることをガウスは発見しました[25]．たとえば球面と同じトポロジーをもつ曲面には，曲率がいたるところ負である計量は入らないことがこれから分かります．これと類似の議論によって，ある種のトポロジーをもつ 4 次元空間には，アインシュタイン計量がけっして入らないことが示されるのです[26]．

さらに，よりアクロバティックな議論も知られています．それは，仮にアインシュタイン計量が入ったという前提のもとで，その空間上である種の古典的場の理論の展開を考察すると，その展開可能性自体がトポロジーをある程度限定しているというものです[27]．

物理学と数学とは相互に緊密に関わり合いながら発達してきました．アインシュタインの相対論とリーマンの幾何学も例外ではありません．そして，現在，その相互作用は，ますます広範な，いよいよ入り組んだものとなっています．上に述べたストーリーはその一端にすぎません．

---

25) 右辺の 2 は球面のオイラー特性数です．
26) ヒッチン – ソープによる議論です．
27) ルブラン – 石田による議論です．その場の理論とは，1994 年にサイバーグ – ウィッテンによってモノポールを記述する方程式として指摘された量子場の理論の古典版です．

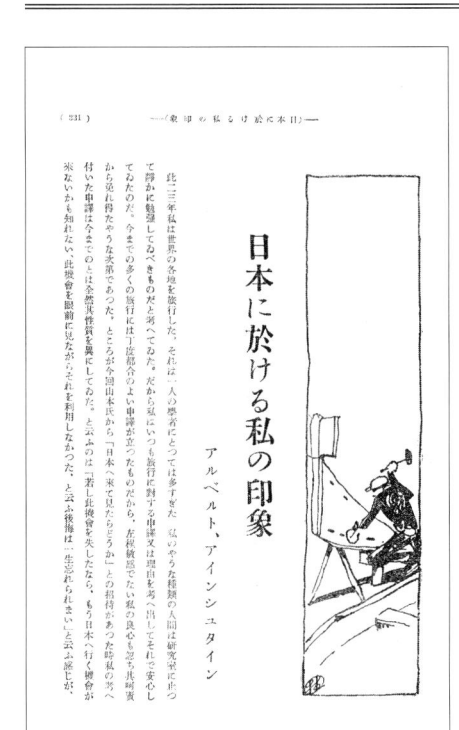

> 此二三年私は世界の各地を旅行した。それは、一人の學者にとっては多すぎて得られた鞭撻してゐるべきものだと考へてゐた。だから私はいつも旅行に對する申請又は招待に對しては丁度結合のよいものだから、左様敬意でたい私の良心も逆ち共呵責てゐたのだ。今までの多くの旅行には丁度結合のよい申請が立つたものだから、左様敬意でたい私の良心も逆ち共呵責から見れ得たやうな次第であつた。ところが今回山本氏から「日本へ來て見たらどう」との紹介があつた時私の苦々付いた申譯は全てのとは全然其性質を異にしてゐた、と云ふのは「若し此機會を失したなら、もう日本へ行く機會が來ないかも知れない、此機會を眼前に見たがらされを利用しなかつた、と云ふ後悔は一生忘れられまい」と云ふ感じだ。

「日本に於ける私の印象」『改造』
1923年1月号 22.

Lecture **7**

アインシュタインが来た
相対論ブームと日本の科学者たち

岡本拓司

アインシュタイン来日と大正期の日本

アインシュタインは，生前に一度，日本を訪れたことがあります．この滞在は，1922年11月17日に神戸港に彼が到着し，12月29日に門司港から出発するまでの，43日間の短いものでしたが，彼が訪れた先々では人々が熱狂的な歓迎ぶりを示し，講演会では専門家にも難解であると思われる内容に真剣に耳を傾ける聴衆の姿が見られました．日本の人々との短期間ではあるが濃密なふれあいは，その後も長く記憶に残る感銘をアインシュタインに与えたようです．

後に理論物理学の分野で大きな業績を挙げることになる朝永振一郎や湯川秀樹は，当時はまだ中学生で，相対性理論（相対論）の詳しい内容は理解できませんでしたが，日本中が熱狂的な歓迎ぶりを示したことは彼らの記憶に鮮明に残りました．相対論の解説書がいくつも出版され，飛ぶように売れたとも言います．相対論は難しく，解説書でも説明は容易ではなかったでしょうが，分からないほどありがたみが増したようです．朝永や湯川が物理学，特にアインシュタインと同様理論物理学を志した理由の一端は，このときに感じた，世の中にはよく分からないが難しい学問がある，それは理論物理学といわれる分野のようだ，という印象にもあったと思われます．

アインシュタインは，第1次世界大戦後の一時期，ヨーロッパを出て，日本，アメリカ，中国などを訪れました．旅行の目的は，エルサレムでのヘブライ大学設立のための資金を集めること，大戦後に高まったドイツ語圏の学者を排斥しようとする動きを牽制することなどであったようですが，彼が訪れた国々のうち，アメリカや日本などでは，ヨーロッパでは見られなかった，アインシュタインブーム，相対論ブームとでもいうべき現象が起こりました．このブームの特徴は，それが物理学者，科学者の集団の中にとどまるものでは

なく，科学にはあまり関心がない人々をも巻き込むものであったという点にあります．

一般的に言って，第1次世界大戦後，アインシュタインや彼の研究が科学に関心のない人々の注意をも集めた理由としては，彼の研究がニュートンのそれに匹敵するほどのものであったということ以外に，終戦後まもない1919年に，大戦においてドイツの敵国であったイギリスの物理学者エディントンらの日食観測により，一般相対性理論の予言が確かめられたこと，この理論（と1905年の特殊相対性理論）が時間・空間の概念を覆す革命的なものであると発表されたこと，この理論からは日常の経験に反する奇妙な帰結がいくつも導かれたこと，理論が難解でその内容を正確に理解できる学者は（キリスト教の十二使徒になぞらえて）世界に12人しかいないと宣伝されたことなどが挙げられます（日本では，この中に著名な物理学者の長岡半太郎が含まれているとささやかれていました）．

アメリカや日本の場合には，これらの国々の科学者たちが，ドイツ，イギリス，フランスなどの国々に追いつくことを目指して，研究内容と制度の両面において科学振興を行いつつあったという事情を考慮する必要があります．アメリカでは，大戦中に科学技術の戦時動員の中核を担った科学アカデミーや研究評議会が，ロックフェラーやカーネギーといった財団の支援を受けて科学振興のための活動を活発化させていました．日本では，大戦中の1917年に理化学研究所が設立され，大戦後の1922年頃から活動を活発化させています．どちらの国でも，大戦後には高等教育の拡充が実施されました．

大戦後，国を挙げての科学振興を行ってきた日本やアメリカでは，科学者にとっても一般の人々にとっても，アインシュタインと彼の相対論は，到達目標でありまた憧憬の的でもあったヨーロッパの科学を象徴する存在でした．そして，アインシュタインの来訪は，遠

くにあって想像するだけの存在を間近に見るまたとない機会の到来を意味していました．熱狂的な歓迎の背景には，憧れの対象を目の当たりにすることができることへの興奮があったと考えることができます．なお，1922年には前年度のノーベル物理学賞がアインシュタインに授与されますが，本人にこの知らせがもたらされたのが訪日途中の船の上（上海寄航の前）であったことも，日本での歓迎を盛り上げた要因の1つであったと思われます．

　自然科学の顕著な特徴の1つは，法律や思想とは異なり，それがどの地域でも成り立つことにあると言えますが，実際には，ある特定の時期にある特定の地域で科学が意味していたものやその役割は，時期や地域に固有の文化や社会情勢によって左右されるように思われます．アインシュタインの来訪も，ヨーロッパの国々ではアメリカや日本で見られたようなブームを起こすことはありませんでした．また，同じ日本でも，1908年のコッホの来訪や，1937年のボーアの来訪は，1922年のアインシュタイン来訪が引き起こしたほどの興奮をもたらすことはありませんでした．アインシュタイン，コッホ，ボーアでは世界的名声の質や規模において違いがあったことは確かでしょうが，科学や科学者が日本において占めていた位置や担っていた役割が時代によって変化していたことも，それぞれの科学者の訪日が引き起こした反応が異なっていたことの要因であったとは考えられないでしょうか．

　アインシュタインの来日は，それ自体興味深い歴史的事実ですが，アインシュタインブームに伴って生じたさまざまな出来事を眺めることにより，その時期の日本の科学の姿や科学が社会において占めていた位置を探ることも可能であると考えられます．本講義では，アインシュタインの来日がひき起こしたアインシュタインブーム，相対論ブームのいくつかの側面を紹介しながら，当時の日本で科学や

科学者がどのような状況にあったかを考察していきます.

来日実現の経緯[1]

アインシュタインを日本に招待し,費用などの面倒をみたのは,改造社という,誕生してまだまもない出版社でした.改造社は,1919年に,元新聞記者の山本実彦が設立した出版社で,『改造』という雑誌の出版からその事業を開始しました.誕生まもないころの『改造』は,労働問題や社会主義を扱うことで当時の読書階層の関心を集め,当時人気のあった月刊誌『中央公論』と売り上げを争うようになりました.次いで1920年10月には,キリスト教の布教と労働運動の指導で著名であった賀川豊彦の『死線を越えて』が改造社から出版され,1年のうちに210の版を重ねる大成功を収めました.この利益の使い道として改造社が企画したのが,著名な外国人の招聘であり,その対象として挙げられたのが,哲学者のラッセル,産児制限の提唱者サンガー,そしてアインシュタインでした.

招聘の対象としてアインシュタインの名前がとりざたされるようになったのは,1920年,改造社の山本が京都帝国大学の哲学者西田幾多郎のもとを執筆依頼のために訪れて以来のことでした.西田は,親交のあった九州帝国大学の桑木或雄を通じて,また1919年以降の欧米でのアインシュタインブームに刺激され,相対性理論に関心を抱いていました.西田のもとでアインシュタインについて知り,また日本でこの理論についてもっとも詳しいと思われる東北帝国大学の石原純についても情報を得た山本は,西田に次いで石原を訪ね,相対性理論を解説する原稿を依頼しています(大正9年12月号に掲載されました).アインシュタイン招聘に関心を抱いた改造社は,

---

1) アインシュタインの来日全般について,金子務『アインシュタイン・ショック』I, II(現代岩波文庫, 2005年)を参照.

1920 年末，桑木や，学界全体に大きな発言力を有していた長岡半太郎にも意向を尋ね，好意的な感触を得ました．

アインシュタインに先立って，1921 年 7 月，改造社ではラッセルの招聘に成功しました．日本に着いたラッセルに，山本が世界の三大偉人を挙げてほしいと頼むと，「一にアインシュタイン，二にレーニン，あとはいない」という答えが返ってきました．アインシュタイン招聘はこれで固まったようです．『改造』の同年 11 月号の編集後記でアインシュタイン招聘のための交渉が行われていることが漏らされると，新聞にもアインシュタイン来日の記事が掲載されるようになりました．

その後，石原が具体的な招聘の条件を述べた手紙をしたため，また，当時ドイツに留学していた哲学者の田辺元が改造社の依頼で交渉にあたりました．来日がほぼ確定すると，帝国学士院を中心に日本の科学界も協力の意向を示し，1922 年 3 月と 8 月には，長岡が歓迎の意を述べた手紙を送っています．

一般の人々の関心

アインシュタインの招聘のために動いたのは，出版社と，哲学者や科学者でした．では一般の人々の関心はどのようなものだったのでしょうか．

漫画家の岡本一平が，1922 年に流行したもの 17 を挙げた文章がありますが，その中に次のような一節があります．「アインスタイン——判らぬ，判らぬといいながら，男女相対の研究か，石原純の恋愛事件によってか，流布」．岡本は，来日中のアインシュタインと日光旅行をともにするなどして親しく交わり，この物理学者が日本で見せた表情を数多くの優れた漫画にして残しています．アインシュタインとともに各地での熱狂的な歓迎ぶりを目の当たりにしながら，

物理学を専門としてはいなかった岡本には，一般の人々が相対論やアインシュタインに関心をもつ理由が，学問以外の領域にあったことを見抜いていたようです．それにしても，「男女相対」とは何でしょうか．また「石原純の恋愛事件」とはいったいどのような事件だったのでしょうか．

「男女相対」(「ダンジョアイタイ」と読みます) のほうは，男女が向かい合うこと，つまり男女間の恋愛を意味していたようです．この「相対」に「性」がついた「相対性」という言葉は，さらに深い事態を想像させるものであったようです．誤解をさけるためか，科学者の中には，相対性原理の代わりに相対原理と書く人も，また桑木彧雄のように「相待」と書く人もいました．それでも「相対」という言葉による連想を抑えることはできず，たとえば，アインシュタイン来日にあわせて，「アインスタイン相対性ぶし」という次のような歌も登場しました．

> 惚れて通へば千里が一里，主を待つ間のこの長さ，おやまあ相対的ですね
>
> 人に上下の隔てはあれど，恋に上下の別はない，おやまあ相対的ですね
>
> アインスタインさんは心からかあい，かあい筈だよ，アインシタイン (愛したいん) だもの，おやまあ相対的ですね
>
> 年は老っても人には惚れる，恋の世界は美しい，おやまあ相対的ですね
>
> 課長さんのお顔は歪んで見える，主のお顔は円う見える，おやまあ相対的ですね
>
> 赤い顔してお酒をのむが，後の勘定で青い顔，おやまあ相対的ですね
>
> 学者さんでも人には惚れる，惚れる心は情だもの，おやまあ相対的ですね
>
> 理知の心と情の心，とけて始めて恋心，おやまあ相対的ですね

ミンコフスキーは四次元世界，わしの心は主のもの，おやま
　　あ相対的ですね

　どのような節がつけられていたのかは分かりませんが，名古屋近辺の花柳界を中心に流行したと言われています．酒を飲んで赤い顔になりあとで青い顔で勘定を払う（赤方偏移，紫方偏移のことを歌ったものと思われます）という箇所以外は，恋愛と相対論を関連づけていることが分かります．学者さんでも人には惚れるという詞，あるいは年はとっても人には惚れるという詞も，当時の人々であればおそらく，アインシュタインの講演の通訳を務め，また相対論の解説書を多く書いた石原純の事件を指していると気づいたでしょう．これこそが，岡本が言及している「石原純の恋愛事件」でした．

　石原純の前半生は，日本における理論物理学研究の草分けとしての活動で彩られています．石原は，特殊相対論が発表されたわずか4年後から，相対論や量子論に関する，世界的に見ても優れた研究の発表を始めていました．陸軍砲工学校教授を経て，1911年には東北帝国大学の助教授となりましたが，翌年には留学のため離日し，ミュンヘン，ベルリンでの滞在を経て，1913年の春から9月までの間を当時チューリヒにいたアインシュタインのもとで過ごしました．留学を通じて，最先端の研究者や世界の物理学研究の中心地の状況についてもよく知るようになりました．1914年には帰国し，東北帝大教授となっています．

　石原は，アララギ派の歌人としても知られていましたが，この方面の活動で，やはりアララギ派の歌人であった原阿佐緒と知り合ったことが，彼の人生の重要な転換点となりました．1917年末頃から，石原の激しい求愛に原が折れるかたちで，二人は恋愛関係に入り，1921年7月には，妻子のある身で恋に落ちた石原が東北帝大教授を辞職したとの記事が，全国の新聞に掲載されたのです．実際に

は，石原はこのとき病気を理由に休職を願い出たのであり，教授の職を退くのは休職が満期となった1923年のことですが，アインシュタイン来日のあった1922年には，恋に走って学問と地位を捨てた物理学者として広く知られる存在となっていました[2]．

　東北帝大を離れて，物理学の研究を中断した石原は，アインシュタイン来日がとりざたされるようになるころから，相対論の解説を活発に発表するようになりました．石原は，それ以前から科学哲学や科学論には関心を抱いていましたが，一般の人々の目にふれる雑誌で先端の科学理論の解説を行うなど，科学ジャーナリストとしての経歴を踏み出すようになったのは，アインシュタインの来日を契機としてのことでした．

　アインシュタイン来日に先立って，日本の多くの人々が相対論の「予習」に励みましたが，彼らが導きの糸としたのは，石原によって書かれた解説書でした．石原の解説書を読んだことのない人々も，アインシュタインに同行して通訳を務めている和服の人物が，新聞紙上を恋愛事件で賑わせたあの石原であることには注目したものと思われます．科学評論家としての石原の名はアインシュタイン来日にともなって高まったのですが，逆に，アインシュタインへの一般的な関心は同行する石原の存在によって一層かきたてられたともいえるでしょう．

科学への貢献：世界の中の日本

　アインシュタイン来日当時，政治・経済・学問などの分野で主導的な地位にあったのは，高等学校を卒業し帝国大学へと進んだ，同世代人口の1％にも満たない人々でした（社会の指導層に至る教育機関としては軍関係の諸学校もありました）．いずれは日本の将来を

2）村山磐『恋の顛末・石原純と原阿佐緒』（耕風社，1997年）を参照．

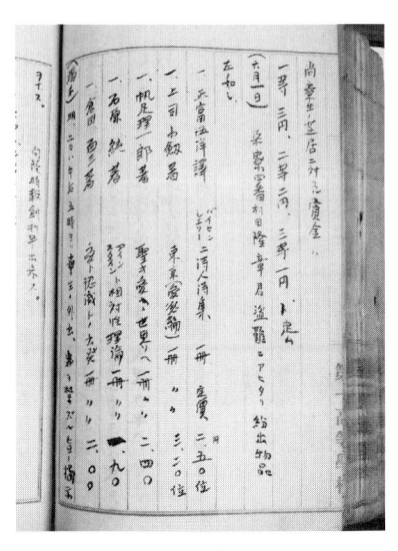

図 7.1 第一高等学校寄宿寮記録より．『寄宿寮記録　自大正十年十二月　至大正十一年九月』（東京大学大学院総合文化研究科教養学部駒場博物館所蔵）．1922年6月1日の記事に，生徒の1人が盗難にあったことが記されているが，盗まれた本の中に石原純の『アインスタイン相対性理論』が含まれている．

担うことを自負し周辺もそれを期待した高校の生徒たちは，アインシュタイン来日をどのように捉えていたのでしょうか．

旧制高校の中でも特に難関であった第一高等学校（一高）の寮の記録（『寄宿寮記録　自大正十年十二月　至大正十一年九月』）の中の，1922年6月1日の記事に，生徒の1人が盗難にあったという記事があります（図7.1）．盗まれたのは本ですが，その中には，戦前を通して高等学校生徒に広く読まれた倉田百三の『愛と認識との出発』などに並んで，石原純の『アインスタイン相対性理論』が含まれています．この生徒がこの本をたまたまもっていた可能性もないとは言えませんが，高等学校の生徒も石原の相対論の解説書を読ん

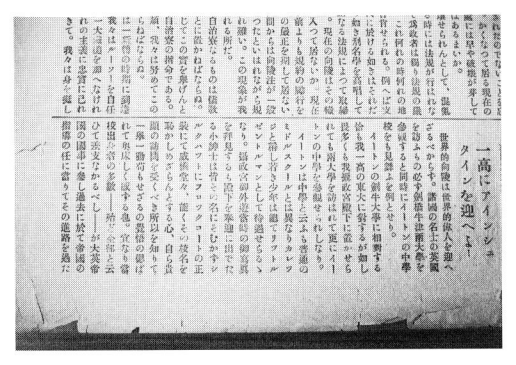

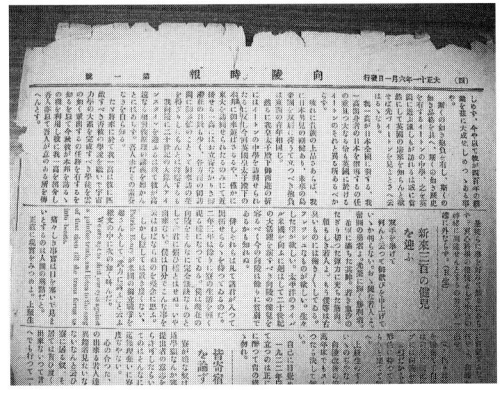

図 7.2 『向陵時報』創刊号より,「一高にアインシュタインを迎へよ!」.『向陵時報』創刊号(1922 年 6 月 1 日. 東京大学大学院総合文化研究科教養学部駒場博物館所蔵). アインシュタインに, 今後, 彼の理論を完成させる物理学者を輩出するであろう一高を紹介したいとの希望が述べられている.

でいたことが分かります.

同じ年に始まった一高生の新聞,『向陵時報』の創刊号(6 月 1 日)には,「一高にアインシュタインを迎へよ!」という記事が掲載されました(図 7.2). この記事の執筆者は, イギリスを訪れた要人が, ケンブリッジ大学やオックスフォード大学と並んで, 両大学へ進む若者を多く育成してきたイートン校をも訪問する慣例を指摘し, 一

高と東大の関係はイートンとオックスフォードやケンブリッジの関係に等しい，イートンに貴族の上品さがあるならば一高には日本男児の剛健がある，どちらも未来の「島帝国」を背負って立つ青年を育てる機関であると論じています．しかし，特にアインシュタインを迎えようという理由については，相対性原理の講義を聴くためではない，執筆者にはまだその素養はない，と意外なことを述べています．アインシュタインを一高に招くのは，一高が，彼の学説を引き継いで「宇宙力学の大系」を完成させるアインシュタイン級の学徒を多数輩出する任務を有しているからである，アインシュタインが来日する機会を利用して，アインシュタインに一高を紹介したいのである，というのが執筆者の主張です．

高等学校の生徒とはいえなかなかに意気軒昂で，このころの日本の知識階層の意識が，一方的にヨーロッパから学ぶという態度から脱し，政治・軍事や経済のみならず，学問の分野でも西洋諸国と肩を並べて競いあうという方向に向かっていたことが窺えます．

国内の実情はともかく，明治維新から20年ほどたったころから，日本からも，そろそろ世界的な活躍をする科学者が現れようとしていました．嫌気性の破傷風菌の培養に苦労を重ねて成功し（1889年），血清療法の重要な材料を与えた北里柴三郎，1897年に赤痢菌の発見を報告した志賀潔，1901年に地震学においていわゆる z 項の発見を行った木村 栄 などの名前が挙がります．さらに物理学では長岡半太郎の土星型原子模型（1903年）があります．長岡の原子模型はフランスの数学者ポアンカレーにも注目され，1905年に刊行された『科学の価値』でも紹介されました．

日本の科学者の研究は，日露戦争後，清国とロシアを打ち破って軍事や経済では「一等国」となった日本が，今後は文化面でも飛躍しなければならないという意識を背景にさらに躍進を遂げました．鈴

木梅太郎によるオリザニンの発見（1910年），本多光太郎による金属学・磁性の研究，山極勝三郎の人工癌の発生（1915年）などがこの時期に行われました．彼らの研究は国外でも高く評価されています．日本の第一線の研究者や彼らの学生たちにとって，欧米の科学界は，手の届かない世界ではなくなりつつありました．

反相対論：土井不曇の挑戦[3]

自然科学の分野で，西洋の大学者のそれに匹敵する大きな業績を挙げ，世界の学問の歴史に名を残す——このように夢想する人々は明治期には多くはありませんでした．しかし，旧制高校・帝国大学を中心とする高等教育機関が成果を挙げ始め，明治憲法下の国家観・文化観とともに，西洋の知識階層の基本的教養をも身につけた若者を各界に送り出すようになると，西洋の文化の枠組みの中に自分を位置づけ，ニュートンやベートーヴェンといった偉人の列伝の中に自分の名前を並べようと夢想する者も現れるようになりました．

ちょうどアインシュタイン来日の前後，自然科学への貢献を通じて世界の文化の歴史に名を残すという志を，相対論への反駁によって実現しようとした大学院生がいました．土井不曇という名のこの大学院生の日記やノートは，ご遺族のご厚意により日本物理学会に寄贈されています．以下では，この資料を手がかりにして，土井のアインシュタイン来日前後の言動と，周辺の物理学者たちの反応を明らかにし，熱狂的な歓迎にのみ注目していたのでは分からない，当時の日本の物理学徒たちの動向を探ってみることとします．

---

[3] 吉田省子・高田誠二「反相対論者・土井不曇と大正期物理科学界」『科学史研究』第II期，第31巻（1992年），19–26ページ．吉田省子「土井不曇にみる「量子論」解釈」，辻哲夫編著『日本の物理学者』（東海大学出版会，1995年），55–65ページ，を参照．

土井は，岡山県の貧しい農家に生まれましたが，地元の篤志家や親戚の厚意により勉学を続け，一高から東京帝大の理論物理学科へ進んだ努力の人でした．小学校の頃からニュートンの名前を知っており，彼のような偉人になろうと志していたようです．長岡の原子模型が世界的な注目を集めたのは，土井が小学校にいたころのことですが，これも土井の関心を引いたのかもしれません．家が貧しかったために進路には悩んだこともあったようですが，物理学へ進んで偉業を成し遂げたいという志に沿った選択を行っています．

　理論物理学科へ進んだ土井は，努力を重ねて学科の首席となり，また，憧れの人，長岡半太郎に師事し，長岡家にもしばしば出入りするほどの親密な指導を受けるようになります．1920年秋には大学院に進学しますが，貧しい土井が学業を続けることができたのは，長岡の配慮で理化学研究所（理研）の研究生となり，当時としては破格の月給80円を得る身分を得たためでした．土井の研究は，東大と理研の両方で進められていきました．

　土井は，すでに一高にいたころから相対論の解説書を読んでいましたが，十分には理解できなかったようです．相対論に本格的に取り組み始めたのは，大学にも慣れた1919年の2月ごろからでした．このころの成果は，エーテル（光が伝搬すると考えられていた媒質）を否定する内容の草稿にまとめられようとしたようです．この着想は，やがて，特殊相対論の要請の1つ，光速度不変の原理を疑問視する方向へと発展しました．土井はさらに進んで，光速度不変の原理を否定するための実験を行う必要があるとも考えるようになり，マイケルソンとモーリーがエーテルに対する地球の運動を検出しようとして行った実験と同様のものを，ほかの干渉計を用いて行うことはできないかと検討しています．具体的に行ったのは，ジャマン干渉計やフィゾー干渉計を用いた実験でした．

一方，土井は，長岡が当時関心を抱いていたゼーマン効果についての実験も担当していました．大学院に進んでからも，理論面では相対論の不備，特に光速度不変の原理を覆そうという試みを続け，実験においては，長岡の関心および自身の反相対論に関連する，干渉計や分光計を用いた光学系の研究に勤しむという日々が続きました．

エーテル仮説と光速度不変の原理

　土井はエーテル仮説を疑うことから相対論への考察を始め，これがやがて光速度不変の原理への疑いへと発展していったようです．土井自身はこの検討の経緯の詳細を記してはいませんが，この発想は世界的に見ればけっして突飛なものではありませんでしたので，思考の経路を想像をまじえながらたどることは可能です．

　1905年6月に受理されたアインシュタインの特殊相対論の第1論文（「運動物体の電気力学について」）は，相対性原理と光速度不変の原理という2つの要請のもとに組み立てられています．相対性原理というのは，アインシュタインの表現をそのまま使うと，力学の方程式が成り立つすべての座標系（いわゆる慣性系，つまり静止しているか等速直線運動している系）においては，また同一の電気力学と光学の法則が成り立つという内容で，光速度不変の原理というのは，光の伝搬速度は光源の運動によらず一定であるというものです．

　光速度不変の原理というのは，相対性原理と切り離して考えたうえで，光が波であることを認めると，一見当たり前のことを言っているように思われます．波の伝搬速度は波を伝える媒質の性質のみに依存し，波源がどのような運動をしていようが，いったん発生した波は波源の状態とは関わりなく伝搬していくためです．そこで，光速度不変の原理は，光が，エーテルと呼ばれる媒質を伝わる波であるとする説（エーテル仮説）から導かれると考える人々がいました．

ところが,アインシュタインは「運動物体の電気力学について」の中で,「光エーテル」の導入は余計なことであるとも述べています.エーテル仮説から導かれる前提を要請しながら,エーテルが余計であると主張するのは矛盾であるとして,相対論に反対する物理学者もいました(たとえばアメリカのステュワート,1911年).アインシュタインの意図からすれば,こうした反論は誤りです.光速度不変の原理を,相対性原理,つまり電気力学の法則が任意の慣性系で同じ形であるとする要請とあわせて考えれば,光の速度は,光源の運動だけでなく観測者の運動とも無関係に一定になるためです.これに対して,エーテル仮説に従えば,観測者にとっての光の速度は,観測者がエーテルに対してどう運動しているかに依存することになります.相対性原理と光速度不変の原理の両方を要請したアインシュタインは,エーテル仮説に従って光速度不変の原理を導き出したわけではありませんでした.

土井は,ステュワートのように,光速度不変の原理がエーテル仮説に基づくものであると考え,エーテル仮説が否定されれば光速度不変の原理が成立しなくなると考えたようです.後にはそれほど単純な見方はしなくなりますが,光速度不変の原理はエーテル仮説の影響下で生まれたものであるとする見解は変わりませんでした.

反相対論をめぐる周辺との軋轢

さて,エーテル仮説を否定した土井は,相対論の出現以前にエーテル仮説に対抗する説であった「放出説」に基づき,光は光源に対してつねに一定の速度で伝搬すると考えるようになりました(1919年7月).さらにこれを証明する実験結果を得たと考えた土井は,イギリスの有力な学術誌,『フィロソフィカル・マガジン』に投稿しようと計画し,長岡に相談します.これに対し長岡は,土井の誤りを

具体的に指摘できず，広く支持されている相対論に反するからという理由のみをもって土井が誤りであると主張しました．

この前後から，土井はしばしば長岡の能力に疑問を抱くようになり，少なくとも相対論に関しては，長岡は，権威をもって学生を押さえつけようとする態度をとっていると考えるようになりました．また，自身では反相対論の研究を続けつつも，これについて長岡に相談することはなるべく避けるようになりました．干渉計を用いた実験に専念している様子を見せ，これを長岡との話題の中心に置くことで，長岡との良好な関係を保つことができると考えていたようです．1920年3月の『日本数学物理学会記事』（以後，『数物記事』と略します）には，土井がジャマン干渉計に関して独自に加えた改良についての研究が発表されています．長岡もこのような土井の姿に満足したのか，7月には土井を理研の研究生に採用しました．

長岡には隠したまま続けられた土井の反相対論研究は，1920年2月ごろから，相対論の登場以前にオランダの物理学者ローレンツによって発表された電子論の検討へと向かっていました．電子論は，相対論の登場以前にローレンツによって展開された理論で，力学と電磁気学を用いて，電子の運動を論ずるものです．特殊相対論によって導かれる座標変換がローレンツ変換と呼ばれるように，電子論と相対論は部分的には同じ数学的構造をもっているところもありますが，両者が基礎とする時間・空間観は異なっています．

電子論研究の成果は，1920年9月の日本数学物理学会の常会で発表され，次いで論文として『数物記事』に投稿され，査読に回されました．査読者（の1人？）は石原純でした．土井の議論は強引なものであり，変位電流に関する項を無視して，アンペールの理論のみから磁力を導き出そうとするなどの無理が多々見られました．石原は，土井論文はそのまま発表すべきではないと回答しています．

土井の反相対論研究は，相談相手もなく単独で進められたためか，このころから，世間が熱狂する相対論を否定するという気負いばかりが目立つ，乱暴なものとなりつつありました．通常ならば研究の相談相手となる指導教官の長岡とは，すでに述べた経緯から反相対論研究については議論はできません．理研には，土井の尊敬する友人，菊池泰二が在籍しており，また入所してからは仁科芳雄とも話し合うようになりましたが，残念ながらこれらの友人との交流は長続きしませんでした．一高以来の友人の菊池は，理研から派遣されてイギリスに留学してしまいます．1921年には菊池は留学先で客死しますが，今度は仁科が，菊池に代わって理研から派遣されました．

　菊池の死，仁科のヨーロッパへの出発のころ，土井と長岡の関係はやや悪化していました．長岡の命じた研究を続けながらも，反相対論研究に没頭する土井に，長岡が不満を漏らすようになっていたのです．長岡は，土井に，ジャマン干渉計を用いた実験の再開をたびたび要請しました．土井は表立っては長岡に反抗しませんでしたが，自分の研究が思うようにできないことに徐々に不満を募らせていきました．留学に関するあてが外れたことも不満の一因となったかもしれません．菊池の死後，土井は密かに自分が海外へ派遣されるものと考えていましたが，実際に派遣されたのは仁科でした．この人選に長岡の意向が大きく影響していたことは明らかでした．

　反相対論研究に関する相談相手を周囲に見つけることのできなかった土井は，日本における相対論研究の第一人者に直接意見を求めました．1921年7月，土井は，かつて同じ論文の査読にあたったのが石原純であったことを知ってか知らずか，石原に電子論論文を送り，個人的に意見を求めたのです．ところが，土井は，論文を発送した翌日，石原の恋愛事件が新聞で報道されているのを見つけました．潔癖症の土井は強い軽蔑の念を覚えました．石原とのやりとり

はその後数度はあったようですが，土井が石原の意見を真剣に検討することはなかったようです．

　土井の電子論論文は，査読者の石原が否定的な判定を下したにもかかわらず，1921年11月の『数物記事』に掲載されました．その後も土井の反相対論研究は1922年2月，同5月刊行の『数物記事』に掲載され続けましたが，もう土井が石原に草稿を見せることはありませんでした．

アインシュタイン来日を前に

　1921年10月上旬には，アインシュタイン来日の報が新聞を通じて流されました．以後，土井の研究はますます活発になりました．土井は自分の研究の内容を長岡に知られないようにしていたようですが，12月には一般相対性原理が誤りであるとする自説を打ち明けています．長岡は，理研ではそんなことばかりやっていては困ると苦言を呈しましたが，土井は屈しません．理研がだめならばどこか就職先を探してほしい，実験なしの理論でも十分な仕事はできる，と反論しています．この時期，土井が勢いづいたのは，アインシュタインに直接自説をぶつければその正しさが明らかになる，その機会が訪れるのは近い，と考えるようになったからのようです．一方，長岡は，アインシュタインが近々やってくるというのに奇妙な説を唱える学生がいることに危惧を覚え始め，土井に対しては理研の研究生を辞めさせることをほのめかし始めました．

　長岡は，1922年に入ると，反相対論の研究から離れない土井を理研研究生から外そうと決意します．代わりに土井に用意されたのは一高の物理学講師の口でした．同時に長岡は，土井に，数年の間沈黙を守り，反相対論研究を発表するかどうか考えてみてはどうかという忠告を与えますが，勢いのついた土井はこれを聞き入れようと

せず，やり残した研究があるために理研をやめることはできないと主張しました．思い通りにならない土井を，長岡が怒鳴りつけることもしばしばであったようです．結局のところ土井は理研を離れることを余儀なくされ，一高講師の職を引き受けています．

　長岡との関係は悪化する，理研は追い出される，いやいやながら一高講師の職に就かなければならないという状況の中，土井はアインシュタインの来日を心待ちにしていました．土井は，アインシュタインと直接対決しさえすれば自分の正しさが明らかになる，それまでは不本意ながら隠忍自重の日々を送ると決意していました．焦燥と苦慮のなか，土井の書く論文は，題名も常軌を逸したものになっていきました．4月26日に『フィロソフィカル・マガジン』とJ.J.トムソンに送った論文の題は "Formidable Nonsense of Einstein's Theory of Relativity"（「アインシュタインの相対論のおそるべき不条理」）というものでした．この論文は，他の2本の論文とともにアインシュタインにも送られ（5月27日），6月3日の数物学会常会でも発表されました．発表に対し長岡と寺田がコメントを加えましたが，土井にはこたえなかったようです．その数日後には，土井を訪ねてきた桑木彧雄と，5月に刊行された電磁波の伝搬速度に関する論文について議論を交わしましたが，桑木が土井の説を理解した様子を見て，アインシュタインもかくあれかしと考えています．長岡も含めて，周囲の大人たちは土井を説得することには成功しなかったのです．6月18日に完成した論文の題名は，"Einstein's Theory of Relativity Falsified Decisively"（「決定的に論破されたアインシュタインの相対論」）という過激なものでした．7月1日の数物学会常会では，土井の "Inconsistency of Einstein's Theory of Relativity"（「アインシュタインの相対論の矛盾」）という発表に対する議論が長引き，9月に持ち越されることが決まりました．

アインシュタイン来日直前，たかまる興奮と不安で，土井の行動は不安定さを見せるようになっていました．10月21日の数物学会常会では，土井説に対する30の質問を準備した愛知敬一が，土井自身と対決することが予定されており，事前に新聞でも報道されたために多くの人々の注目を集めていましたが，この日土井は会場に姿を見せませんでした．

アインシュタインとの対決

11月17日には，アインシュタインが日本に到着しました．翌18日，『東京日日新聞』には，アインシュタイン自身が，土井の反相対論を「まじめな人のまじめな研究として非常に尊敬すべきだ」と評したという記事が掲載されました．さらに11月24日には，アインシュタイン自身が土井と会うことを望んでいるという知らせが届きました．土井が長岡にアインシュタインへの紹介を依頼すると，長岡はすでにアインシュタインの希望について知っており，アインシュタインはデ・シッターの研究結果について話し合いたいと考えていると伝えました．デ・シッターは，運動状態にある連星から発せられる光を地球上で観測すると，その波長が正確な周期をもって変化することから，光の速度が光源の運動によらないことが確認できると指摘していました（1913年）．これに対し土井は，光の速度はつねに光源の運動の影響を受けるので，光源が周期的な運動をしていればそこから発せられた光も伝搬速度を周期的に変化させるとし，連星の運動の周期は光が地球に届くまでの時間に比べればきわめて短いために，周期的変化の効果は均され，光の速度は一定であるかのように観測されると反駁しました．この反論を展開した論文はアインシュタインに送られています．

相対論は認めていませんでしたが，土井は，自分の反論に真剣に

向かい合うアインシュタインを高く評価し，真の科学者同士はお互い理解し合えるとの確信を抱きました．

　土井は，11月25日から始まったアインシュタインの講義に，期待と自信を抱いて出席しました．27日には，講義の後，長岡より光速度一定の前提に疑問を呈する人物として特別に紹介を受け，アインシュタインと40分にわたる議論を交わしました．最後は直接図解による説明も受けましたが土井は納得せず，議論は翌日にもち越されました．

　翌28日の議論はアインシュタインが土井の説に質問するかたちで進みました．質問は，遠隔作用と近接作用の複雑な混合，電子の質量の変化，および理論の実験的証拠に関わるものでした．議論はしかし，順調には進みませんでした．アインシュタインの問いに対し，土井がつい「いや」と日本語で反応したところ，それがアインシュタインにはドイツ語の"Ja"に聞こえ，以後話が通じなくなったようです．中村清二や田丸卓郎が議論に協力しましたがうまくいかず，ドイツ語と物理学の能力からして仲介役に最適任であった石原は，それまでの行きがかりからか土井を助けようとはしませんでした．翌29日，土井は田丸など日本人の物理学者による説明を受け，ひとまず反相対論を取り下げることにしたようです．12月2日には土井が反論を取り下げたとの記事が新聞に掲載されました．

　土井の興奮と緊張，長岡の慌てぶりに比べて，反相対論騒動はあっけない幕切れとなりました．土井は，物理学界の巨人に挑戦して学問の世界に名を残すという意欲ばかり強く，これを実現させるだけの実力はもっていませんでした．その姿は第1次世界大戦直後の日本の学界の状況を象徴しているかのようにも見えます．世界的に見ても，実験をともなわない理論研究の方法が確立していなかったという事情はありますが，日本で土井を指導する立場にあった人々は，

土井を納得させるだけの議論は展開できず，ヨーロッパの大学者に対して日本の若輩者が失礼な議論を吹きかけるのを恥じ，師弟関係などを利用してこれを封じ込めようとしたのでした．

その後の日本の物理学

アインシュタイン来日に対する日本の全般的な反応は，彼の研究の内容を十分に理解したうえでの歓待ではなく，ヨーロッパの偉人，大科学者に対する熱狂とでも言うべきものでした．ここから15年を経た1937年のボーアの来日の際には，これほどの熱狂はなかったものの，原子核理論や量子力学の基礎に関する実質的な議論が交わされています．アインシュタインが去ってから15年の間に，日本の科学界もそれだけ変化したのです．

日本の理論物理学に飛躍をもたらすことになる朝永振一郎や湯川秀樹の世代と，反相対論の土井の間には，約一まわり（12年）の差があります．土井が反相対論でアインシュタインに立ち向かったのは1922年で27, 8歳のころ，湯川が中間子論を発表したのは1934年でやはり27歳のときのことでした．両世代を隔てる12年ほどの間に，物理学の世界にも，日本の研究状況にも，大きな変化が生じていました．

アインシュタイン来日の3年後の1925年から26年にかけて，ヨーロッパで量子力学が誕生し，その影響はやや遅れて日本にも及びました．新しい理論に魅せられた若者たちが，指導する者もないままに東京や京都で仲間内の勉強会を開くようになり，その中から朝永や湯川といった研究者が頭角を現し始めます．世界的にも理論に特化した研究者が増え，実験研究とは独立した理論研究が，制度的にも学問的にも認知されるようになります．土井の反相対論研究は手探りのまま孤独に進められましたが，朝永・湯川は，理論研究のお

手本を外国の学術誌の中に見つけ，それらを互いに読みあいながら研究を進めることができました．

　土井が抱いていた，物理学界の巨人に挑戦するという気負いは，朝永・湯川の世代からは消えていたように思われます．後者の時代には，自然科学に進み，研究の道を歩むという道は，それを許す環境にある学生にとっては，それほど重大な決意を必要とするわけではない自然な選択肢の1つとなっていました．朝永や湯川の世代は，自然科学を自分たちの文化の自然な一部と感じるようになっていたのです．本章で瞥見したとおり，アインシュタインの来日に際しては，長岡から土井に至るまでのさまざまな物理学者たちが，いまから見ればやや奇妙に思われる言動を見せました．しかし，世界標準の研究手法を無理なく身につけ，第一線の研究成果を生み出して国際的な注目を浴びるような研究者が輩出されるようになるまでには，さまざまなやり方を試みて自然科学との角逐を行う世代が先行する必要があったようにも思われます．

「輻射の問題の現状について」
Phys. Z. **10**, 185, 1909.

Lecture **8**

ニュートンは正しかった？
粒子性と波動性

小牧研一郎

今回の講義の主題は，量子力学における基本的な概念である，粒子と波動の「二重性」です．これは，通常波であると考えられている光（電磁波）や，粒子と考えられている電子などが，実際に観測するとある場面では一見波動として，また，ある場面では逆に粒子として振る舞うように見えるということです．これは，対応する振動数 ν とエネルギー E の関係，波長 λ と運動量 p の関係を表すアインシュタイン–ド・ブロイの式 $E=h\nu$ と $p=h/\lambda$ で表すことができ，量子力学の基礎となる概念を表す重要な関係式です．h はプランク定数と呼ばれ，量子力学を代表するもっとも重要な物理定数です．

　ここでは，私たちがどのようにしてこのような考えに至ったかを歴史をたどりながら概括し，キーとなる発見や発想について解説します．

光の本性の理解：波動説の勝利

　光が二重性をもつということを私たちが確信するに至る過程は，人類の光の本性あるいは正体についての理解の進展の歴史と言えます．

ギリシャ時代　ギリシャ時代にはすでに，平面鏡による結像や，太陽光を凹面鏡によって収束して着火できることが知られていました．人間の視覚についても，3平方の定理で知られるピタゴラスらは物体から出た粒子が目に入ると視覚が生じると考えました．

　幾何学で知られるユークリッド（エウクレイデス）は光線の概念，直進性，反射の法則，屈折現象などを考察し，幾何光学を創始しました．浮力の原理で知られるアルキメデスが大きな鏡で太陽光を反射させて敵の軍船を焼き払ったということです．ヘロンは，光線は最短経路をたどると考え，鏡面反射の法則を説明しました．これは

のちのフェルマーの原理に近い発想です．

中世〜ルネッサンス期　中世になるとギリシャ以来の学術は，アラブ世界へ継承され，ルネッサンス期にヨーロッパへ逆輸入されました．アルハーゼン（イブン・アルハイサム）は『光学宝典』を著し，レンズの焦点や結像，虹などについて記述しています．眼の解剖を行い，その構造についても記述し，視覚は物体から光線が出ることによるとしました．修道士ロジャー・ベーコンは自らも眼鏡（拡大鏡）を使用し，望遠鏡・顕微鏡の可能性について論じました．レオナルド・ダ・ヴィンチは屈折現象を研究し，眼の構造を記録しています．

光の粒子説と波動説　やがて，光学現象が定量的に調べられるようになり，光の本性についての論争が始まりました．スネルが実験的に発見した屈折の法則（1621年）は『屈折光学』（1637年）を著したデカルトによって定式化されました．彼は粒子説に基づき，物質中の光の速度の違いによって屈折現象が起こることを説明しました．

　グリマルディは光の回折・干渉現象を発見しました（1665年）．弾性に関する法則（1678年）で知られるフックは顕微鏡を用いて細胞を発見（1665年）し，『顕微鏡下の世界』を著しました．彼はニュートン環を観察（1665年）し，薄膜の干渉を気柱の共鳴のアナロジーで解釈し，光の「波動説」を唱えました（1667年）．

　運動の法則を発見したニュートンは，プリズムによる分光（1665年）で屈折率が色によって異なることを調べ，色収差を避けるため反射望遠鏡を発明しました（1668年）．彼は光は色をもった粒子であると考えましたが（1672年），『光学』（1704年）が刊行されたのは対立していたフックの死後のことでした．ニュートン環を粒子説により，色に応じた周期（半波長に相当）で屈折性と反射性の発作

をくり返すと説明しました．

　ホイヘンスは波動の伝播に関するホイヘンスの原理（素元波の考え，1678年）を提唱し，波動説によって光の反射・屈折の法則を説明しましたが波長の概念はなく，パルス波の伝播を考えていました．彼は光は縦波と考え，媒質として「エーテル」（1678年）を考えました．バルトリヌスが発見した方解石による複屈折（1669年）をホイヘンスは楕円の素元波で説明しましたが，2つの方解石を透過した光の振る舞いを説明できていません．ニュートンはこのことから光は音のような縦波ではないと確信して粒子説を採ったようです．ニュートンの名声により，ヤングの登場までは粒子説が有力でした．

　弾性定数のヤング率でも知られるヤングはニュートンの周期的な発作の考えを採り入れて連続波を考え，薄膜の色を縦波の干渉で説明（1801年）し，さらに，二重スリットによるヤングの実験を行い，光の波長を測定（1802年，1807年発表）しました．マリュースが発見した反射光が偏光となること（1808年）や複屈折も偏光によることを説明するため，ヤングは「横波説」を採りました（1817年）．

　フレネールは，ホイヘンスの原理を補強し，干渉・回折実験を横波説で説明し，さらに，偏光の干渉実験を行い，横波説を確立しました（1823年）．

光速の測定と波動説（横波理論）の勝利　光の粒子説と波動説の論争に決着を付けたのは，媒質による光速の違いの測定でした．デカルトの時代から，屈折率が光速の比であることは知られていましたが，粒子説と波動説では逆数の関係にありました．

　古来，光速は無限大と思われていましたが，ガリレイは光速が有限であると考え，これを実測しようと試みましたが失敗しました（1638年）．初めて定量的な結果を得たのはレーマーでした．木星の衛星イ

オの食の周期の変化は，地球の公転軌道直径を光が通過する時間によるとして光速 $c = 2.12 \times 10^8$ m/s を得ました（1675 年，計算はホイヘンス）．

ブラッドリーは地球の公転運動により，恒星の方向が最大 20.5 秒変化して観測されること（年周光行差）を発見し，粒子説によって $c = 2.99042 \times 10^8$ m/s を求めました（1727 年）．エーテルが静止しているとすると，光の進行方向は観測者の運動によらなくなるので，波動説では光行差を説明できません．これを解決するためにフレネルは，エーテルは運動する媒質（屈折率 n）に随伴係数 $(1 - 1/n^2)$ の割合で引きずられるという随伴説（1818 年）を唱えました．

地上で初めて光速を測ったのはフィゾーでした．歯数 $N = 720$ の回転歯車の歯の間を通った光を $l = 8633$ m 離れた鏡で反射・往復させ，再び歯の間を通して観測すると，回転数 $f = 0$ の次に $f = 12.6/$s のとき初めてもっとも暗くなりました．光が距離 $2l$ を往復する間に歯車が $2N$ 分の 1 回転するので，$c = 4lfN = 3.13 \times 10^8$ m/s が得られました（1849 年）．1853 年には流水中で光速を測定し，フレネルの随伴係数の正しさを実証しました．

振り子で知られるフーコーは回転鏡の実験により空気中と水中での光速を測定し，水中の方が空中より遅いことを実証しました（1850 年）．これにより，粒子説はいったん否定されたかに思われました．角速度 $2\pi f$ で回転する鏡で反射させたのち長距離 L を往復させた光を再び回転鏡で反射させると，鏡から距離 D における反射光の位置は回転しないときと比べ d ずれます．空気中では $L = 20$ m，$f = 500/$s，$D = 0.83$ m のとき $d = 0.70$ mm でした．これより，$c = 2D \times 2\pi f \times 2L/d = (2.980 \pm 0.005) \times 10^8$ m/s を得ました（1862 年）．

この頃までに電磁気学の諸法則が断片的に知られるようになり，そ

れらはマクスウェルによりマクスウェル方程式として電磁気の統一理論に集大成されました（1862年）．マクスウェル方程式からは横波として伝わる電磁波の波動方程式が導かれますが，1856年にウェーバーとコールラウシュがコンデンサに蓄えられた電荷を衝撃検流計に流す実験により求めた電磁気力の係数の値を使って計算した電磁波の進行速度 $1/\sqrt{\varepsilon_0\mu_0} = 3.1074 \times 10^8$ m/s が光速に近いことから，光の電磁波説を提唱しました．その後，ヘルツはコンデンサが放電するとループ回路のギャップに火花が飛ぶことから電磁波の存在を確かめ（1886年），その速度，反射，屈折，偏光などの性質が光と同じことからマクスウェル理論の正しさを検証しました（1888年）．

　光速の測定は光の粒子説と波動説の論争に決着を付けただけではなく，その後も自然の理解を深めることに貢献した重要な実験対象となりました．マイケルソンとモーリーはマイケルソンの干渉計（1881年発明）を用い，地球の公転運動による光速の違いの検出を試みましたが，差は認められませんでした（静止エーテルの否定，1887年）．この結果はアインシュタインが「奇跡の年」1905年に光速不変の原理に基づいて発表した特殊相対性理論の根拠とされました．

　1973年にはエベンソンによる安定化したレーザーの周波数（原子時計との比較）と波長（干渉により）の精密測定により，$c = 299792458.0 \pm 1.2$ m/s が得られましたが，長さの基準の不確かさが問題となり，第17回国際度量衡総会（1983年）において，長さの基準を光速度で決めることになり，$c = 2.99792458 \times 10^8$ m/s と定義されました．

光の粒子説の復活：光の二重性

　18世紀後半には光の波動説が確立しましたが，19世紀後半になると，光を波とだけ考えると説明の付かない実験事実が現れました．

その 1 つが空洞（黒体）放射のスペクトル，もう 1 つが光電効果でした．

プランクの放射公式　ニュートンの分光に始まったスペクトル研究は，19 世紀後半には高温の物体の発する光（電磁波）のスペクトル（振動数あるいは波長の分布）が問題となっていました．絶対温度 T の黒体（入射したすべての光を吸収する物体）あるいは小さな穴を通って空洞から放射される電磁波（空洞（黒体）放射）が振動数の区間 $(\nu, \nu + \mathrm{d}\nu)$ の範囲にもつエネルギー密度（単位体積あたりのエネルギー）を $u(\nu)\mathrm{d}\nu$ と表します．ヴィーンは空洞内の気体分子が速度によって決まる振動数の光を出すと仮定し，マクスウェル–ボルツマン分布と彼の発見した変位則（1894 年）を使って，放射公式 $u(\nu) = \beta\nu^3 \exp(-\alpha\nu/T)$ を導きました（1896 年）．この公式は低温，短波長の場合には実験とよく合いましたが，高温，長波長の場合には合いませんでした．レイリーとジーンズは真空の空洞内の電磁波はとびとびの振動数の定在波となるとし，これにエネルギー等分配則を適用して，放射公式 $u(\nu) = 8\pi k_\mathrm{B} T \nu^2/c^3$ を導きました（レイリー 1900 年，1905 年，ジーンズが修正 1905 年）．これはヴィーンの公式とは逆に高温，長波長の場合にだけ実験とよく合いました．

プランクは長波長の場合には $u(\nu)$ が温度 T に比例するという実験結果に合うようにヴィーンの放射公式を変形したプランクの放射公式（1900 年）

$$u(\nu) = \frac{8\pi h \nu^3}{c^3} \frac{1}{\exp(h\nu/k_\mathrm{B}T) - 1}$$

を導きました．$h = 6.63 \times 10^{-34}\,\mathrm{Js}$ はプランク定数（作用量子）と呼ばれる重要な物理定数です．この公式は，ヴィーンの公式とレイリー–ジーンズの公式を極限として含み，すべての場合に実験とよ

く合います.さらに,プランクは振動数 ν の放射とエネルギーをやり取りする振動子のエネルギーはエネルギー量子 $E = h\nu$ の整数倍である(量子仮説)と仮定するとプランクの放射公式が得られることを示しました.

光電効果と光量子仮説　1905年3月のアインシュタインの光量子理論により,光の粒子説の復活・光の二重性の実証となった光電効果について調べましょう.

　光電効果とは金属の表面に光をあてると電子が飛び出す現象です.放電管を用いて電磁波の研究をしていたヘルツは放電管の負極の金属に紫外線をあてると放電が起こりやすくなることに気付きました(1887年).ハルバックスは負に帯電した金属に紫外線をあてると,その負の帯電が消えることを発見しました(1888年).また,エルスターは放電管の負極に光をあてると電流が流れることを発見しました(1889年).これらの結果はいずれも紫外線の照射により負電荷を帯びた「何か」が放出されていることを示しています.

　J.J.トムソンが1897年に陰極線粒子の比電荷を測定して,「電子」を発見すると,レーナルトは光電効果で飛び出す荷電粒子の比電荷を測定し,この「何か」の正体が電子(「光電子」という)であることをつきとめました(1900年).さらに彼は光電効果に限界振動数があることも発見しました(1902年).

　レーナルトらによる光電効果の定量的な実験により,1905年までに知られていた光電効果の実験結果は次のようにまとめられます.

(1) あてる光の振動数 ν が「限界振動数」ν_0 より小さいと,どんなに強い光でも光電子は飛び出さない.限界振動数は負極金属の種類で決まった値をもつ.

(2) 光電子の最大の運動エネルギー K_0 は光の強さには無関係で,

光の振動数 ν が大きくなるとともに増大する．
(3) 単位時間あたりの光電子数は光の強さに比例する．
(4) 光が照射された瞬間から電子が放射される．

光を波と考えると，電子は光の振動数に関係なく，大きな振幅をもつ強い光をあてれば光電子となって飛び出すはずであり，これらの特徴は説明できません．

プランクが振動子（物質）のエネルギーについてエネルギー量子仮説を立てたのに対して，アインシュタインは，1905 年 3 月，振動数 ν の光は h をプランク定数として $E = h\nu$ で表されるエネルギーをもった独立な粒子（光量子）の集まりである，という光量子仮説を提唱し，光電効果の実験結果を次のように矛盾なく説明しました．

光電効果では，光量子 1 個と電子 1 個が衝突し，光量子は電子に吸収され，光量子のもっていたエネルギーはすべて電子に渡される．電子が得たエネルギー $h\nu$ が，金属の内側から外側に電子を運ぶのに必要な（最小の）エネルギー（仕事関数）W より大きい場合には電子は外側に放出され，出てくる光電子の運動エネルギーの最大値は $K_0 = h\nu - W$ となる．つまり，仕事関数と限界振動数の間には $W = h\nu_0$ が成り立つ．

なお, 仕事関数 W については, 電子が未発見の 1883 年, 発明王エジソンが発見した熱電子放出（エジソン効果）に関するリチャードソンの研究においてすでに知られていました．正極・負極間電圧が十分高いときの熱電子電流 J と負極金属の温度 T の間にはリチャードソンの公式（リチャードソン – ダッシュマンの式）$J = AT^2 \exp(-W/k_B T)$ が成り立ちます．ここで，A は定数，$k_B = 1.38 \times 10^{-23}$ J/K はボルツマン定数，W が仕事関数です．

電気素量の測定（1909–13 年）で知られるミリカンはアインシュタインの仮説を定量的に確かめる実験を 1916 年にいたる約 10

年間にわたって行い,アインシュタインの予言 $K_0 = h\nu - W$ が非常に小さな実験誤差の範囲内で正確に成立していることを実験的に証明し,1914 年にはプランク定数の値 $h = 6.58 \times 10^{-34}$ Js を初めて約 0.5% の精度で決定しました.現在用いられている値は $h = 6.626093(11) \times 10^{-34}$ Js です.光量子はその後,単に「光子」と呼ばれるようになりました.

アインシュタインはエネルギー $E = h\nu$ を運ぶ実体として光量子を考えました.この考えはボーアの原子構造理論(1913 年)に,2 つの定常状態の間の量子遷移にともなって放出・吸収される光の振動数の満たす「振動数条件」として採り入れられました.この結果,光はある局面では粒子として振る舞うことになり,ニュートンのものとはまったく異なった形で粒子説が復活することになりました.

アインシュタインは 1921 年ノーベル物理学賞を受賞しましたが,その理由は「理論物理学への貢献,特に光電効果の法則の発見に対して」でした.

光電効果は今日の生活でも太陽電池,CCD カメラへの応用,物質の電子状態(エネルギー帯構造など)を研究する手段としての光電子分光法 (XPS, UPS) などに広く利用されています.

X 線の二重性と光子の運動量

光電効果の説明や,ボーアの原子模型の成功によって,光子のエネルギーと振動数の関係は確かなものとなりましたが,光子のもつはずの運動量と波長の関係を確かめる実験事実はありませんでした.波長 λ の光の光子の運動量が $p = h/\lambda$ で与えられることは,光量子仮説と同年に発表された特殊相対論における粒子のエネルギーと運動量の関係式や,マクスウェルの電磁場理論(1864 年)における電場・磁場(磁束密度)のもつエネルギーと,電場・磁場が壁に及ぼ

す圧力（マクスウェルの応力，光圧）の関係，あるいは，光子気体の分子運動論による考察から予想できたことでした．レベデフは光圧を実測しました（1899年）が，粒子としての光子の運動量と波長の関係が確かめられたのは，光子1個の運動量が大きいX線の研究においてでした．

X線の二重性　陰極線を研究していたレントゲンが発見（1895年）したX線の正体についてヴィーヒェルトとストークスは，陰極線が正極内で減速されるときに放出される電磁波（制動放射）であると説き（1896年），ハガとヴィントはX線の回折を観測してその波長を可視光の1万分の1程度と推定しました（1902年）．

　ラウエは結晶によるX線の回折（1912年）を観測し，X線は電磁波であることが確定しました．さらに，ブラッグ父子も結晶によるX線の回折（1913年）を観測し，これを結晶の原子配列を知る手段としました．同時に，結晶を用いてX線のスペクトル（波長）が知られるようになりました．

　モーズリーはX線スペクトル中に見られる線スペクトル（特性X線）の振動数νと正極物質の原子番号Zの関係$\nu = K(Z-s)^2$（K, sは定数）（モーズリーの法則，1914年）を発見し，ボーアの原子構造理論に従ってX線が光子として放出されることを支持する結果を得ました．

コンプトン散乱：X線光子の運動量　1923年，コンプトンは単色のX線が物体で散乱されるとき，同じ波長のまま散乱される（(J.J.)トムソン散乱，1906年理論）ものの他に，波長が長くなったものが生じること（コンプトン散乱，コンプトン効果）を見出し，波長λのX線をエネルギー$E = h\nu = hc/\lambda$，運動量$p = h/\lambda$をもつ光子と考

え，これと自由電子の弾性衝突によってこの現象を説明しました．衝突前後のX線光子の波長を λ, λ' とおき，電子の質量を m，衝突後の運動量を p_e とし，特殊相対論を用います．衝突後のX線光子と電子の方向を φ, θ として運動量とエネルギーの保存の法則

$$\frac{h}{\lambda} = \frac{h}{\lambda'} \cos\varphi + p_\mathrm{e} \cos\theta,$$
$$\frac{h}{\lambda'} \sin\varphi = p_\mathrm{e} \sin\theta,$$
$$\frac{ch}{\lambda} + mc^2 = \frac{ch}{\lambda'} + \sqrt{m^2 c^4 + c^2 p_\mathrm{e}^2}$$

から順次 θ, p_e を消去して，

$$\lambda' = \lambda + \lambda_\mathrm{C}(1 - \cos\varphi)$$

が得られます．ここで，$\lambda_\mathrm{C} \equiv h/mc$ は電子のコンプトン波長と呼ばれる量です．この公式は散乱される方向 φ によるX線の波長変化の実測値とよく合い，X線光子が運動量をもつことが確認されました．コンプトン効果の発見によって，光子がエネルギーと運動量をもつ粒子として放出・吸収・散乱されることがようやく広く認められるようになりました．

物質波と量子力学

ド・ブロイの物質波理論：電子の波動性　波として回折や干渉する光は光電効果やコンプトン効果では，粒子として振る舞い，振動数 ν，波長 λ はエネルギー $E = h\nu$，運動量 $p = h\nu/c = h/\lambda$ に対応することになりました．ド・ブロイは逆に，エネルギー E，運動量 p をもつ粒子は，振動数 $\nu = E/h$，波長 $\lambda = h/p$（ド・ブロイ波長）の波（「物質波」あるいは「ド・ブロイ波」という）として振る舞うのではないか，と提唱しました（1923年）．波長の逆数を大きさとし，波

面の法線,すなわち,波の進む方向を向いたベクトルを波数ベクトル $\boldsymbol{k}$ と言います.これを用いると,ド・ブロイの関係式のベクトル版 $\boldsymbol{p} = \hbar \boldsymbol{k}$ が得られます.

　物質波の考えが正しいことは電子回折の発見によって確かめられました.1927 年,デヴィソンとガーマーは電子線を Ni の単結晶にあて,表面上の原子からの散乱電子が干渉して,特定の方向で強め合うことを発見しました.ほぼ同時期に,G. P. トムソン(電子を発見した J.J. トムソンの息子)は,金,白金,アルミニウムなどの金属の薄膜を通過した高速の電子線が,X 線と同じようなデバイ–シェラー環を作ることを発見し (1928 年),菊池正士は単結晶の雲母の薄膜を通過した電子線の角度分布を研究し,結晶内で非弾性散乱された電子線のブラッグ反射に起因する種々の回折像を発見しました (1928 年).

電子の波動性から波動力学へ　粒子である電子も波動性をもつというド・ブロイの物質波理論に基づき,シュレーディンガーは位置エネルギー $V(\boldsymbol{r})$ のもとで運動する質量 m の電子の波が従うべき波動方程式を導きました (1926 年).運動量 $\boldsymbol{p}$ とエネルギー E の関係とド・ブロイの関係式から $E - V(\boldsymbol{r}) = p^2/2m = h^2/2m\lambda^2$ が成り立つことおよび,波長 λ の 3 次元空間の波動は,$\nabla^2 \psi(\boldsymbol{r}) = (2\pi/\lambda)^2 \psi(\boldsymbol{r})$ に従うことから,シュレーディンガー方程式

$$-\frac{\hbar}{2m}\nabla^2 \psi(\boldsymbol{r}) + V(\boldsymbol{r})\psi(\boldsymbol{r}) = E\psi(\boldsymbol{r})$$

が得られます.ここで,$\hbar = h/2\pi$ です.さらに,アインシュタインの関係式 $\nu = E/h$ を採り入れると,時間変化する波動は時間を含むシュレーディンガー方程式

$$i\hbar \frac{\partial \psi(\boldsymbol{r},t)}{\partial t} = -\frac{\hbar^2}{2m}\nabla^2 \psi(\boldsymbol{r},t) + V(\boldsymbol{r})\psi(\boldsymbol{r},t)$$

に従うことになります．複素数の $\psi(\boldsymbol{r}, t)$ は波動関数と呼ばれ，その絶対値の 2 乗 $|\psi(\boldsymbol{r}, t)|^2$ が時刻 t，位置 $\boldsymbol{r}$ に電子が見出される確率に比例すると解釈されます．

水素原子についてシュレーディンガー方程式を解くことによりボーアの原子模型を数学的に説明することができました．この方法は波動力学と呼ばれ，ハイゼンベルクらによって始められた行列力学（1925年）とならび，ミクロの世界を記述する量子力学のもう 1 つの定式化となっています．シュレーディンガーは両者が等価であることも示しました．

二重性の現れ方 電子のような「粒子」も「波動」である光と同様に波動性と粒子性を併せもつ，ということになりましたが，たとえば，二重スリットの実験において，光子や電子が干渉するとはどういうことでしょう？ 始めは，光源が強い場合は 2 つの道を通る複数の光子の間の相互作用の結果として干渉が起こると考えられましたが，非常に微弱な光源を用いても干渉縞が現れることが実験で確かめられていました（テイラー，1909 年）．微弱な光源では光子は 1 つずつスリットを通ったと考えなければならないのですが，それでも干渉縞が現れるのです．個々の粒子は 2 つのスリットのどちらか一方を通過したと考えられますが，個々の粒子を入射するときどちらか一方のスリットだけが開いているように細工をしたり，スリットに粒子の通過を検知するセンサーをつけたりすると，干渉縞は消えてしまいます．つまり，どの道を通ったかが分からないからこそ，粒子は別の道を通ったかもしれない自分自身（の分身）と干渉すると考えるべきなのです．

古典物理学では物理現象を観測するとき，観測による対象の乱れはいくらでも小さくできると考えますが，観測対象が光子や電子の

ようなミクロなものの場合には、観測による対象の乱れは無視できません。これは量子力学の基本原理である不確定性原理の1つの現れなのです。

巨大粒子の波動性 その後、シュテルンはヘリウム原子や水素分子のビームが結晶で反射して干渉縞を作ることを観測し、電子以外の物質粒子も波動性を示すことを実証しました (1929 年)。それではどんな粒子でも波動性を示すのでしょうか？

最近ではサッカーボールと通称される巨大分子フラーレン C_{60} (図 8.1) のビームの波動性が観測されています (1999 年)。くわしく紹介しましょう。図 8.2 のように、C_{60} を 900–1000 K に保ったオーブンから熱運動によりビームとして取り出し、幅 $10\,\mu m$ の 2 つのスリットで平行化したのち、マイク

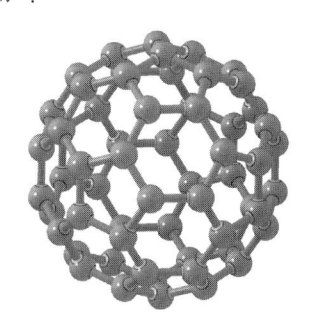

図 8.1 C_{60} 分子の構造

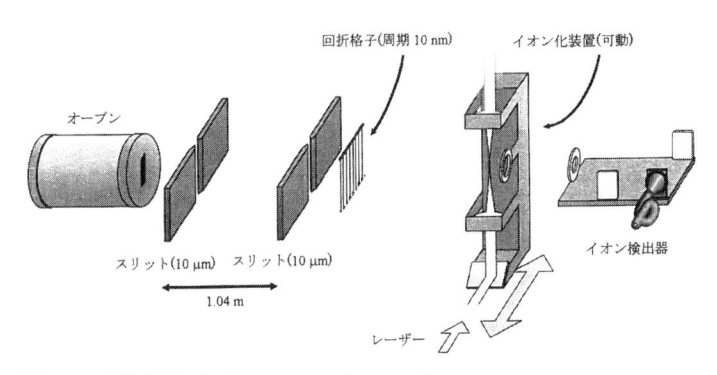

図 8.2 実験装置の概略。オーブンを出た中性の C_{60} 分子は、2 つのスリットで平行ビームとなり、回折格子を通過後、位置を走査できる細いレーザービームでイオン化したのち検出される。*Nature* **401**, 680, 1999 より。

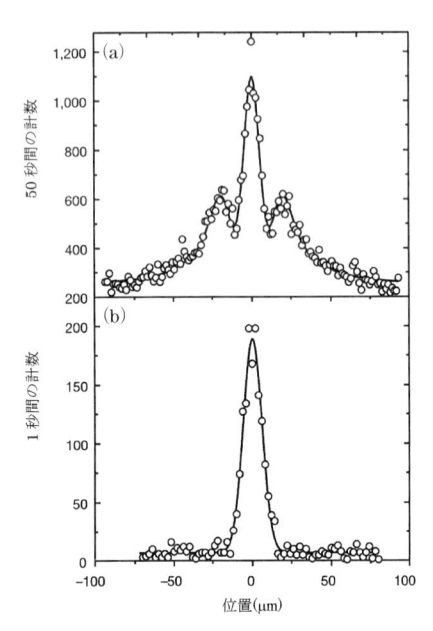

図 8.3 C_{60} 分子の到着位置分布．(a) 実験結果 (o) と理論計算（実線），(b) 回折格子なしの場合．*Nature* **401**, 680, 1999 より．

ロファブリケーションで作成された SiN_x 製の周期 100 nm, スリット幅 50 nm の透過型回折格子を通過させ，1.25 m 下流に生じた干渉縞を観測しました．

結果は図 8.3 のようになりました．曲線は回折格子のスリット幅のばらつきを 38 ± 18 nm として求めた理論曲線で，実験に合うスリット幅が実際の値 55 ± 5 nm に比べて小さいのは，スリットと C_{60} 分子の間に長距離力であるファン・デル・ワールス力が作用しているためと解釈されています．

質量数が 720，直径 100 nm の C_{60} 分子の平均速度は 220 m/s, 対応するド・ブロイ波長は 2.5 pm で，分子自身の大きさの 400 分の 1 です．このように，粒子の大きさに比べ，きわめて小さなド・ブロイ波長をもつ粒子も波動性を示すことが知られています．

結晶運動量と擬光子/回折現象と結晶運動量

X線・電子線の回折にともなう運動量の変化　結晶による X 線の回折を発見したラウエは，回折が起こる条件（ラウエ条件）を

$$s - s_0 = \frac{n\lambda}{d} e$$

と表しました．ここで，e：反射面（原子面，原子が並んだ平面）の法線を表す単位ベクトル，d：反射面（原子面）の間隔，s_0, s：入射波，反射波の進む方向を表す単位ベクトル，nは整数です．この式の両辺と法線ベクトルeとの内積を作ると，$s \cdot e = -s_0 \cdot e = \sin\theta$から，ブラッグ父子（1913 年）や寺田寅彦（1913 年）によるブラッグの公式 $2d\sin\theta = n\lambda$ と同等であることが分かります（図 8.4）．ただし，θは原子面と入射方向，反射方向のなす角でブラッグ角（入射角，反射角とは余角の関係）と呼ばれます．

入射波と反射波の波長は等しく，運動量の大きさは $p = h/\lambda$ ですからその運動量ベクトルは $p_0 = ps_0, p = ps$ となります．

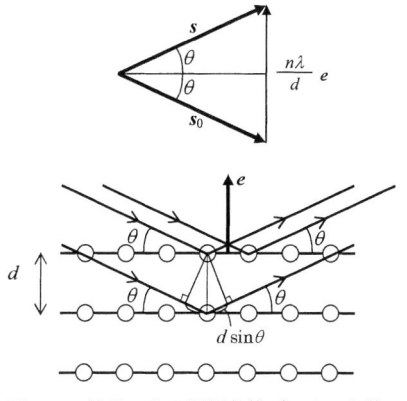

図 8.4　結晶による回折条件（ラウエ条件とブラッグの公式の関係）

ラウエ条件から，反射の前後で波の（粒子の）運動量ベクトルは

$$P = p - p_0 = p(s - s_0) = \frac{h}{\lambda}\frac{n\lambda}{d} e = \frac{nh}{d} e$$

だけ変化します．言い換えると，単位ベクトルeの方向に周期dでくり返す構造は $P = nhe/d$ の運動量を波とやり取りします．これを「結晶運動量」といいます．結晶による回折とは，運動量 p_0 の入射波（粒子）が結晶から結晶運動量 P を受け取り，運動量 $p = p_0 + P$ の反射波（粒子）となる過程ということができます．

Lecture 8　ニュートンは正しかった？ —— 171

擬光子によるイオンの励起/結晶中の周期性によるイオンの励起　結晶中には原子が3次元的に周期的に並んでいます．結晶による回折では，等間隔 d で周期的に並んだ原子面を考えました（図8.4）．いま，この原子面と角 θ をなす方向に速度 v で結晶内を運動するイオンを考えましょう．イオンは並んだ原子面を時間間隔 $T = d/v\sin\theta$ で次々に通過し，結晶原子の作る周期的静電場を振動数 $\nu = 1/T = v\sin\theta/d$ の振動電場と感じます．この振動数あるいはその高調波（倍振動）の振動数 $n\nu$ とアインシュタインの関係式で結ばれるエネルギー $nh\nu$ がイオンの励起エネルギー（基底状態と励起状態のエネルギー差）ΔE と一致して，$\Delta E = nh\nu$ が成り立つと，イオンはエネルギー $nh\nu$ の（本物の）光子を吸収したときと同様に励起されます．これを「コヒーレント共鳴励起」(resonant coherent excitation, RCE) といいます．その条件は，速度 v が光速 c に近い（相対論的速度）場合には，イオンから見た結晶がローレンツ収縮することも考慮すると，

$$\Delta E = nh\nu = \frac{\gamma nh\nu}{d}\sin\theta = -\frac{\gamma nh}{d}\boldsymbol{v}\cdot\boldsymbol{e}$$

となります．ここで $\boldsymbol{v}$ は速度ベクトル，$\gamma = 1/\sqrt{1-v^2/c^2}$ はローレンツ因子です．

　実際にイオンビームを結晶に，この条件を満たすような速度ベクトルで入射するとイオンに束縛された電子が RCE により励起されます．励起された電子は基底状態の電子より束縛エネルギーが小さく，結晶中の電子との衝突で電離されやすいので，電離される割合の変化として，あるいは，励起状態から元の基底状態に戻るときに放出される（本物の）光子を測定することによって RCE が起こったことを検出できます．

　図8.5は RCE の実験装置の略図です．エネルギー $15.6\,\mathrm{GeV}$（光

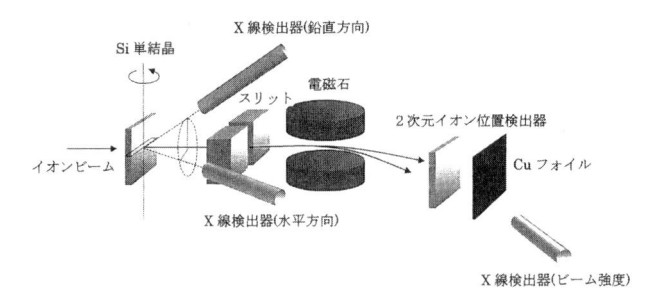

図 8.5 実験装置の概略．光速の約 70％に加速されたイオンは精密に角度を変えられる装置に取り付けられた，厚さ $1\,\mu\mathrm{m}$ の Si 単結晶を通過後，電磁石で電荷に応じた角度だけ曲げられ，2 次元イオン位置検出器で，1 個ずつ検出される．結晶のそばの 2 つの X 線検出器は励起されたイオンから放出される X 線を検出する．最下流の Cu フォイルと X 線検出器はイオンビームの強度測定に用いる．

速の 70％の速度）に加速し，平行化した Ar^{17+} イオン（電子を 1 個だけもっている）を厚さ $1\,\mu\mathrm{m}$ のシリコン単結晶に入射し，通過後のイオンを磁場中を通すとその電荷の違いによって異なる方向に曲げられます．これを下流の検出器で捕らえて，電子を剥ぎ取られた Ar^{18+} イオンと生き残った Ar^{17+} イオンの割合を検出したり，結晶のそばにおいた X 線検出器で，励起された Ar^{17+} イオンからの X 線を検出します．

図 8.6 は電子をもったまま透過した割合（生き残り率）を，結晶を回転させながら測定したものです．生き残り率が特定の方向で減少していますが，これはイオンの電子が $n=1$ の基底状態 (1s) から，2 つの $n=2$ の状態，$2\mathrm{p}_{1/2}(\Delta E = 3318.2\,\mathrm{eV})$ および $2\mathrm{p}_{3/2}(\Delta E = 3323.0\,\mathrm{eV})$ へ，それぞれ，指数 m で区別される 3 種類の（e/d が異なる）原子面を横切るときの振動電場で励起されたことを表しています．図中のエネルギー目盛りは $m=0$ の振動電場に対応する励起

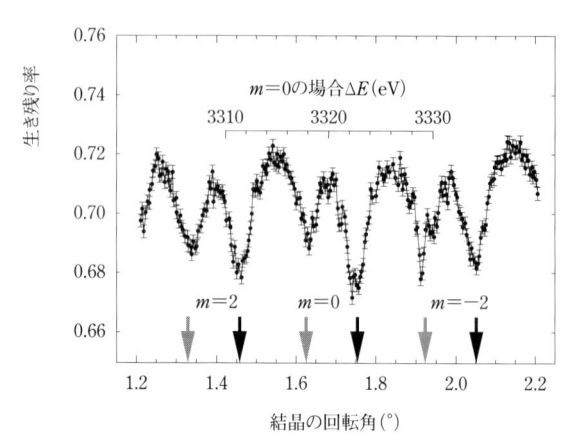

図 8.6 電子をもったまま透過した割合（生き残り率）と結晶の回転角との関係．指数 $m = 2, 0, -2$ で区別される 3 種類の向きの異なる原子面を横切ることにより，電子が 1s 状態から $2p_{1/2}$（薄い矢印）と $2p_{3/2}$（濃い矢印）の 2 つの $n = 2$ 状態へ励起され，生き残り率が減少した．図中のエネルギー目盛は $m = 0$ の原子面を横切るときの励起エネルギーを表す．

エネルギーです．

イオンの励起エネルギーはどこから来たか？ イオンが（本物の）光子を吸収して励起されるときはイオンの励起エネルギーは光子のエネルギーから供給されます．コヒーレント共鳴励起ではイオンの励起エネルギーはどこから来るのでしょうか？ このエネルギーはイオンの運動エネルギーでまかなうほかありません．

イオンが励起される（静止質量が $\Delta E/c^2$ だけ増える）とき，イオンは $\boldsymbol{P}$ の運動量を結晶から受け取り，その分だけ運動エネルギーが変化（減少）するとして，相対論的なエネルギー保存を考えましょう．励起の前後のイオンの運動量を $\boldsymbol{p}$ および $\boldsymbol{p}' = \boldsymbol{p} + \boldsymbol{P}$，イオンの質量を m および $m' = m + \Delta E/c^2$ とすると，結晶の質量はきわ

めて大きいので，運動量 $\boldsymbol{P}$ をもらったときの運動エネルギーの変化は無視できるので，エネルギー（の 2 乗）の保存法則は，

$$
\begin{aligned}
m^2c^4 + c^2p^2 &= m'^2c^4 + c^2p'^2 = (mc^2 + \Delta E)^2 + c^2(\boldsymbol{p}+\boldsymbol{P})^2 \\
&= m^2c^4 + 2mc^2\Delta E + \Delta E^2 + c^2p^2 + 2c^2\boldsymbol{p}\cdot\boldsymbol{P} + c^2P^2 \\
&= m^2c^4 + c^2p^2 + (m+m')c^2\Delta E + c^2(\boldsymbol{p}+\boldsymbol{p}')\cdot\boldsymbol{P}
\end{aligned}
$$

となります．イオンの速度は厳密には，励起の前後で変化しますが，励起前後のイオンの平均速度 $\boldsymbol{v}$ を

$$
\boldsymbol{v} = \frac{c(\boldsymbol{p}+\boldsymbol{p}')}{\sqrt{(\boldsymbol{p}+\boldsymbol{p}')^2 + (m+m')^2c^2}}
$$

と定義しますと，$\Delta E = -\gamma \boldsymbol{v}\cdot\boldsymbol{P}$ が得られます．

これと RCE 条件 $\Delta E = -(\gamma nh/d)\boldsymbol{v}\cdot\boldsymbol{e}$ を見比べると，

$$
\boldsymbol{P} = \frac{nh}{d}\boldsymbol{e}
$$

であることが分かります．これは，回折において結晶と波動がやり取りする結晶運動量そのものです．つまり，RCE は，回折の前後で粒子の運動量（波動の波長）が変化する「非弾性回折」であることになります．

ふつう，回折現象では入射波と異なる方向に波が出て行くのが観測されますが，図 8.6 の実験では，イオンの運動エネルギーは $15.6\,\text{GeV}$ で，ド・ブロイ波長は $1.7\times 10^{-17}\,\text{m}$ であり，周期 $10^{-10}\,\text{m}$ 程度の結晶でのブラッグ角は 10^{-7} ラジアンとなり，$10\,\text{km}$ 進んで $1\,\text{mm}$ ずれるくらいの微小なもので，通常の方法では観測できません．しかし，内部状態の変化（この場合は束縛された電子の励起）を検出することによって回折が起こったことが観測できたのです．

結晶原子の作る静電場は，結晶に固定された座標系では，イオンに結晶運動量 $\boldsymbol{P}$ だけを与えるように見えますが，これを速度 $\boldsymbol{v}$ の

イオン（とともに運動する座標系）から見ると，$\boldsymbol{P}$ がローレンツ変換され，運動量 $\boldsymbol{P}'$（速度 $\boldsymbol{v}$ に平行な成分：$P'_{\parallel} = \gamma P_{\parallel}$，垂直な成分：$\boldsymbol{P}_{\perp}' = \boldsymbol{P}_{\perp}$）とともにエネルギー $\Delta E = -\gamma \boldsymbol{v} \cdot \boldsymbol{P} = -\boldsymbol{v} \cdot \boldsymbol{P}'$ をもった「光子」をイオンが吸収したように見えます．これを「擬光子」と呼びます．擬光子では本物の光子と違って $\Delta E = c|\boldsymbol{P}'|$ は成り立ちません．

講義のまとめ

アインシュタインの関係式 $E = h\nu$ は時間的にくり返す振動数とエネルギーの比例関係を表し，ド・ブロイの関係式 $\boldsymbol{p} = h\boldsymbol{k}$ は空間的にくり返す波長の逆数（波数）と運動量の比例関係を表します．RCE の説明からも分かるように，空間的に周期的な，時間変化しない構造を運動する座標系から見ると，時間的な振動を感じます．つまり，空間的振動と時間的振動は座標変換によって相互に移り変わります．これはアインシュタインの特殊相対論では，運動量ベクトルとエネルギーは 4 元ベクトルを構成し，ローレンツ変換に従い相互に移り変わるのと同様に，波数ベクトルと振動数が 4 元ベクトルを構成していることを表しており，この 2 つの関係式は，1 つの 4 元ベクトル関係式の時間成分と空間成分なのです．

歴史をたどって見ると科学的な大発見は 1 人の大天才が無から有を産むようにして成し遂げられた訳ではなく，それまでに多くの人の貢献が積み重ねられていることが分かります．ここで取り上げたアインシュタインの光量子仮説も空洞（黒体）放射に関する実験事実と理論，レーナルトらによる光電効果の実験データの蓄積の上に築かれたものです．ド・ブロイの物質波理論も，アインシュタインからコンプトンに至る一連の貢献により光の 2 重性が疑いようのないものとなったところでの発想の大転換でした．もちろん，だから

と言って，それぞれの時期にこれらの大発見を成し遂げたことの偉大さを削ごうというのではありません．

　アインシュタインとド・ブロイの得たプランク定数を含んだ2つの関係式は，量子力学の建設に非常に大きな貢献をしました．しかしながら，アインシュタイン自身は量子力学に懐疑的で，それゆえに，ボーアとの論争を通じて量子力学の理論的弱点の克服にも大きな貢献をしたのは皮肉なことです．もう1つ，光電効果の実験データ蓄積に貢献したレーナルトが熱心なナチス信奉者でアインシュタインを攻撃したのも皮肉なめぐり合わせです．

　最後に，空間・時間の周期性は運動量とエネルギーに関係している，ということの例として，結晶の空間について周期的な静電場が，結晶に入射した粒子や波動と運動量やエネルギーをやり取りすることを，最新の実験データを用いて解説しました．

> 180
>
> ### 9. Die Plancksche Theorie der Strahlung und die Theorie der spezifischen Wärme;
> #### von A. Einstein.
>
> In zwei früheren Arbeiten[1]) habe ich gezeigt, daß die Interpretation des Energieverteilungsgesetzes der schwarzen Strahlung im Sinne der Boltzmannschen Theorie des zweiten Hauptsatzes uns zu einer neuen Auffassung der Phänomene der Lichtemission und Lichtabsorption führt, die zwar noch keineswegs den Charakter einer vollständigen Theorie besitzt, die aber insofern bemerkenswert ist, als sie das Verständnis einer Reihe von Gesetzmäßigkeiten erleichtert. In der vorliegenden Arbeit soll nun dargetan werden, daß die Theorie der Strahlung — und zwar speziell die Plancksche Theorie — zu einer Modifikation der molekular-kinetischen Theorie der Wärme führt, durch welche einige Schwierigkeiten beseitigt werden, die bisher der Durchführung jener Theorie im Wege standen. Auch wird sich ein gewisser Zusammenhang zwischen dem thermischen und optischen Verhalten fester Körper ergeben.
>
> Wir wollen zuerst eine Herleitung der mittleren Energie des Planckschen Resonators geben, die dessen Beziehung zur Molekularmechanik klar erkennen läßt.
>
> Wir benutzen hierzu einige Resultate der allgemeinen molekularen Theorie der Wärme.[2]) Es sei der Zustand eines Systems im Sinne der molekularen Theorie vollkommen bestimmt durch die (sehr vielen) Variabeln $P_1, P_2 \ldots P_n$. Der Verlauf der molekularen Prozesse geschehe nach den Gleichungen
>
> $$\frac{dP_\nu}{dt} = \Phi_\nu(P_1, P_2 \ldots P_n) \quad (\nu = 1, 2 \ldots, n)$$
>
> und es gelte für alle Werte der P_ν die Beziehung
>
> (1) $$\sum \frac{\partial \Phi_\nu}{\partial P_\nu} = 0 \,.$$
>
> ────────
> 1) A. Einstein, Ann. d. Phys. **17**. p. 132. 1905 u. **20**. p. 199. 1905.

「輻射のプランク理論と比熱の理論」
Ann. Phys. **22**, 180, 1907.

Lecture **9**

統計性がもたらす驚異
量子統計と固体物性

吉岡大二郎

今回の講義では量子統計と固体物性という話をしますが，聞き慣れない言葉で，何のことか分からないという人が多いでしょう．でも，ボース–アインシュタイン凝縮という言葉はどこかで聞いたことがあるかもしれませんね．この言葉に出てくるボースというのはインドの物理学者です．アインシュタインが光量子仮説で，光は粒子であると主張したのに対して，ボースはこの光の粒子がもつ一般的な性質を提唱し，それがボース–アインシュタイン統計と呼ばれるようになりました．その後，この性質は光に限らず，ある種の粒子に共通の性質であること，これとは違うフェルミ–ディラック統計という性質をもつ粒子もあることなどがわかってきて，これにより，普通の大きさの固体のような，巨視的な数の原子からできている物体の性質が見事に説明できるようになりました．なお，ボース–アインシュタイン凝縮はボース–アインシュタイン統計に従う粒子集団が低温で起こす現象です．今回はこの粒子がもつ統計という性質と，それによって何が明らかにされてきたのかということについて，簡単な例を用いて説明していくことになります．

光量子仮説

　アインシュタインの光量子仮説についてはすでに前の講義 (Lecture 4, 8) で説明がありました．簡単に振り返ると，19 世紀終わりから 20 世紀の初めにかけて，光に関する 2 つの謎があり，物理学による解明を待っていたわけです．1 つは物体を高温にすると赤くなり，さらに高温にすると白熱してくるという現象です．温度が高くなるに従って，より波長が短く，振動数の高い光の波が物体から出てくるのですが，それについて，きちんとした理論的な説明がなかった．プランクが実験をうまく再現する公式を提唱していたのですが，それは光が粒子であることに基づいたものではありませんで

した．ちなみに，プランクの式というのは，物体の温度を T とすると，振動数が ν と $\nu + \mathrm{d}\nu$ の間の値をもつ光の強さ $u(\nu)\mathrm{d}\nu$ が

$$u(\nu)\mathrm{d}\nu = \frac{2\pi h \nu^3}{c^2} \frac{1}{\mathrm{e}^{h\nu/k_\mathrm{B}T} - 1} \mathrm{d}\nu \tag{9.1}$$

になるというもので，$k_\mathrm{B} = 1.3806505(24) \times 10^{-23}$ J/K はボルツマン定数，$h = 6.6260693(11) \times 10^{-34}$ Js はここでプランクが導入したプランク定数です．

　もう1つの謎は光電効果という現象で，金属に光をあてると表面から電子が飛び出してきますが，光を明るくして，金属に与えるエネルギーを増やしても，出てくる電子の運動エネルギーは変化せずに，電子の数だけが増えてくるというものです．これは，光が波だとすると理解できないのです．

　これに対して，アインシュタインは，光は粒子であり，振動数 ν の光は $h\nu$ のエネルギーの光量子の集まりであると提唱し，これによりプランクの式が理解でき，光電効果も説明できる，ということを示しました．これから，どうすれば光量子仮説からプランクの式が出るのか，ということを説明しながら，量子統計や固体物性を理解していくことにします．

統計物理学：カノニカル分布

　普通の大きさの物体はきわめて多数の原子・分子からできています．たとえば $1\,\ell$ の水は約 55 mol の水分子からできていて，分子の数は約 3.3×10^{25} 個です．また，1個の光子（光量子は現在では光子と呼ばれます）のエネルギーは $h\nu$ なので，出力 1 mW のレーザーポインターから1秒間に出る光子の数は，波長 650 nm の赤い光の場合には約 3.3×10^{15} 個です．このように多数の粒子の集団の性質を調べるときには，個々の粒子の運動を全部明らかにすることは不

可能ですから，集団がどのように振る舞うかを記述する熱力学と統計物理学を用いなければなりません．これらの学問の基本は別のところで学ぶことにして，ここでは統計物理学で得られるカノニカル分布に基づいて話を進めることにします．カノニカル分布というのは，対象として見ている物体がいろいろな状態をとるときの確率を与えるものです．対象として1個の粒子を考えましょう．この粒子が温度 T の環境中にあるときに，粒子がエネルギー E の状態に見つかる確率 $P(E)$ はカノニカル分布によれば

$$P(E) = \frac{1}{Z} e^{-\beta E}, \quad \beta = \frac{1}{k_\mathrm{B} T} \tag{9.2}$$

となります．ここで k_B はすでに述べたボルツマン定数ですが，これは気体定数 $R \simeq 8.13\,\mathrm{J/mol\,K}$ をアヴォガドロ数 $N_\mathrm{A} \simeq 6.02 \times 10^{23}\,\mathrm{mol}^{-1}$ で割ったものということもできます．また，状態和とか分配関数と呼ばれる Z はこの粒子がとりうるすべての状態についての確率の和が1になるように決めるものです．

理想気体の分子にこの法則を適用してみましょう．分子のエネルギー E は質量を m，速さを v，高度を z とすると

$$E = \frac{m}{2} v^2 + mgz \tag{9.3}$$

ですから，高度 z に速さ v の分子を見つける確率は

$$P(v, z) = \frac{1}{Z} \exp\left[-\beta \left(\frac{1}{2} m v^2 + mgz\right)\right] \tag{9.4}$$

です．この式で高度による気体の密度の変化を調べることができます．海抜 $0\,\mathrm{m}$ と富士山頂の標高 $3776\,\mathrm{m}$ で O_2 分子を見つける確率の比を調べましょう．同じ運動エネルギーの分子を比べると，確率の比は速度によらずに $e^{-\beta mgz}$ ですから，$z = 3776\,\mathrm{m}$, $m = 5.33 \times 10^{-26}\,\mathrm{kg}$, $g = 9.8\,\mathrm{m/s^2}$, $T = 300\,\mathrm{K}$ を代入して，

$$\mathrm{e}^{-\beta mgz} = \mathrm{e}^{-0.476} = 0.62 \qquad (9.5)$$

が得られます．この結果は実際に山に登ると酸素が薄くなることとして確かめられています．

こんどは，この法則を光子に対して使ってみましょう．光を通さない壁で完全に囲われた空っぽの領域（空洞）を考えてください．壁の温度が普通であれば，光が入らないので，中は真っ暗のはずです．壁の温度を上げていくと，壁からは赤外線が放射され，もし中に人がいれば，その人は熱さを感じてきます．早く逃げ出さなければなりません．摂氏1000度程度に壁が熱くなると，壁は赤熱してきて，6000度では白熱してくるでしょう．このときの空洞内の光子の数をカノニカル分布で決めることができます．

すでに述べたように振動数 ν の1個の光子のエネルギーは $h\nu$ です．したがって，この1個の光が温度 T の壁の中に見つかる確率は，$\beta = 1/k_\mathrm{B} T$ として

$$P_1(\nu, T) = \frac{1}{Z} \mathrm{e}^{-\beta h\nu}, \qquad (9.6)$$

同じ振動数の光が n 個ある確率は

$$P_n(\nu, T) = \frac{1}{Z} \mathrm{e}^{-\beta n h\nu} = \frac{1}{Z} \left(\mathrm{e}^{-\beta h\nu} \right)^n \qquad (9.7)$$

です．光子の数は $n = 0, 1, 2, 3, \cdots, \infty$ が可能ですから，すべての可能性の確率の和が1になるように Z を決めると，

$$\sum_{n=0}^{\infty} P_n(\nu, T) = \frac{1}{Z} \sum_{n=0}^{\infty} \left(\mathrm{e}^{-\beta h\nu} \right)^n = \frac{1}{Z} \frac{1}{1 - \mathrm{e}^{-\beta h\nu}} = 1. \qquad (9.8)$$

これから $Z = (1 - \mathrm{e}^{-\beta h\nu})^{-1}$ と決まります．このようにして求めた確率で光子数 n の期待値 $\langle n \rangle$ を計算すると，

$$\langle n \rangle = \sum_{n=0}^{\infty} n P_n(\nu, T) = \frac{1}{Z} \sum_{n=0}^{\infty} n \left(e^{-\beta h\nu} \right)^n$$
$$= \frac{1}{Z} \frac{e^{-\beta h\nu}}{(1 - e^{-\beta h\nu})^2} = \frac{e^{-\beta h\nu}}{1 - e^{-\beta h\nu}} = \frac{1}{e^{\beta h\nu} - 1} \quad (9.9)$$

となります.また,この振動数の光のエネルギーの期待値 U_ν は

$$U_\nu = \langle n \rangle h\nu = \frac{h\nu}{e^{\beta h\nu} - 1} \quad (9.10)$$

です.空洞内にはあらゆる振動数の光がこの ν と温度で決まる期待値で存在しています.ここで壁に小さな穴を開けると中の光が漏れだしてきます.このときの光の強さの振動数依存性を計算すると,初めに述べたプランクが発見した式 (9.1) と一致します.このようにして光量子仮説と統計物理学を結びつけることにより,プランクの式の起源を解明したのがアインシュタインなのです.

固体の比熱

ここで話は一見大きく変わって,固体を舞台にした話になります.19 世紀の初め頃までにはいろいろな固体の比熱が測定され,興味深いことが明らかになりました.室温での普通の固体のモル比熱は $C \simeq 3 N_A k_B \simeq 25\,\mathrm{J/mol\,K} \simeq 5.94\,\mathrm{cal/mol\,K}$ であるというものです.これは 1819 年にデュロン – プティの法則として確立しました.ところが,その後の研究で,固体の中にはこれに従わない物があることが分かってきたのです.代表的な物はダイヤモンドで,室温では $C \simeq 6\,\mathrm{J/mol\,K}$ と測定されました.

アインシュタインはこのダイヤモンドの比熱の異常がプランクの式を導き出したのと同じ考えで理解できることを明らかにしました.光と固体,こんなに違うものがどのようにして一緒になるのでしょ

うか？　その鍵は振動にあります．振動数 ν の光の波はエネルギー $h\nu$ の光子の集まりであり，温度 T のもとでエネルギー $U_\nu = \langle n \rangle h\nu$ をもつことはすでに明らかにしました．比熱は温度を 1 K 上昇させるのに必要なエネルギーですから，光の波も有限の比熱をもっているし，空洞には光の形でエネルギーが蓄えられています．それでは，固体の中にはどのような形でエネルギーが蓄えられているのでしょうか．それが分かれば比熱も分かることになります．アインシュタインは固体中のエネルギーは原子の振動として蓄えられると，正しく推測しました．原子は固体中で振動するはずであり，その振動数を ν とすると，振動の様子は光の場合と同じく $h\nu$ のエネルギーの粒子の集まりで記述できるのではないかと考えたのです．この考えに基づき，実際の固体を単純化した模型が 1907 年に公表されました．このアインシュタインによる模型では固体中にある N 個の原子はそれぞれ独立に振動数 ν で振動しているとします．1 つの原子の熱振動のエネルギーは光のときと同じく $\langle n \rangle h\nu$ とします．ここで式 (9.9) より

$$\langle n \rangle = \frac{1}{\mathrm{e}^{\beta h\nu} - 1}, \quad \beta = \frac{1}{k_\mathrm{B} T} \tag{9.11}$$

です．原子の振動は x, y, z の 3 方向に独立にできますから，全エネルギーは

$$U = 3N\langle n \rangle h\nu = 3\frac{Nh\nu}{\mathrm{e}^{\beta h\nu} - 1}, \tag{9.12}$$

比熱は

$$C = \frac{\mathrm{d}}{\mathrm{d}T}U = \frac{3Nh\nu}{(\mathrm{e}^{\beta h\nu} - 1)^2}\left(\frac{h\nu}{k_\mathrm{B} T^2}\right)\mathrm{e}^{\beta h\nu} \tag{9.13}$$

となります．比熱の温度依存性を図 9.1 に示します．

式と図で温度依存性を見てみましょう．高温の場合は $k_\mathrm{B} T \gg h\nu$ が成り立ち，$\mathrm{e}^{\beta h\nu} \simeq 1 + \beta h\nu$，$\langle n \rangle = 1/(\mathrm{e}^{\beta h\nu} - 1) \simeq k_\mathrm{B} T/h\nu$ ですから，エネルギーは $U = 3Nh\nu\langle n \rangle = 3Nk_\mathrm{B} T$，1 mol（$N_\mathrm{A}$ 個）あたり

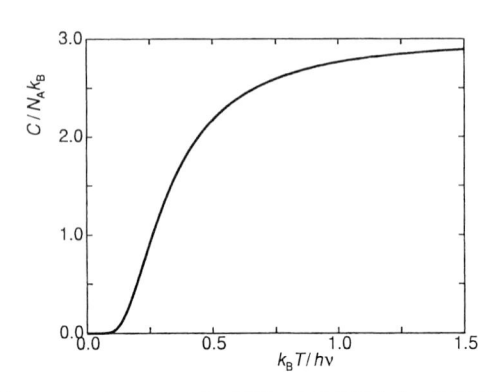

図 9.1 アインシュタイン模型による固体比熱の温度変化

の比熱は $C=3N_{\mathrm{A}}k_{\mathrm{B}}$ でデュロン – プティの法則が出てきます．一方，温度が下がり，$k_{\mathrm{B}}T \ll h\nu$ となると，$\langle n \rangle \simeq \mathrm{e}^{-h\nu/k_{\mathrm{B}}T} \simeq 0$ ですから，比熱はゼロに近づきます．温度が高いか低いかは原子の振動数 ν によって変わります．普通の固体ではデュロン – プティの法則が成り立っているので，$k_{\mathrm{B}}T \gg h\nu$ のはずです．一方ダイヤモンドでは $k_{\mathrm{B}}T \gg h\nu$ が成り立たないので小さい比熱をもつのだと考えることができます．原子の振動は，原子間の結合力がバネとして働く単振動と考えられます．このとき，バネ定数が k，原子の質量が m であれば，振動数は $\nu=\sqrt{k/m}/2\pi$ です．ダイヤモンドは炭素という軽い原子からできています．また，ダイヤモンドは一番硬い物質なので，原子間の結合（共有結合）はとても強く，k が大きいことが期待できます．このことは，普通の固体に比べて ν が大きいことを意味します．これで室温での比熱は小さいということが自然と理解できました．ダイヤモンドの比熱は温度が高くなると大きくなります．アインシュタインの論文では室温での比熱から ν を決めると，高温での温度変化がうまく説明できることも示されています．

この理論によれば，温度を下げると，普通の物質でも比熱は小さ

くなることが，当然予測されます．この予測も実験で確かめられましたが，比熱がゼロに近づく様子はこのアインシュタイン模型ではうまく説明できないことも明らかにされています．この問題は1912年に原子の振動を連成振動ととらえるデバイ模型により解決されました．原子の連成振動は固体中を伝わる波でもあります．振動数が低い場合にはこれは固体中を伝わる音波ですし，金属などを叩いたときにカーンと鳴るのは，この音波が固体中で定在波になるからです．したがって，音波と光波はともに波でもあり，粒子でもあり，粒子として統計物理学で取り扱うと，固体の比熱が説明でき，また，空洞からの光（空洞放射）も説明できるということが分かりました．

ド・ブロイの物質波

それではもともと粒子である原子や，電子を統計物理学で扱うとどうなるでしょう？　すでに，気体中の分子については高度による密度の変化を調べましたが，実は，電子や原子を正しく統計物理学で取り扱うには，粒子が波の性質をもっていることをきちんと取り入れないといけないということが20世紀の初めから次第に明らかにされてきました．小牧先生の講義 (Lecture 8) で述べられたように，1923年にド・ブロイは粒子が波として振る舞うことを主張しました．1926年にはシュレーディンガーがこの波が従うべき方程式，シュレーディンガー方程式を提唱しています．これによって，ミクロな世界の粒子を正しく取り扱う量子力学の建設が始まりました．量子力学では運動量 $\boldsymbol{p}$，エネルギー E の粒子は波数 $\boldsymbol{k}$，振動数 ν の波としても振る舞い，その間には

$$\boldsymbol{p} = \hbar \boldsymbol{k}, \tag{9.14}$$

$$E = h\nu = \hbar \omega \tag{9.15}$$

の関係があることになります．ここで，$\hbar = h/2\pi$, $\omega = 2\pi\nu$ は角振動数です．この波は

$$\psi_{\boldsymbol{k}}(\boldsymbol{r},t) = A\exp\left[\frac{\mathrm{i}}{\hbar}(\boldsymbol{p}\cdot\boldsymbol{r}-Et)\right] = A\exp\left[\mathrm{i}(\boldsymbol{k}\cdot\boldsymbol{r}-\omega t)\right]$$
$$= A\left[\cos(\boldsymbol{k}\cdot\boldsymbol{r}-\omega t)+\mathrm{i}\sin(\boldsymbol{k}\cdot\boldsymbol{r}-\omega t)\right] \qquad (9.16)$$

と表され，$\psi_{\boldsymbol{k}}$ など波を表す関数は波動関数と呼ばれます．この粒子にともなう波がもつ意味は，位置 $\boldsymbol{r}$ の回りの微小体積 $\mathrm{d}V$ に粒子を見つける確率が波の強さ $|\psi_{\boldsymbol{k}}(\boldsymbol{r},t)|^2\mathrm{d}V$ に比例するということです．粒子は必ず1個の小さな粒として見つかりますが，その捕捉確率は波として広がることができるのです．式 (9.16) の運動量が決まった波の場合には，確率は $|\psi_{\boldsymbol{k}}(\boldsymbol{r},t)|^2 = |A|^2$ で，位置によらなくなるので，見つける確率はどこでも同じですが，たとえば水素原子の電子の波は 1s 軌道と呼ばれる状態の場合

$$\psi_{1s}(\boldsymbol{r},t) = C\exp\left(-\frac{r}{a_{\mathrm{B}}}-\mathrm{i}\frac{E}{\hbar}t\right) \qquad (9.17)$$

であり，図 9.2 に示すように原子核の位置 $r = 0$ の回りで確率 $|\psi_{1s}|^2$ が大きくなっています．これはとりもなおさず，電子が水素の原子核に束縛され，中性の水素原子ができていることを表しています．なお，$a_{\mathrm{B}} \simeq 0.05\,\mathrm{nm}$ はボーア半径と呼ばれる量で，電子の波の広がり，すなわち，水素原子の大きさの目安を与える量です．

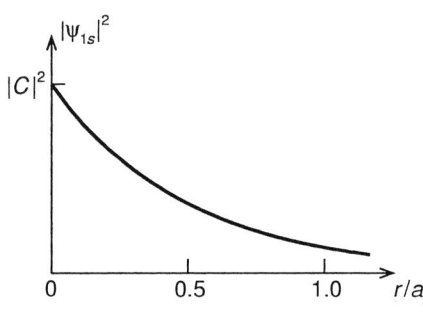

図 9.2 水素原子中の電子の波動関数．1s 軌道の場合

多粒子の波動関数

波動関数の絶対値の 2 乗が粒子を見つける確率を与えるということから，粒子が多数ある場合の波動関数におもしろい性質が出てきます．これから明らかにするその性質は，多数の粒子の集団を統計物理学で扱うときに重要な役割を果たし，たとえば金属の性質を理解するのに重要です．まず，簡単な例として電子が 2 つある場合を考えましょう．2 電子の波動関数は一般に $\psi(\bm{r}_1, \bm{r}_2)$ と書かれます．ここで i 番目の電子座標を $\bm{r}_i (i=1,2)$ と書きました．$|\psi(\bm{r}_1, \bm{r}_2)|^2 \mathrm{d}V_1 \mathrm{d}V_2$ は電子 1 を $\bm{r}_1$，電子 2 を $\bm{r}_2$ に見つける確率を表します．ところで，2 つの電子は別のものとして見分けることができませんから，電子 1 を $\bm{r}_2$，電子 2 を $\bm{r}_1$ に見つける確率もこれと等しいはずです，つまり，$|\psi(\bm{r}_1, \bm{r}_2)|^2 = |\psi(\bm{r}_2, \bm{r}_1)|^2$ でなければなりません．これから，一般的な可能性として

$$\psi(\bm{r}_1, \bm{r}_2) = \mathrm{e}^{\mathrm{i}\phi} \psi(\bm{r}_2, \bm{r}_1) \tag{9.18}$$

が導かれます．$|\mathrm{e}^{\mathrm{i}\phi}|^2 = \cos^2 \phi + \sin^2 \phi = 1$ ですから，この

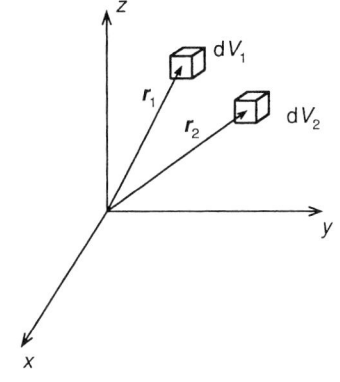

図 **9.3** 2 電子の量子力学．$\bm{r}_1$ と $\bm{r}_2$ の近くに 1 個ずつ電子を見つける確率は $|\psi(\bm{r}_1, \bm{r}_2)|^2 \mathrm{d}V_1 \mathrm{d}V_2$ で与えられる．

ような因子がかかってもよいのです．これは 2 電子の波動関数で，2 つの電子座標を入れ替えるとどうなるかを示す式ですが，もう 1 回入れ替えるとどうなるでしょうか？ $\psi(\bm{r}_2, \bm{r}_1) = \mathrm{e}^{\mathrm{i}\phi} \psi(\bm{r}_1, \bm{r}_2)$ のはずですから，これを式 (9.18) に代入して，$\psi(\bm{r}_1, \bm{r}_2) = \mathrm{e}^{2\mathrm{i}\phi} \psi(\bm{r}_1, \bm{r}_2)$，

つまり，$e^{2i\phi} = 1$，$e^{i\phi} = \pm 1$ が導かれます．2粒子の波動方程式はこのような性質をもたなければなりません．また，より一般的に，N 個の粒子の波動関数は任意の2粒子の入れ替えに対して

$$\psi(\bm{r}_1, \bm{r}_2, \bm{r}_3, \cdots, \bm{r}_N) = \pm \psi(\bm{r}_2, \bm{r}_1, \bm{r}_3, \cdots, \bm{r}_N) \tag{9.19}$$

という性質をもたなければなりません．それでは，この±はどちらでもよいのでしょうか？　実は，この符号は粒子によって決まってしまっているのです．

フェルミ－ディラック統計

電子の場合にはこの符号はマイナスに決まっています．メンデレーエフの周期表は原子の性質が原子番号に依存し，同じような性質が周期的にくり返されることを示していますが，これは原子番号が増えるにつれて，電子がより多くの原子軌道を占めていくことによって説明されます．原子軌道はエネルギーが低いほうから 1s, 2s, 2p, 3s, 3p, 3d, $\cdots$, とあって，3番目の Li 原子の場合 1s に2個，2s に1個電子が入って，アルカリ金属の性質が出てきます．電子の交換で符号が変わらなければ，

$$\psi(\bm{r}_1, \bm{r}_2, \bm{r}_3) = \psi_{1s}(\bm{r}_1)\psi_{1s}(\bm{r}_2)\psi_{1s}(\bm{r}_3) \tag{9.20}$$

という，電子が全部 1s 軌道に入る波動関数が許されるのですが，この波動関数は $\psi(\bm{r}_1, \bm{r}_2, \bm{r}_3) = -\psi(\bm{r}_2, \bm{r}_1, \bm{r}_3)$ を満たせないので，許されません．つまり，電子が同じ軌道に入ることは許されないのです．ただし，実は電子にはスピンというものがあって，上向きスピン，下向きスピンの2種類の状態は区別できます．このため，1s軌道には2個まで電子を収容できますが，3個以上は入れません．具体的に2電子が 1s に入る状態の波動関数を書くと

$$\psi(\boldsymbol{r}_1, \boldsymbol{r}_2) = \psi_{1s,\uparrow}(\boldsymbol{r}_1)\psi_{1s,\downarrow}(\boldsymbol{r}_2) - \psi_{1s,\downarrow}(\boldsymbol{r}_1)\psi_{1s,\uparrow}(\boldsymbol{r}_2) \quad (9.21)$$

となります．ここで，↑, ↓ はスピン状態を表しています．Li 原子はここにさらに電子が 1 個 2s 軌道に入りますが，このときの波動関数はどう書けばよいでしょうか？　一番スマートに書くのは行列式を使うことです．すなわち，

$$\psi(\boldsymbol{r}_1, \boldsymbol{r}_2, \boldsymbol{r}_3) = \begin{vmatrix} \psi_{1s,\uparrow}(\boldsymbol{r}_1) & \psi_{1s,\downarrow}(\boldsymbol{r}_1) & \psi_{2s,\sigma}(\boldsymbol{r}_1) \\ \psi_{1s,\uparrow}(\boldsymbol{r}_2) & \psi_{1s,\downarrow}(\boldsymbol{r}_2) & \psi_{2s,\sigma}(\boldsymbol{r}_2) \\ \psi_{1s,\uparrow}(\boldsymbol{r}_3) & \psi_{1s,\downarrow}(\boldsymbol{r}_3) & \psi_{2s,\sigma}(\boldsymbol{r}_3) \end{vmatrix}. \quad (9.22)$$

ここで，2s 軌道の電子のスピン状態は↑,↓どちらでもよいので，σ と書いておきました．このように波動関数が粒子の入れ替えで符号を変えるとき，「粒子はフェルミ – ディラック統計に従う」といいます．フェルミ – ディラック統計に従う粒子をフェルミ粒子（フェルミオン）といいますが，物質の構成要素である電子，陽子，中性子はすべてフェルミ粒子です．

　ここで見たように，フェルミ粒子は同じ波の状態に 2 個以上は入れませんが，これをパウリ原理といいます．また，式 (9.21) や式 (9.22) から分かるように，$\boldsymbol{r}_1 = \boldsymbol{r}_2$ となると波動関数はゼロになるので，電子は同じ場所に来られないということでもあります．地面や床が私たちをちゃんと支えてくれるのは，このパウリ原理のおかげで原子が重ねらないからです．というのは，実は原子というのはほとんどすかすかなものなのです．たとえば，土の主成分であるシリコン原子の半径は 10^{-10} m，原子核は 2×10^{-15} m の大きさです．野球場の大きさ（約 100 m）に原子を拡大しても，原子核は 0.2 cm の大きさにすぎません．この野球場をなわばりとして，蚊より小さな電子が 14 個動き回っているのがシリコン原子なのです．原子がすり抜けられないのは不思議だとは思いませんか？

電子系の統計物理学

フェルミ–ディラック統計のために多数の電子の体系の振る舞いがどのようなものになるかを見てみましょう.温度 T の環境(以後熱浴と呼びます)中にあるエネルギー E の軌道に電子がいる確率を考えましょう.電子は熱浴から自由に出入りできるものとします.熱浴中にあるときの電子のエネルギーを μ としましょう.このエネルギーは化学ポテンシャルと呼ばれます.熱浴から n 個の電子をもってくるときに必要なエネルギーは $n(E-\mu)$ ですから,カノニカル分布により,n 個の電子がいる確率は

$$P_n(T,\mu) = \frac{1}{Z}\mathrm{e}^{-\beta n(E-\mu)} \tag{9.23}$$

です.$n=0,1$ のみ可能ですから,確率が 1 になるようにすると

$$\sum_{n=0}^{1} P_n = \frac{1}{Z}\left(1+\mathrm{e}^{-\beta(E-\mu)}\right) = 1 \tag{9.24}$$

より,$Z = 1+\mathrm{e}^{-\beta(E-\mu)}$ が得られ,これから n の期待値は

$$\langle n\rangle = 0\times P_0(T,\nu) + P_1(T,\mu) = \frac{\mathrm{e}^{-\beta(E-\mu)}}{1+\mathrm{e}^{-\beta(E-\mu)}} = \frac{1}{\mathrm{e}^{\beta(E-\mu)}+1} \tag{9.25}$$

となります.フェルミ分布関数と呼ばれるこの式は光子のときの式 (9.9) と少し似ていますが,振る舞いはまったく違います.エネルギー E とともにどのような振る舞いをするかを図 9.4 に示します.また,この関数は $T\to 0$ のとき

$$E<\mu \quad\to\quad \langle n\rangle = 1, \tag{9.26}$$

$$E>\mu \quad\to\quad \langle n\rangle = 0 \tag{9.27}$$

と1か0のみの値をとります．

金属中の伝導電子は波数 $\boldsymbol{k}$ の波と見なせます．このとき運動量は $\boldsymbol{p} = \hbar\boldsymbol{k}$ であり，エネルギーは $E = \boldsymbol{p}^2/2m$ です．絶対零度ではパウリ原理に従って，低エネルギーの状態から順に電子状態が占められてゆき，

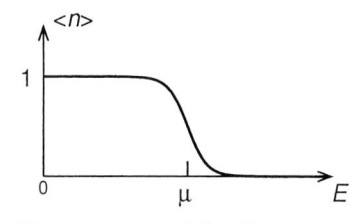

図 **9.4** フェルミ分布関数．$k_\mathrm{B}T = \mu/3$ の場合を示す．

$$0 \leq |\boldsymbol{p}| \leq p_\mathrm{F}, \quad 0 \leq E \leq E_\mathrm{F} = \frac{p_\mathrm{F}^2}{2m} \tag{9.28}$$

の状態がすべて占有されます．ここで，E_F はフェルミエネルギー，p_F はフェルミ運動量と呼ばれる量で，これらは電子の密度で決まります．金属のいろいろな性質は電子がこのように分布していることによって説明されてきました．たとえば，金属の電子による比熱が原子による比熱よりずっと小さいこととか，電気伝導についてです．しかし，それらについてはここでは説明できません．ただ，ここでは金属中の電子の速度がとても大きいことを指摘しておきましょう．p_F の運動量の電子の速さ $v_\mathrm{F} = p_\mathrm{F}/m$ はフェルミ速度と呼ばれています．普通の金属では $v_\mathrm{F} \simeq 10^6$ m/s，つまり秒速 1000 km です．電子はこんなすごい速さで飛び回っていますが，方向がさまざまなので，普段は全体としては電流は流れません．ここに電流を流してみましょう．半径 1 mm の銅線に 10 A の電流を流すと，伝導電子は銅線に沿って流れますが，このときの電子系全体が流れる速さは約 2.5×10^{-4} m/s で，フェルミ速度より 10 桁も小さくなります．つまり，でたらめな方向に飛び回っている電子たちの運動の方向がほとんど無視できるぐらいわずかに，ある方向に向くと大きな電流が流れるのです．驚異的ですね．

ボース‐アインシュタイン統計

フェルミ–ディラック統計に対して，これとは異なり，粒子座標の入れ替えで符号が変わらない波動関数で記述される粒子もあります．このような粒子はボース粒子（ボソン）と呼ばれ，ボース–アインシュタイン統計に従うといいます．典型的なボース粒子は光子です．同じ波数の状態に何個でも入れるので，N 個入った状態の波動関数は

$$\psi(\boldsymbol{r}_1, \boldsymbol{r}_2, \cdots, \boldsymbol{r}_N) = \phi(\boldsymbol{r}_1)\phi(\boldsymbol{r}_2)\cdots\phi(\boldsymbol{r}_N) \tag{9.29}$$

と書けます．当然

$$\psi(\boldsymbol{r}_1, \boldsymbol{r}_2, \cdots, \boldsymbol{r}_N) = \psi(\boldsymbol{r}_2, \boldsymbol{r}_1, \cdots, \boldsymbol{r}_N) \tag{9.30}$$

です．ところで，フェルミ粒子でも波動関数はペアで交換すると符号は変わりません．つまり，

$$\psi(\boldsymbol{r}_1, \boldsymbol{r}_2, \boldsymbol{r}_3, \boldsymbol{r}_4, \cdots) = -\psi(\boldsymbol{r}_3, \boldsymbol{r}_2, \boldsymbol{r}_1, \boldsymbol{r}_4, \cdots)$$
$$= \psi(\boldsymbol{r}_3, \boldsymbol{r}_4, \boldsymbol{r}_1, \boldsymbol{r}_2, \cdots) \tag{9.31}$$

ですから，電子 1, 2 のペアと電子 3, 4 のペアをまとめて入れ替えても符号は変わりません．原子は複数個のフェルミ粒子からできているので，原子同士の交換はフェルミ粒子をまとめて交換することになります．たとえば，^{4}He と書かれる質量数 4 のヘリウム原子は陽子 2 個，中性子 2 個，電子 2 個からできているので，2 つのヘリウム原子を交換しても符号は変わりません．つまりこの原子はボース粒子として振る舞うことになります．このように，ボース粒子の仲間には光子 (photon)，結晶中の原子の振動（音波）の粒子 (phonon)，偶数個のフェルミ粒子からなる原子などがあります．

光子の場合にはエネルギー $E = h\nu$ の状態に n 個ある確率は式 (9.7) に示したように

$$P_n(\nu, T) = \frac{1}{Z}\mathrm{e}^{-\beta n h\nu} = (1-\mathrm{e}^{-\beta h\nu})\mathrm{e}^{-\beta n h\nu} \qquad (9.32)$$

で，平均粒子数は

$$\langle n \rangle = \frac{1}{\mathrm{e}^{\beta h\nu} - 1} \qquad (9.33)$$

でした．一方，原子の場合にはエネルギー E の状態に原子を入れるためには，熱浴中のエネルギー μ の原子をもってこなければなりませんから，この確率と平均原子数は

$$P_n(E, T) = \frac{1}{Z}\mathrm{e}^{-\beta n(E-\mu)} = (1-\mathrm{e}^{-\beta(E-\mu)})\mathrm{e}^{-\beta n(E-\mu)}, \quad (9.34)$$

$$\langle n \rangle = \frac{1}{\mathrm{e}^{\beta(E-\mu)} - 1} \qquad (9.35)$$

となります．この $\langle n \rangle$ の式はボース分布関数と呼ばれています．ボース分布関数を図 9.5 に示します．

この平均値 $\langle n \rangle$ は $E = \mu$ のとき無限大になってしまうので，μ は最低エネルギーより小さくなければなりません．ここで体系が N 個の原子からできていて，それらはいろいろなエネルギーの状態に入っているとしましょう．このとき，それらのエネルギー状態中の原子数の平均値を全部足し合わせると，N になっているはずです．この条件は μ を適切に定めることにより，つねに満たすことができます．ところで，温度が低くなると，$E>\mu$ の状態では $\langle n \rangle$ はどんどん小さくなるので，N を一定にするためには μ

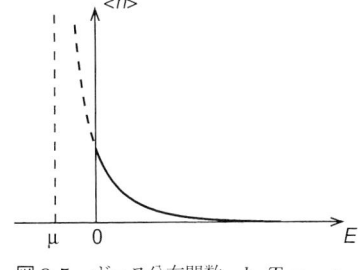

図 9.5 ボース分布関数．$k_\mathrm{B} T = -\mu$ の場合

は最低エネルギーに近づき，この最低エネルギーの状態だけが大きな $\langle n \rangle \simeq N$ をもつようになります．このようにボース粒子の系で低温で粒子がほとんど最低エネルギー状態に入ってしまう現象をボース－アインシュタイン凝縮といいます．

　これについてくわしい話は久我先生の講義 (Lecture 10) で行われますが，ここでは液体や固体中で見られるいくつかの例を述べておきましょう．1番目は，液体ヘリウムの超流動状態です．ヘリウムは絶対零度まで液体であるユニークな物質ですが，ヘリウムの大部分を占める質量数4の ^{4}He はボース粒子であり $T < 2.17\,\mathrm{K}$ で粘性のない超流動状態になります．これはボース－アインシュタイン凝縮が起こることにともなう現象です．一方，質量数3の同位体 ^{3}He はフェルミ粒子なので，この温度では超流動を示しません．しかし，^{3}He でも $T < 1\,\mathrm{mK}$ では超流動を示すことが確かめられました．なぜでしょう？　これは ^{3}He 原子が2つペアを組んでボース粒子となるためなのです．^{4}He と ^{3}He は化学的にはまったく区別がつかない原子です．原子の大きさを $100\,\mathrm{m}$ に拡大したとき，原子核は $2\,\mathrm{mm}$ 程度の大きさにすぎませんが，電子雲に囲まれたこの小さな原子核中に中性子が1個あるか2個あるかでこんなに物理的性質が違うのです．驚異的なことではないでしょうか？

　2番目の例は超伝導です．多くの金属や，銅などの酸化物は低温で電気抵抗が消失し，超伝導状態となります．この現象はフェルミ粒子である電子がやはりペアを作ってボース粒子となり，ボース－アインシュタイン凝縮をするのであると理解することができます．

分数統計

　ここまで粒子にはボース粒子とフェルミ粒子があって，性質がまったく異なるということを見てきました．自然界にもともと存在する

粒子はすべてこのどちらかに分類されるのですが，20年ほど前から，どちらでもない分数統計という性質をもつ粒子が作られるようになりました．最後にそのような粒子の話をしましょう．パソコンや携帯電話ではその頭脳としてLSIと呼ばれる大規模集積回路が使われています．そこにはMOSFETと呼ばれるトランジスターが大量に組み込まれているのですが，このMOSFET中では伝導電子は半導体と絶縁体の境界面上しか動けない2次元電子となっています．3次元の世界でフェルミ粒子とボース粒子の2種類しかないのは，2回粒子の入れ替えをしたときに元に戻らなければならないためでした．なぜ元に戻るかというと，図9.6に示すように2回の入れ替えは一方の粒子が他方の粒子の回りを回ることになるのですが，経路が平面上に限られない3次元空間では，破線で示したように，この経路を連続的に縮めて，入れ替えのない状況までつなげることができるからです．したがって，2回の入れ替えをした状態は入れ替えのないときと区別がつけられません．ところが，粒子の運動が平面上に限られる2次元では，経路は他方の粒子に引っかかって縮めることができません．したがって，元に戻る必要はないという訳なのです．そこで，式(9.18)のϕが任意の実数になる分数統計の可能性が出てくるのですが，MOSFET中の電子はやはりフェルミ粒子な

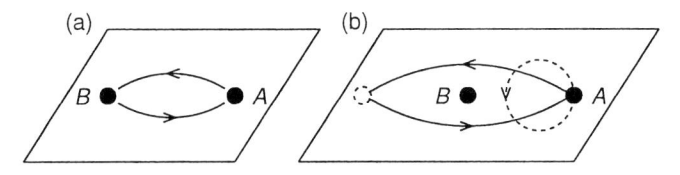

図 9.6 (a) 平面上での2粒子A, Bの入れ替え．(b) 2回続けた入れ替えを粒子Bから見ると，Aが回りを1周するように見える．Aの経路が平面上に限られなければ，破線で示すように経路は連続的に変形でき，1点に縮めることができるが，平面上に限れればBに引っかかって縮めることはできない．

ので，これがそのまま分数統計粒子になるわけではありません．ところが，電子に磁束を結びつけると，分数統計を示すようになり，ボース粒子とフェルミ粒子の中間の統計をもたせられるということが示されたのです．2次元の電子系に強磁場をかけると，量子ホール効果という現象が観測されます．このうち，特に分数量子ホール効果という現象では分数統計の粒子が主役をつとめることが分かっています．

空洞中の光波の熱平衡の研究からアインシュタインの光量子仮説が生まれ，量子力学が生まれました．マクロな物体の性質を理解するための学問である統計物理学に量子力学を取り入れると，粒子はボース粒子とフェルミ粒子に分類されることがわかりました．同じ状態にいくつでも入れるボース粒子である光子は強い波になれるのに対して，フェルミ粒子はそのままでは強い波にはなれませんが，大きさをもつ物体の存在を可能にしています．量子力学を取り入れた統計物理学の発展により固体や液体の性質が解明され，最近では分数統計粒子のような奇妙な粒子が固体中で作られるようになっています．

「単原子理想気体の量子論」
Berl. Ber., 1925.

Lecture **10**

インドからの手紙
ボース-アインシュタイン凝縮

久我隆弘

1924 年 6 月，アインシュタインは無名の若いインド人物理学者ボースから手紙を受け取りました．その手紙には，黒体輻射のエネルギー分布を記述するプランクの公式をまったく新しい方法で導出したボースの英語論文が同封されており，もしもこの論文の価値を認めてもらえるのならば，ドイツ語に翻訳して学術雑誌に掲載してほしいと書かれていました．ボースが論文の中で行っている考え方の重要性に気がついたアインシュタインは，わずか 1 週間ほどの時間で論文をドイツ語に翻訳してボース単名で公表しました．そしてその最後に，ボースの方法を理想気体の統計力学に拡張する研究に着手したと追記しました．これは量子統計物理学という学問分野が生まれた瞬間であり，超流動や超伝導，もっと一般的に言うとボース‐アインシュタイン凝縮という物理現象を正しく理解するための出発点に人類が初めて立った瞬間でした．

ボース‐アインシュタイン凝縮とは

　ボース‐アインシュタイン (BE) 凝縮は，ボースの論文に刺激を受けたアインシュタインが 1925 年に予言した現象で，「BE 統計に従う粒子集団（相互作用をしない理想気体）は，ある温度以下で突然，ほとんどすべての粒子が最低エネルギー状態に入る（凝縮する）」というものです．アインシュタインはこの結論に至る過程で，ボースが考えた 2 つの仮定のみを使いました．その仮定とは，「同種粒子は識別できない」と「粒子は同じ状態に何個でも入ることができる」の 2 つです．いまでは，この仮定は量子統計物理学の基本概念となっており，この粒子の量子統計性と二重性が BE 凝縮という奇妙な物理現象を理解するのに大変重要な役割を果たします．以下ではこれらについて順を追って見ていきましょう．

同種粒子の不可識別性：ボソンとフェルミオン　「同種粒子は識別できない」という仮定は，ゆっくり考えると当然のことです．そう，「識別するには何が必要か」ということを考えてみればいいのです．違いが分かるためには，「○○が違う」とはっきり指摘できなければなりません．たとえば人の顔を識別するには，目の色とか，鼻の形，口の大きさなど，無数の特徴が区別の目安になります．それに対してミクロの世界では，素粒子（クォークなど）を特徴づける物理量は静止質量，電荷，スピンなどしかありません．ですので，これらの量が同じであれば，つまり同種粒子であれば，その2つの粒子を区別することはできなくなります．原子のようないくつかの素粒子から構成される物質も，その内部量子状態がまったく同じであれば，2つの原子を区別することができません．ここでの理由も「違いが分からないから」です．

ですので，ボースとアインシュタインの最初の仮定はまったく自然な考えだと言えます．では，この仮定から何が導けるのでしょうか．答えは，世の中のすべての粒子は2種類に分類されるということです．そう，ボソン（ボース粒子）とフェルミオン（フェルミ粒子）という2種類です．この点については，少し式を使って説明してみましょう．

いま，2つの粒子の座標を内部状態までを含めて x_1, x_2 で表し，この2粒子系の波動関数を $\psi(x_1, x_2)$ とします．この2粒子が識別できない同種粒子ならば，2粒子を入れ替えた波動関数 $\psi(x_2, x_1)$ は，元の波動関数と同じ状態を表していなければなりません．つまり，$\psi(x_1, x_2) = \alpha \psi(x_2, x_1), (|\alpha| = 1)$ という関係が必要となります．この関係をもう一度使うと，$\psi(x_1, x_2) = \alpha^2 \psi(x_1, x_2)$ が得られるので，$\alpha^2 = 1$，すなわち $\alpha = \pm 1$ となります．このことより，粒子には2種類あることが分かり，$\alpha = +1$ のものはボソン，$\alpha = -1$ の

ものはフェルミオンと呼ばれます．

いま，2粒子間に相互作用がなく独立だとすると，2粒子系波動関数 $\psi(x_1, x_2)$ は1粒子波動関数 $\varphi_i(x)$, $(i=1,2)$ の積として表されます．そして上記の2粒子の入れ替えに関する対称性を考慮すると，2粒子系の波動関数は $\psi(x_1, x_2) = A[\varphi_1(x_1)\varphi_2(x_2) \pm \varphi_1(x_2)\varphi_2(x_1)]$ と書くことができます（A は定数）．

ここで2粒子の状態が同じだとしてみましょう．つまり $x_1 = x_2$ とします．粒子がフェルミオン（複合が $-$）の場合，$\psi(x_1, x_2) = 0$ となるので，これは2つの粒子は同じ状態には入れないことを意味します（パウリの排他原理）．一方，ボソン（複合が $+$）では，$\psi(x_1, x_1) = 2A\varphi_1(x_1)\varphi_2(x_1)$ となり，2粒子は同じ量子状態（1粒子状態）を占めることができます．

このような性質は粒子が多数ある場合も同様であり，フェルミオンは1つの量子状態には1粒子しか入ることができませんが，多数のボソンは同じ量子状態に何個でも入ることができます．つまり，ボースとアインシュタインの2番目の仮定は，実は1番目の仮定から自然に導かれる2種類の粒子のうち，ボソンについて記述したものだったのです．

量子統計性　多数の粒子からなる物理系を考えるときには統計学を使う必要があります．もちろん個々の粒子の運動をすべて正確に把握できていれば統計学は必要ないのですが，アヴォガドロ数個もある粒子の状態をすべて知ることは現実的には不可能です．ですので，個々の粒子の状態をそれぞれすべて考えるのではなく，「ある状態の粒子数」というような考え方を使います．そしていろいろな状態に粒子を分配するすべての可能性を数え上げ，「ψ という状態に N 個の粒子がいる確率」というように，統計学的な手法で多数の粒子か

らなる物理系の性質を記述していくのです．統計力学と呼ばれる学問分野です．

ここでは簡単な例として，2 つの状態 (ψ_a, ψ_b) に 2 個の粒子を分配する場合を考えてみましょう（図 10.1）．

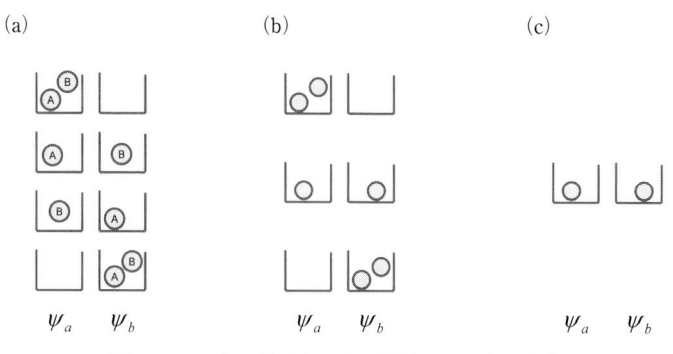

図 10.1　2 個の粒子を 2 個の状態に分配する方法

まず粒子が区別できると考えて，それぞれの粒子に A，B と印を付けておきます．すると，図 10.1a のような 4 通りの分配法（粒子分布）が考えられます．そしてそれぞれの粒子分布は等確率に現れると考えます．このような統計の取り方はマクスウェル–ボルツマン (MB) 統計と呼ばれ，量子力学の誕生以前の 19 世紀終盤にはよく知られていました．

これに対して，「同種粒子は識別できない」という仮定を設けると事態は一変します．そう，図 10.1a の真ん中の 2 つは区別できなくなります．そして，粒子がボソンの場合は図 10.1b のような 3 通りの粒子分布しか考えられなくなります．ここで注意してもらいたいのは，この 3 通りの粒子分布が等確率に現れるということです．古典的な頭で考えると，上から 1/4，1/2，1/4 の確率で現れるような

気になりますが，相手は量子論なので，そのような考え方は許されません．この3種類の粒子分布はそれぞれ1/3の確率で現れるのです．このような粒子分布や統計の取り方は，ボース–アインシュタイン (BE) 統計と呼ばれます．一方，粒子がフェルミオンの場合は，図10.1cのように1通りの粒子分布しかできません．このような統計の取り方は，フェルミ–ディラック (FD) 統計と呼ばれます．

このように，ミクロな量子論的な世界では粒子分布が大きく違っているのに，現実の私たちの生活の中では，古典的なMB統計で十分役立っています．これは，分布関数というものを考えれば説明することができます．

たとえば温度Tの熱平衡状態にある理想気体原子を考えてみましょう．個々の原子はそれぞれ異なる速度で運動していますが，その速度分布は温度によって決まります．くわしい議論，導出法は専門書に譲りますが，MB統計を使って質量m，速度v，運動エネルギー$\varepsilon = mv^2/2$をもつ粒子の分布を求めると，$f_{\mathrm{MB}}(\varepsilon) = \exp[-\varepsilon/k_\mathrm{B}T]$となります（$k_\mathrm{B}$はボルツマン定数）．いっぽうBE統計で計算すると$f_{\mathrm{BE}}(\varepsilon) = \frac{1}{\exp[(\varepsilon-\mu)/k_\mathrm{B}T]-1}$，FD統計だと$f_{\mathrm{FD}}(\varepsilon) = \frac{1}{\exp[(\varepsilon-\mu)/k_\mathrm{B}T]+1}$となります．ここで$\mu$は化学ポテンシャルと呼ばれ，温度と全粒子数によって決まる量です．

いま，温度が十分に高い ($k_\mathrm{B}T \gg \varepsilon$) とすると，$f_{\mathrm{BE}}(\varepsilon)$ も $f_{\mathrm{FD}}(\varepsilon)$ もともに $f_{\mathrm{MB}}(\varepsilon)$ に等しくなります．逆に言うと，古典統計からの違いはきわめて低温にならないと目立ってこないということになります．つまり，私たちの日常生活ではほとんど量子統計性を考える必要はないのです．

二重性（粒子の波動性） 「同種粒子は識別できない」と言ってきましたが，空間的に完全に離れた場所にある2つの粒子はもちろん区別

できます.ただ,この粒子が一度衝突して再び右と左に分かれたとき,右方向に飛び出してきた粒子は最初にどちらの場所にいた粒子なのかは判別できなくなります.この「識別できなくなるための条件」はどのようなものなのでしょうか.答えは,粒子を記述する波動関数が重なり合う程度にまで近づいたときとなります.つまり,粒子の波としての性質(波動性)が隣にいる粒子にも見えるくらい近づいたときと言うことができます.

波動性と聞いて最初に思いつく量に,物質(粒子)を波動として考えたときの波長,すなわちド・ブロイ波長 $\lambda_{\mathrm{dB}} = h/p$ があります.ここで,h はプランク定数,p は粒子の運動量です.このド・ブロイ波長がある値に決まっている(確定している)ということは,粒子の運動量が確定しているということを意味します.すると量子論のいう不確定性原理により粒子の位置の情報は完全に失われます.つまり,その1個の粒子は宇宙空間全体のいかなるところにも等確率で存在していなければならないことになり,これを図示すると図 10.2aのように粒子はド・ブロイ波長で無限に続く波動として表されます.

非常に奇妙に思われるかもしれませんが,これは1個の粒子だけを考えている限りは正しい解釈です.奇妙に思われる原因は,現実世界では大概の場合,粒子(気体原子)は箱に閉じこめられており,宇宙空間全体に広がっていることはあり得ないからです.つまり,現実的には,気体原子の運動量が確定していることはあり得ないということになります.

さらに,実際の気体原子はつねに有限温度 T で熱運動しているので,原子の運動量は温度に依存したゆらぎ $\langle \Delta p \rangle$ をもちます.そしてこの原子系の温度と運動量のゆらぎとの間には,$\langle \Delta p \rangle \propto \sqrt{m k_{\mathrm{B}} T}$ という関係があります.この関係を考慮して図 10.2a を考え直すと,原子は平均のド・ブロイ波長 $\langle \lambda_{\mathrm{dB}} \rangle = h/\langle \Delta p \rangle$ 近くの,異なる波長をもった

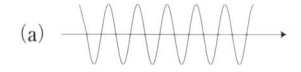

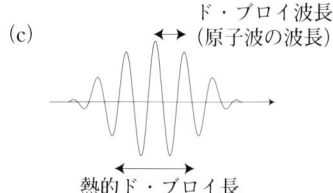

多数の波の重ね合わせと解釈できます（図10.2b）．このことより原子は，$\lambda_{\text{th}} = \frac{h}{\sqrt{2\pi m k_{\text{B}} T}}$ の広がりをもつ波束になります（図10.2c）．この大きさ λ_{th} は熱的ド・ブロイ長と呼ばれ，1原子の波動関数の広がりの大きさという意味をもちます．また一方，波どうしが干渉できる範囲（コヒーレント長）とも解釈できます．つまり，熱的ド・ブロイ長とは粒子の波としての性質が顕著に現れてくる長さの指標です．そして2つの粒子がお互いの熱的ド・ブロイ長程度にまで近づくと，量子性を考慮しなければならなくなり，同種粒子は区別できなくなるのです．

図 10.2 波の重ね合わせ．(a) 無限に続く波．(b) いくつかの位相のそろった波．(c) (b) の波を重ね合わせ（足し合わせ）ると，波束となる．

ボース–アインシュタイン凝縮　ボースの論文に天啓をうけ BE 統計に従う理想気体の性質について思索をめぐらした末，アインシュタインは 1925 年にボソンは極低温で奇妙な振る舞いをすることに気がつきました．いま，ある体積 V の箱に質量 m のボソンが N_0 個閉じこめられているとします．この粒子系の温度を下げていくと，高い運動エネルギーをもった粒子の数が減り，低い運動エネルギーの粒子数が増えていきます．BE 統計の分布関数を使うと，$\varepsilon \sim \varepsilon + \mathrm{d}\varepsilon$ のエネルギー範囲にある粒子数は

$$N(\varepsilon)\mathrm{d}\varepsilon = \frac{2\pi(2m)^{3/2}V}{h^3}\frac{\varepsilon^{1/2}}{\exp\left[(\varepsilon-\mu)/k_\mathrm{B}T\right]-1}\mathrm{d}\varepsilon$$

と書けるので,これをグラフにすると図 10.3 のようになります.グラフ中に現れる T_c は,すぐ後に説明しますが,臨界温度と呼ばれる温度です.

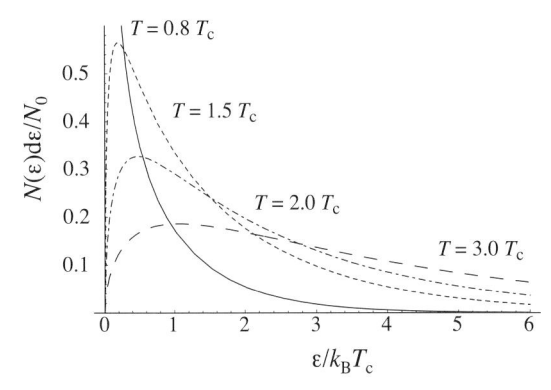

図 10.3 ボース–アインシュタイン統計に従う粒子数分布

 グラフからも分かるように,粒子系の温度を下げていくと,粒子数分布はエネルギーの低いほうに集まってきます.そして,グラフからではわかりにくいですが,$T = 3.0T_\mathrm{c}$,$T = 2.0T_\mathrm{c}$,$T = 1.5T_\mathrm{c}$ の曲線と横軸とで囲まれる面積はすべて同じで,箱に閉じこめられた全粒子数になっています.ところが,$T = 0.8T_\mathrm{c}$ の曲線と横軸とで囲まれた面積を計算すると全粒子数よりも小さくなってしまいます.つまり,臨界温度 T_c よりも低い温度になると,BE 分布ではすべての粒子を収容しきれなくなるのです.

 では,BE 分布に収まりきらない粒子はどうなるのでしょうか.数学的な分布関数に収まらないからといって,粒子が箱の中から忽然と消えたりすることはありませんし,エネルギー保存則も満たさな

ければならないので高エネルギー側に分布するわけにもいきません．ですので，このような粒子が選ぶことのできる最後の選択肢は，エネルギーがゼロのところに集まることだけなのです．

アインシュタインはこのように考え，臨界温度 T_c よりも低い温度において理想ボース気体はエネルギーの最低状態に凝縮すると予言しました．そして臨界温度は $T_c = \frac{h^2}{2\pi m k_B} \left(\frac{N_0}{2.612V}\right)^{2/3}$ であると結論づけました．

アインシュタインの予言したBE凝縮は，通常の気体原子を冷却したときに起こる液化と呼ばれる凝縮とはまったく異なる現象です．液化は気体原子どうしが引力を及ぼし合って次第にたくさんの原子が集まってくる現象です．一方，BE凝縮はこのような相互作用は一切必要ありません．純粋に量子統計性から導かれる凝縮なのです．

ここで，BE凝縮の起こる臨界温度について直観的な解釈を与えてみましょう．

BE凝縮は粒子の量子統計性の発露です．つまり，二重性の項でも述べたように，粒子の波動関数が重なり合う程度にまで隣り合う2粒子が近づいたときに量子性が顕在化し，BE凝縮が起こるのです．たとえば体積 V の箱に N_0 個のボソンが閉じこめられているとしましょう．このとき粒子間の平均距離は，$(V/N_0)^{1/3}$ と書くことができるので，これが熱的ド・ブロイ長 λ_{th} と同程度になればBE凝縮が起こると予想できます．式にすると，$\lambda_{th} = \frac{h}{\sqrt{2\pi m k_B T_c}} \simeq \left(\frac{V}{N_0}\right)^{1/3}$ となるので，これから $T_c \simeq \frac{h^2}{2\pi m k_B} \left(\frac{N_0}{V}\right)^{2/3}$ が得られます．これは，アインシュタインが複雑な数式から求めた予想とオーダーで一致しており，「BE凝縮は熱的ド・ブロイ長と平均粒子間距離が等しくなる程度で起こる」という物理学的な直観が十分正確にBE凝縮という自然現象の本質を捉えているといえます．

ボース－アインシュタイン凝縮の実現法

　1925年のアインシュタインのBE凝縮の予言はあまりにも数式に依存したものであったため，その後しばらくBE凝縮は机上の空論と考えられていました．しかし，1930年代後半には，液体ヘリウム4の超流動がBE凝縮の現れだという説明が市民権を得，超伝導体中の電子対もBE凝縮を起こしていることが分かってきました．しかし，これらは液体や固体中でのBE凝縮であり，いろいろな相互作用の結果として起こる量子凝縮です．ですので，アインシュタインの予言した相互作用のない状況でのBE凝縮とは厳密な意味では異なっていました．

　アインシュタインの予言に限りなく近いBE凝縮は，予言から70年あまりを経た1995年に初めて実現しました．アルカリ金属気体原子のBE凝縮です．この初の原子気体BE凝縮は次のような手順で実現されました．まず，レーザー冷却法で気体原子を$10\,\mu\mathrm{K}$程度にまで冷却します．光だけを使ってBE凝縮を起こさせるには原理的ともいえる限界があるので，ここでレーザー冷却された原子を磁気トラップへと移します．磁気トラップは，空間的に磁場の極小点を作り，そこに磁気モーメントをもつ原子を捕獲する技術です．そして，運動エネルギーの高い原子のみを磁気トラップから選択的に取り出します．この手法は，熱いお茶からエネルギーの高い水分子（水蒸気）が飛び出すことでお茶が冷める現象を模倣したものなので，蒸発冷却法と呼ばれています．

　これら，レーザー冷却法，磁気トラップ，蒸発冷却法を機能的に結びつけることで，1995年，BE凝縮は実現しました．以下では各要素技術の原理を簡単に説明してみましょう．

レーザー冷却 レーザーで気体原子を冷却できると聞くと不思議に思う人も多いことでしょう．なぜなら世の中で広く用いられているレーザーは，手術でメスの代わりをしたり繊維を裁断したり金属を溶接したりと，基本的には「燃やす」とか「溶かす」などの働きをするものが多いからです．ところが，レーザー周波数を厳密に制御し，さらに磁場などを巧みに利用すると，実際に $1\,\mu\mathrm{K}(0.000001\,\mathrm{K})$ という，液体ヘリウムを使った希釈冷凍機でも到達できないような極低温にまで，ものの数秒で気体原子を冷却することができます．ではレーザー冷却の原理を簡単に説明してみましょう．

図 10.4a にあるように，気体原子は離散的なエネルギー準位構造をもっています．そして，ある 2 つの準位間のエネルギー差に対応する周波数，すなわち共鳴周波数の電磁波を吸収・放出することができます．ここで，吸収される光や放出される光の周波数は，共鳴周波数と正確に一致しているかというと，そうではなく，自然幅と呼ばれる幅をもっています（図 10.4d）．

次に光について少し考えてみましょう．レーザー光は，図 10.4b のように，波の周波数，位相，進行方向がそろっており，エントロピーの非常に小さい光の状態ということができます．一方，気体原子からの発光（自然放出光）は，図 10.4c のように，波の位相や進行方向はランダムに分布しているので，エントロピーの大きい状態です．つまり，光の立場から原子との相互作用を考えると，秩序立った状態（レーザー）から乱雑な状態（発光）に原子を「触媒」として「反応」が進むことになります．

ですので，図 10.4d のように，レーザー光の周波数を原子の共鳴周波数よりも低く設定し，さらにレーザー光の周波数幅を自然幅より狭くすれば，原子系はエネルギーの低いレーザー光を吸収し，共鳴周波数付近の，平均としてエネルギーの高い光を放出することに

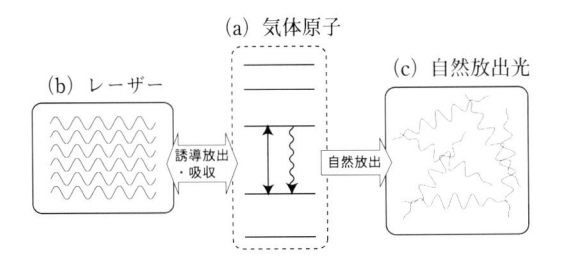

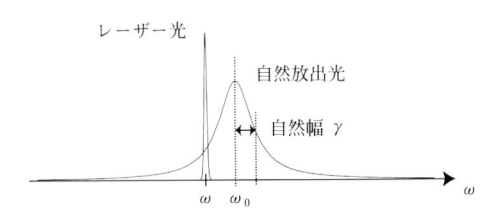

図 10.4 レーザー冷却の原理．(a) 気体原子のエネルギー準位構造．(b) レーザー光の光電場．(c) 自然放出光（真空場）の光電場．(d) 吸収（レーザー光）と放出（自然放出）の周波数関係．

なります．すなわち，原子系からエネルギーが失われるので，そのぶんだけ温度が下がります．

なお，この方法による冷却限界は，原子系の温度が下がることで減少するエントロピー量と，電磁場のエントロピーの増加量とが均衡するところになります．そして，これを温度に換算すると $1\,\mu\mathrm{K}$ 程度になります．

磁気トラップと蒸発冷却　磁気モーメントをもつ原子のエネルギー準位は，磁場中でゼーマン分裂を起こし，磁気量子数に応じて磁場の弱いほうがエネルギーを得する準位と，強いほうが得する準位に分かれます．たとえば 87 ルビジウム原子の基底状態（超微細構造と呼ばれる分裂があります）は図 10.5 に示すようなゼーマン分裂を起こします．した

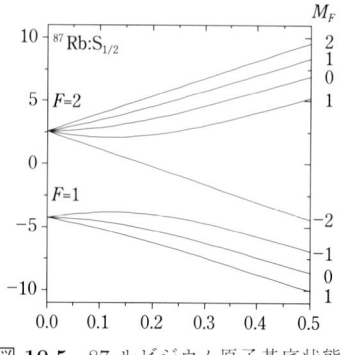

図 10.5 87 ルビジウム原子基底状態のゼーマン分裂（模式図）

がって，磁場の極小値を空間的に作れば，そこに磁場の弱いほうがエネルギーを得する準位（図では $5S_{1/2}(F=1, M_F=-1)$, $(F=2, M_F=+2)$ 準位など）にある原子を捕獲できます[1),2)]．ここでは，$5S_{1/2}(F=1, M_F=-1)$ を例にして，磁気トラップと蒸発冷却について説明してみましょう．

磁場の大きさが空間的に変化しているとき，磁気モーメントをもつ原子は磁場から力を受けます．たとえば 87 ルビジウム原子の $5S_{1/2}(F=1, M_F=-1)$ 状態は，磁場が小さいほうがエネルギーを得するので，磁場の極小点に集まってきます．これはお椀の中に入れたボールの運動と同様です（図 10.6）．そしてお椀の壁の高さが磁場の大きさに対応しています．

一方，2 準位間のエネルギー差に等しい電磁波を原子に照射すると，原子の状態はその 2 準位間で移り変わります．いま，磁気トラップされている $5S_{1/2}(F=1, M_F=-1)$ 準位のルビジウム原子に，ラジオ周波数（数 MHz）程度の電磁波を照射すると，原子は $5S_{1/2}(F=1, M_F=0)$ 準位に遷移します．この準位は，磁場の大きさに対してエネルギーがほとんど変化しない準位なので（図 10.5 参照），原子が

---

1) アーンショウの定理を応用すると，空間的に磁場の大きさの極大値を作ることができないことは簡単に証明できます．
2) 87 ルビジウム原子には核スピンがあるので，基底状態（$5S_{1/2}$ 準位）は，2 つの超微細構造準位に分裂します．F は，核スピンまでを含めた全角運動量を示す量子数で，M_F は F の量子化軸方向成分（ここでは磁場を印加する方向）です．

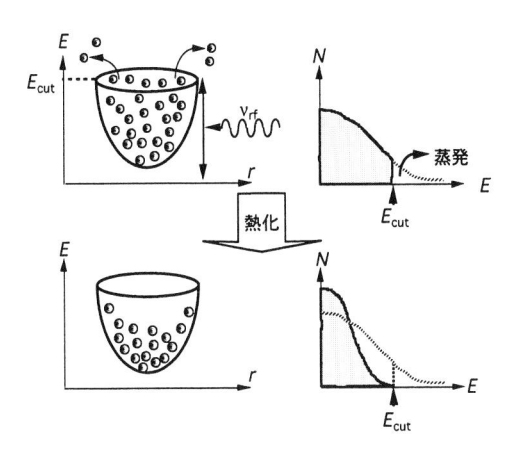

図 10.6　蒸発冷却の原理．E は原子の運動エネルギー，$E_{\rm cut} = h\nu_{\rm rf}$ であり，電磁波の周波数（$\nu_{\rm rf}$）に対応する高さまでポテンシャルを登った原子は，トラップから抜け出す（蒸発する）．

この準位に遷移すると磁気トラップの効果が消えてしまい，原子はトラップから逃げ出していきます．

　このように，磁気トラップされた原子にある周波数の電磁波を照射しておくと，原子はその周波数に対応する高さまでポテンシャルの壁を登り，電磁波を吸収してトラップされない準位に遷移し，最終的にはトラップから飛び出していきます．電磁波の周波数が高ければ，ポテンシャルの壁をより高いところまで登ることのできる原子，すなわち運動エネルギーの高い原子をトラップから抜け出させること，蒸発させることができます．そして，トラップ内に残った原子が熱平衡状態になるまで待つと，最初の時より温度が低下していることになります（図 10.6）．

観測法　以上のように，レーザー冷却，磁気トラップ，蒸発冷却の技術を組み合わせることで，気体原子が BE 凝縮するほどの極低温ま

で冷却できることが分かりました．では，本当にBE凝縮は起こっているのでしょうか．それを証明するにはやはり確固たる実験的な証拠を見せなければなりません．ここではBE凝縮の観測法について説明しましょう．

原子気体BE凝縮の観測法には何種類かありますが，もっとも広く用いられているのは吸収撮像法と呼ばれるものです（図10.7）．吸収撮像法は，BE凝縮体をトラップから解放して自由落下させ，原子が最初の速度分布によりある程度広がったところでレーザー光を照射してその影の大きさを測定し，最初の速度分布を空間分布に焼き直して測定するものです．

図10.7にその概念図および測定結果を示してあります．b, c, dの上段は，撮像結果をそのまま示したもの，下段は影の濃さを縦軸にとって撮像結果を3次元的に表現したものです．この測定結果から

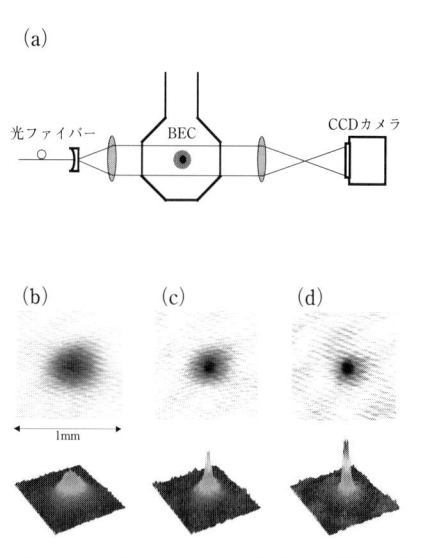

図 **10.7** ボース–アインシュタイン凝縮の確認法：吸収撮像法

気体原子のBE凝縮を決定づけるには，①密度の急激な増加，②二重構造，③非対称な広がり方，④転移温度の実験と計算の一致，などの条件を満たす必要があります．たとえば，bからcへ移ると中心の影が急激に濃くなっていることが分かります．これは，光を吸収する原子の密度が高くなったことに対応しており，①の条件を満たします．また，cでは，なだらかな山の頂上付近がとんがっているように見えます．これは，トラップされた原子内に，まだある温度に対応した熱分布（BE分布）をしている部分と，BE凝縮した部分があることに対応しており，②の条件を満たしています．③④の条件を満たしているかどうかは，図10.7だけでは分かりませんが，実験条件などを正しく評価することで，条件を満たしていることが確認されています．

このようにして，アインシュタインの予言に限りなく近いBE凝縮は1995年に確認されました．わざわざ「限りなく近い」と断っているのは，まだこの段階では小さいながらも原子間の相互作用があったからです．その後，相互作用の大きさを精密に制御することで，相互作用がまったくなくてもBE凝縮が起こることも確認されています．

ボース－アインシュタイン凝縮の応用

1925年のアインシュタインの予言から70年の年月を経て，1995年に原子気体のBE凝縮が実現しました．この快挙には，量子統計物理学の正しさを再認識したという基礎学問的な面の価値の高さがあるばかりでなく，BE凝縮体を使った新しい研究手段，応用技術などの方面に新しい分野を切り開いたという点でも画期的な進歩です．以下では，この新しい研究分野の中から，コヒーレント原子波，非線形原子波光学，完全結晶とモット転移，BEC-BCSクロスオー

バーについて簡単に説明してみましょう．

コヒーレント原子波　コヒーレントという言葉には，厳密にはもっと深遠な内容が含まれていますが，直観的には「干渉性が高い」というのとほとんど同義と考えてよいでしょう．たとえば，電球や太陽光に比べて，レーザー光のほうが干渉縞を観測しやすいのは，レーザー光がコヒーレントな光だからです．もっと視覚に訴えるような説明としては図 10.4 が適当かもしれません．図 10.4b にあるように，レーザー光はたくさんの波の山の位置が一致し，みんな同じ方向に進んでいます．それに対して，図 10.4c の自然放射光（電球や太陽光もこの範疇に入ります）は，進む方向や山の位置はまちまちです．

　光の例と同様なことが原子波についても言うことができます．図 10.2 でも考えましたが，原子も波としての性質をもっており，その波の広がりは熱的ド・ブロイ長で表されました．通常の温度では熱的ド・ブロイ長は非常に短く，原子の波としての性質はほとんど観測することはできません．原子を極低温（0.1 mK 程度）にまで冷却して初めて観測できるような長さになります．ただ，これだけでは上記の自然光と同じ「ばらばらな波」です．ところが，隣り合う原子波どうしが重なり合うようになり，ついに BE 凝縮が起こると事態が一変します．レーザー光と同様に，すべての原子波がその山と谷をきれいにそろえて重なり合うのです．このような観点から，BE 凝縮した原子集団はコヒーレント原子波とも呼ばれ，そのコヒーレンスの度合いを調べるためにさまざまな試みが行われています．

　図 10.8 は，原子波のコヒーレンス測定の概念図と測定結果です．トラップ内に 2 つの BE 凝縮体を作成し，それをトラップから解放すると，原子は空間的に広がりながら自由落下します．そして，ある程度広がり，お互いに重なり合い始めたところで，適当な光をあ

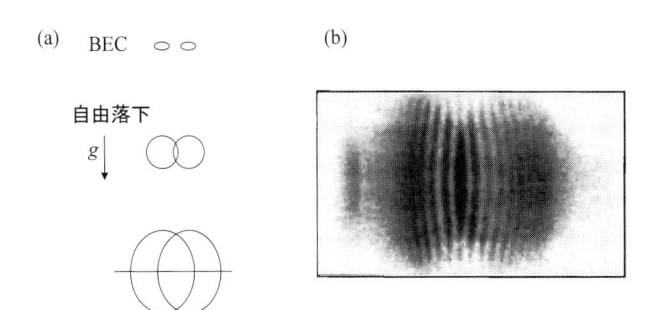

図 10.8 ボース–アインシュタイン凝縮体のコヒーレンス測定

てて原子集団の様子を観測すると，図 10.8b のような干渉縞が見えます．これは，光で言えばヤングの二重スリットの実験に対応した原子波の実験で，最初に用意した 2 つの BE 凝縮体が 2 つのスリットの役割をしています．そして，幅広い範囲できれいな干渉縞が見えるということが，もともとの原子波のコヒーレンスが高いという証拠になっています．

非線形原子波光学　BE 凝縮体はレーザー光のようにコヒーレンスが高いことが分かりました．それでは，レーザー光を使ってよく観測され研究されている非線形現象も，原子波の世界で現れるのでしょうか．光の場合，いくつかの向きに進む光を媒質中に入射させると新しい向きに進む光が現れる現象があります．たとえば，四角錐の頂点の位置に配置した媒質に，その四角錐の 3 つの稜に沿って進む光線を集光させると，媒質の通過後には四角錐のすべての稜に沿った光線が現れます．つまり，はじめ光線がなかった稜に，新しい光線が現れます．この現象は，四光波混合と呼ばれ，光の世界では代表的な非線形現象です．

(a)

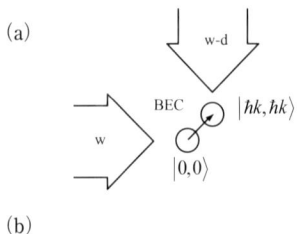

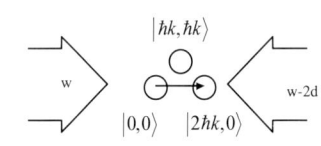

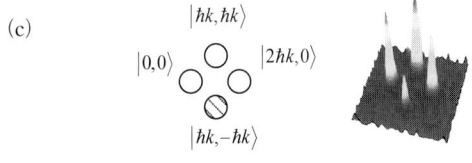

w-d

BEC $|\hbar k, \hbar k\rangle$

w

$|0,0\rangle$

(b)

$|\hbar k, \hbar k\rangle$

w   w-2d

$|0,0\rangle$ $|2\hbar k, 0\rangle$

(c)

$|\hbar k, \hbar k\rangle$

$|0,0\rangle$ $|2\hbar k, 0\rangle$

$|\hbar k, -\hbar k\rangle$

図 **10.9** 四原子波混合

図10.9は，原子波でこの四原子波混合を行った実験の概念図と実験結果です．適切な周波数と向きをもったレーザー光で，BE原子集団の中に3つの別々の方向に進む原子集団を作ります．図10.9のaとbでは，分かりやすくするために原子集団を分けて描いてありますが，空間的には同じ場所にあります．その後，トラップから原子を解放し，自由落下してきた原子集団に光をあてて，その形状を観測します．もしも非線形過程が起こっていなければ，原子は最初に作った3つの速度の方向に分かれるだけなので，3個の原子集団が観測されるはずですが，実際には図10.9cのような4個の原子集団が観測されました．つまり非線形過程により新しい速度成分をもつ原子集団が生成されたことになります．ここでも，原子波は光の時と同じように，非線形現象を引き起こすことが確認されたわけです．

このように，コヒーレンスという観点からも，また，非線形現象という観点からも，原子は光と同じような波であることが確認されました．そしてレーザー光というコヒーレントな波があるように，コヒーレント原子波という干渉性の高い原子集団も存在することが分かりました．特

にBE凝縮体から引き出したコヒーレントな原子波は，原子波レーザーと呼ばれることもあります．

完全結晶とモット転移　BE凝縮体を用いた研究には，上記のコヒーレンス研究など光学的な観点からのものの他，固体（凝縮系）物理学的な視点に立ったものがあります．代表的なものが図10.10にあるような完全結晶を使ったモット転移の研究でしょう．

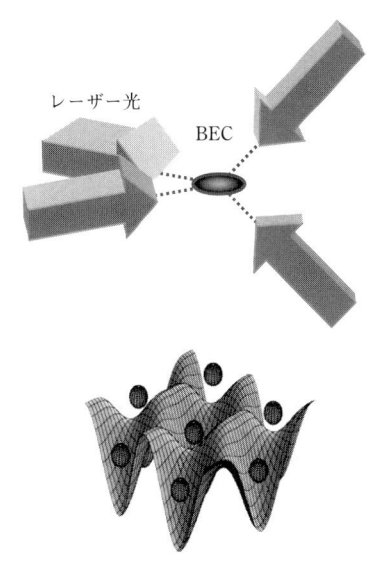

図 10.10　完全結晶（光格子）

　固体物理学の一番基本的な概念に周期性というものがあります．たとえば結晶は，等間隔に原子が格子状に並んだ構造をしているので，ここには格子間隔という周期性があります．そしてこの周期性を利用すれば，結晶を構成するすべての原子を1つずつ考える必要はなくなり，1周期分についてだけ考え，あとはそれが無限につながっていると考えればよくなります．そう，まったく同じ構造が無限に続くような構造，すなわち完全結晶という基本概念があるのです．

　ところが実際の世の中には完全結晶はありません．どうしても不純物が入ったり，欠陥があったりしますし，そもそも「無限に」大きな結晶なんて作れるはずもありません．まあ，最後の無限に大きな結晶は何をもってしても製作は不可能ですのであきらめるしかないですが，それ以外はどうでしょうか．もちろん，固体物性の無限ともいえる多様性は，この不純物や欠陥にあるという考え方もあり

ますので,これらはまったくの悪玉というわけではありません.ただ,ここでは純粋に数式から予想される物理現象と,それを実験的に確認するという,実験と理論の整合性にだけ焦点を絞ると,やはり不純物や欠陥のない完全結晶が必要になります.そして,その完全結晶はBE凝縮体と光格子という技術で実現できるのです.

図10.10はBE凝縮体と光格子を使った完全結晶を模式的に描いたものです.レーザー光を3次元的に交差させると,交差する場所に3次元的な定在波ができます.これは,複数のレーザー光が干渉し合い,空間的に光電場が強いところ,弱いところができるからです.そしてレーザー周波数を適切に選ぶと,光電場の強い(弱い)ところに原子を集めることができます.これは原子にとってその場所の位置エネルギー(ポテンシャル)が低くなるからです.このポテンシャルの低い場所は,レーザー光の波長程度の間隔で完全に周期的に並びます.レーザー光の波長は正確に決めることができますので,この周期構造はほぼ完璧です.

ではBE凝縮体にレーザー光をあててみましょう.光強度が低いうちは,ポテンシャルもそれほど低くならないので,原子はあまりレーザー光には関係なく自由に動き回ることができます.次第に強度を高くしていくと,原子はポテンシャルの極小となる場所にいる時間が長くなります.このとき,1つの極小地点に2個の原子があると,原子間相互作用(斥力)により,一方の原子が外へはじき飛ばされ,別の極小地点に入り込みます.ちょうど,凹みのたくさんある板の上に大量のパチンコ玉を流し込んだとき,凹みにはまった玉があると次の玉はその凹みには入ることができず,別の凹みに入るというようなものです.つまり,BE凝縮した大量の原子集団に光格子を作り,ゆっくりと光強度を高めることで,光格子の格子点に1個ずつ原子を捕獲することができます.

光強度が低く，原子がまだ格子点に完全には束縛されず自由に動き回っている状態は，結晶中を電子が自由に動き回っている状態，すなわち良導体（金属）に対応します．それに対して，光強度が高くなり，原子が格子点に1個ずつ完全に固定された状態は絶縁体に対応します．この金属から絶縁体に転移する現象は，モット転移として古くから知られていましたが，通常の結晶では自由にポテンシャルを変化させることができなかったので，その機構をくわしく研究することはできませんでした．BE凝縮体と光格子により固体物理学の研究に新たな手法が生まれたことになります．

BEC-BCSクロスオーバー　最後は，フェルミオンのBE凝縮について考えてみましょう．

　BE凝縮はボソンだから起こるので，フェルミオンはそんなことは起こさないと考えるのは，常識的な優等生の考え方です．でも，最初に，超伝導もBE凝縮の仲間だと言いました．超伝導の担い手は電子で，言うまでもなく電子はフェルミオンです．ではいったい超伝導はどういうメカニズムで起こるBE凝縮なのでしょうか．答えは，「電子が2個集まり対をなすから」と言うことができます．そう，フェルミオンが2個（偶数個）集まると，その複合粒子はボソンとして振る舞うのです．この電子対はクーパー対と呼ばれ，1957年に超伝導の起こる機構を解明したBCS理論[3]でその概念が最初に現れました．

　1995年の原子気体BE凝縮は，^{87}Rbや^{23}Naなどのボソン原子で実現しましたが，レーザー冷却法で冷却できる原子はボソンだけではありません．BE凝縮実現の一大フィーバーが収まりかけた20

---

3)　提唱したバーディーン (J. Bardeen)，クーパー (L. Cooper)，シュリーファー (R. Schrieffer) の頭文字をとってBCS理論と名付けられています．

世紀末からは，フェルミオンの冷却についても盛んに議論されるようになってきました．ただ，レーザー冷却には原子の統計性の違いは関係ないのですが，蒸発冷却の際に必要な原子同士の弾性衝突には量子統計性が大きな役割を果たしているため，フェルミオンの冷却には大きな障害がありました．それらの障害を乗り越えて，フェルミオンによる BE 凝縮が実現したのは 2003 年のことです．

フェルミオンによる BE 凝縮には 2 つの領域があります．1 つはフェルミオン同士が強く結びついて分子（ボソン）を形成し，その分子集団が BE 凝縮するものと，もう 1 つは，緩く結びついてクーパー対をなすものです．前者は BEC 的，後者は BCS 的と呼ばれています．そして，BEC 的になるか BCS 的になるかは，外部磁場で制御することができます．つまり，超流動と超伝導の間を自由に制御して実験研究を行うことができるのです．これも，従来の凝縮系の研究では実現できなかった研究手法であり，原子気体を使うことで BEC と BCS の境界領域を系統的に実験することができるようになりました．特に，高温超伝導の発現機構に関する興味とも結びつき，現在もっともホットな話題の 1 つといえます．

物理学にとって大切なこと

アインシュタインの業績というと，どうしても相対論や宇宙論に目先が向かいがちですが，アインシュタインは光の量子性や粒子の統計性にも大きな業績を残しています．レーザーがその基盤をおいている誘導放出も，1917 年のアインシュタインの論文で指摘された現象ですし，本章の主題である BE 凝縮，量子統計性にも，アインシュタインの貢献は多大です．そう，概念としての BE 凝縮はもちろんアインシュタインの偉大な思索のたまものですが，それを実現するために必須だったレーザーなどの技術的なものにもアインシュタ

インの名前は出てくるのです．いまさらのことながら，アインシュタインの偉大さに感じ入るばかりです．

　ただ最後に，「私たち凡人はアインシュタインのまねはしてはいけない」と警告して，筆をおきたいと思います．アインシュタインは天才ですから，数式で自然現象が見えていました．「自然界はこの美しい数式に従うべきだ」と言ったとか言わなかったとか……．アインシュタインだから言うことのできる言葉です．やはり私たち凡人は，自然現象には謙虚に対峙するべきでしょう．自然現象のあるがままを見て，それに涙するくらいの気持ちでいるのが幸せでしょう．物理学者としてはアインシュタインがもっとも偉大な人物ですが，物理学にとっては自然そのものがもっとも尊敬するべき存在だからです．

「重力と電気の統一場理論」
Berl. Ber., 1928.

Lecture **11**

統一への夢と苦悩
アインシュタインから弦理論まで

米谷民明

この連続講義の最終回として，アインシュタインが後半生に追究した統一理論について話をします．これまでの講義で取り上げられてきた相対論，量子論，統計物理（ブラウン運動）などに関する業績の多くは，アインシュタインが30歳代までに成し遂げた仕事でしたが，今日のテーマは，彼が40歳代以後に心血をそそいで研究した問題です．しかしそれまでの実に華々しい成果とは違って，統一理論に関しての彼の歩みは苦渋に満ちたもので，結局「かなわぬ夢」のまま生涯を閉じなければならなかったのです．しかし，彼の目指した目標は，現在の研究の最先端で私たちが追究している方向にも連綿として受け継がれており，21世紀物理学の大きな課題につながっています．今日は，アインシュタインが取り組んだ「統一」の問題とは何か，それがアインシュタインの死後に発展した現代の統一理論の研究にどのように影響しているのか，そしてさらには「統一」を真に成し遂げるための鍵が隠されていると多くの研究者が考えている，いわゆる「超弦理論」とはどのような性格のものなのか，などについて説明しましょう．一応は量子論や相対論のごく初歩的な知識はあるものとして話を進めますが，その辺はまだ勉強したことがなくてもかまいません．細かいところはあまり気にしないで，全体の流れをだいたい把握し，1つでもおもしろいところを見つけてもらえればよいと思ってます．

量子論の発展とアインシュタインの苦悩

　まず，一般相対論が完成した1915–16年以後の20世紀の物理学の展開の中でも最重要な量子論の発展について，これからの話の背景として簡単にふれておきます．1905年の第1論文である「光の発生と変換に関する発見的な見方について」は，1900年のプランクの論文に続いて量子論への扉を開いた画期的な業績でした．アインシュ

タインは，晩年近くに書いた「自伝的ノート」の中で，若い頃の自分の思索に1900年のプランクの論文が強く影響したと書いています．彼は古典物理学の危機を当時の物理学者の中でもっとも深く捉えており，新しい原理に基づいて物理学を創り直さなければならないという明確な問題意識をもって研究を進めていたのです．その結果として，「奇跡の年」と呼ぶに相応しい革命的な成果をあげたわけですが，量子論については，相対論のときほど完成された閉じた体系を構築することはできませんでした．「量子論＝量子力学」を現在の教科書に書かれているような形式に完成させたのは，アインシュタインより10–20歳くらい後の世代の若手学者たち（ハイゼンベルク，ディラック，シュレーディンガーなど）で，1925年から26年にかけてのことです．アインシュタインは，1905年以後もプランクの式の統計的解釈に関連して大きな寄与をしています．ボース–アインシュタイン凝縮についての研究はその最後の成果といえるものです．ところが，量子力学の形式とその解釈が確立した後，標準的な「確率解釈」に不満で，量子力学は不完全であるという立場を生涯取り続けました．有名なEPR（アインシュタイン–ポドルスキー–ローゼン）パラドクスに関する論文（1935年）もその立場の表明でした．

　彼が量子力学の通常の解釈にいかに強く違和感をもっていたかは，シュレーディンガーに宛てた手紙（1928年）で，ボーアやハイゼンベルクが取った立場に対して「宗教」という言い方をしているところからうかがえます．彼は生涯，古典的な因果律から抜け出ることを拒否し続けたのです．しかし，これは統一理論にとってはまことに不利な立場でありました．量子論の大事な特徴の1つは，アインシュタイン自身が光量子論で最初に明らかにしたように，「粒子」と「波」＝場が実は表裏一体の概念である，言い換えると，物理的実体は「粒子であると同時に場である」ということです．その正確な取

扱いは，量子力学と特殊相対性理論を合体させてできる理論形式である「場の量子論」によって初めて可能になります．不幸なことに，アインシュタインは量子力学は不完全であるとの立場から，後年の統一場理論の研究では1930年代以後の場の量子論の発展にはまったく関心を払わなかったのです．たとえ量子力学を積極的に採り入れたとしても，統一理論を構築するには彼の生きた時代状況ではあまりにも材料が不足していましたから，時期尚早な試みに終わったには違いないでしょうが，もし彼が異なった立場をとっていたら，他の人にはできないような洞察をしていたのではないかと想像したくなります．

現在の場の量子論，およびさらに進んで弦理論に基づく統一理論にもつながる魅力的なアイデアのいくつかは，一般相対性理論に触発されて，他の学者が1910年代終盤から20年代に提唱したのが最初です．後でそのうちの代表的なものを2つ説明します．どちらも場の量子論の発展によって初めて本来の意義が明らかになったのです．アインシュタイン自身の試みについてもふれますが，現在の観点からは結果的に弦理論と関連づけられる側面もありまったく無意味ではないにしても，30歳代までのアインシュタインの充実さと比べると，どうしても色あせて見えます．統一理論に関しては，彼がもっとも得意とした方法，つまり相対論の場合のような「基本原理」の発見とそこからの演繹には至らなかったのです．

量子場とは何か

そこで，「量子力学の場＝量子場」とは何かについて述べておきましょう．量子力学と古典物理学では，「状態」の捉え方がまったく異なります．古典物理学では，日常の観念に忠実に時間の各瞬間ごとに物体の位置や速度が決まっていると考えます．それが「状態」で

す．量子論の「状態」はそんな単純なものではなく，ヒルベルト空間と呼ばれるある無限次元空間のベクトルで表現されます．この空間を特徴づける性質が「重ね合わせの原理」や「不確定性原理」です．そして，物理量はすべて状態ベクトルに対する「操作」=「演算子」として表されます．古典物理学の場は，空間と時間の関数として定まる物理量です．たとえば，電磁場とか重力の場です．量子論では，場はどういう操作を行う演算子になるかというと，「場」にはそれぞれ対応する粒子があって，量子場はある時刻ある位置でこの粒子を作る（生成）か消す（消滅）ものになります．これこそが量子論において達成された，物理的実体が「粒子であると同時に場=波でもある」ということの正確な表現です．普通の粒子の量子力学でおなじみの配位空間の波動関数は，場の演算子のある行列要素と見なせます．このような考え方は，一見古典物理学とはあまりに隔絶していますが，量子論の内容はプランクの定数 h がゼロになる極限を正しくとると，古典物理学の内容と一致する結果を与えるのです．

　たとえば，量子論においては電磁場は，光=電磁波の粒子である光子を生成・消滅させる操作を表します．これは他のすべての粒子，場について言える普遍的性質です．電子の量子場における消滅作用を記号 $\psi(x^\mu)$ で，生成作用を $\psi^\dagger(x^\mu)$ で表してみます．これらは，普通の数とのアナロジーで言うと互いに複素共役の関係にあります．ここで関数の変数は時間・空間（時空）に関する座標を4元ベクトル（ミンコフスキー空間のベクトル $x^\mu \sim (x^1, x^2, x^3, x^0)$, $x^0 = ct$）で表しています．量子場を用いると，たとえば，時空点 x^μ に電子が存在するかどうかを調べる操作=演算子は式 $\rho(x^\mu) = \psi^\dagger(x^\mu)\psi(x^\mu)$ で表せます．なぜかと言うと，この表式を右から左に読むと，時空点 x^μ で電子を消滅させてからただちに同じ点で電子を生成する操

作です．もし，この操作を施した状態において実際に点 x^μ に電子が存在していれば，電子を消してまた作るにすぎないので，もとに戻る，つまり操作としては何もしなかったのと同じですから，状態に 1 をかけるのと同じになります．もし，点 x^μ に電子が存在していないならば，同じ操作を施しても意味のある状態は得られないので，ゼロを与える，言い換えるとゼロをかける操作と見なせます．よって，ある時刻 $t = x^0/c$ に，空間全体に存在する電子の数を調べるという操作は

$$\iiint \mathrm{d}x^1 \mathrm{d}x^2 \mathrm{d}x^3 \rho(x^\mu)$$

で表されます．$\rho(x^\mu)$ を電子の個数密度演算子と呼びます．この考え方を一般化すれば，電子が起こすあらゆる可能な状態の変化，つまり運動を電子の場を用いて表すことができます．電子の運動法則自体を量子場の運動法則として表現できるわけです．このようにして構成されるのが，場の量子論です．

これからの議論との関係で，もう 1 つだけ重要なことにふれておきます．先に量子場 $\psi(x^\mu), \psi^\dagger(x^\mu)$ は，普通の数で言うと互いに複素共役の関係にある（演算子としてはエルミート共役）と言いました．したがって，それらをガウス平面のベクトルと見なして $\psi(x^\mu)$ の偏角にあたるものを考えることができます．この偏角を普通の関数としての角度 $\theta(x^\mu)$ だけ反時計方向に回転すると，場は

$$\psi(x^\mu) \to \mathrm{e}^{i\theta(x^\mu)}\psi(x^\mu), \quad \psi^\dagger(x^\mu) \to \mathrm{e}^{-i\theta(x^\mu)}\psi^\dagger(x^\mu) \qquad (11.1)$$

と変換を受けます．このとき $\mathrm{e}^{-i\theta}\mathrm{e}^{i\theta} = 1$ ですから，電子の個数の演算子 $\rho(x^\mu)$ は変化しません．つまり，電子の個数という物理量は，電子の場の偏角に関して，原点の選び方にはよらない量になっているわけです．このような変換をゲージ変換と呼びます．つまり，個数密度演算子はゲージ変換のもとで不変です．

統一へのアイデアI：ワイルの理論

 ゲージ変換という概念は，数学者のワイルが一般相対性理論を拡張して電磁場を含めるために1918年に提唱した考えがもとになっています．これは，電磁場と重力場の統一に向けての最初の重要な提案でした．一般相対論について簡単に復習しておきましょう．アインシュタインの考えの出発点は，重力場を時間空間での長さを表す計量テンソルで表すということです．計量テンソルとは，限りなく近い2つの時空点 $(x^\mu, x^\mu + \mathrm{d}x^\mu)$ の不変距離 $\mathrm{d}s^2$ を $\mathrm{d}s^2 = g_{\mu\nu}(x)\mathrm{d}x^\mu \mathrm{d}x^\nu$ と表したときの係数としての場 $g_{\mu\nu}(x)$ です（以下，時空成分に関する和（縮約）に関して，アインシュタインの約束を用いることにします）．一般相対性理論を支配する基本原理は，「等価原理」と「一般座標共変性」でした．等価原理は，重力と座標変換によって生じる慣性力を統一する原理です．一方，一般座標共変性は，重力場の法則が時空の座標の選び方によらずにつねに同じ形に表現できるというもので，理論全体を支配する対称性を要求したものです．このとき，一般座標変換 $x^\mu \to x'^\mu = f^\mu(x)$ は，次式で与えられる計量テンソルの変換に対応します．

$$g_{\mu\nu}(x) \to g_{\mu\nu}(x') = \frac{\partial f^\alpha(x)}{\partial x^\mu}\frac{\partial f^\beta(x)}{\partial x^\nu}g_{\alpha\beta}(x).$$

これは，一般にベクトルや線素の長さは，座標変換のもとで不変であるという要請から導かれます（簡単のため，変数の添字 μ は略します）．

 ワイルのアイデアは，一般座標共変性をさらに拡張して，計量テンソルを以下のように変換しても理論がいつも同じ形に書けることを要求しようというものです．

$$g_{\mu\nu}(x) \to g'_{\mu\nu}(x) = \mathrm{e}^{\lambda(x)}g_{\mu\nu}(x).$$

ここで，$\lambda(x)$ は任意の実数関数です．この変換により線素は，$\mathrm{d}s \to \mathrm{d}s' = \mathrm{e}^{\lambda/2}\mathrm{d}s$ と変換を受けるので，時空の各点において時間と空間座標のスケールを任意に変化させることに対応します．ワイルはこの要求をドイツ語で "Eich Invarianz" と名づけました．これが英語に訳されて "gauge invariance"（ゲージ変換）となったのです．

この提案の背景を説明しましょう．時空間のある位置で任意のベクトル V^μ を考えます．これを任意の閉じた曲線に沿って平行移動させて，もとの位置まで戻すことを想像してください．簡単のため，2次元空間で考えましょう．もし，空間が完全に平坦な平面であったとすると図 11.1b から納得できるように，戻ってきたベクトルは，もとの出発点にあったときのベクトルに完全に一致します．ところが，空間が地球の表面のような球面（図 11.1a）になっているとそうはいきません．たとえば，北極で球面の接平面の方向を向いているベクトルを，このベクトルの向きの方向に球面に接したまま，南下する曲線に沿って赤道まで達したとします．それから，進行方向を 90 度転じて赤道に沿って平行移動させ，ある地点でまた北極に向かって北上して戻ってきます．戻ったときのベクトルの向きは，明らかに出発したときとは違っていて，ちょうど赤道上の軌道で進んだ経度の変化と同じ分だけもとのベクトルを回転したものになっています．

これほど大きい軌道ではなく，北極の近傍だけを通って帰ってくる場合を考えると，たとえ北極を何周したとしても，戻ったベクトルのもとの向きからの回転角は小さいままです．十分狭い近傍しか考えなければ，球面のその部分は接平面でよく近似でき，平面のときの結果に近づくはずですから，この結果は当然です．つまり，ベクトルの平行移動によって生じる回転は，空間の曲率によって生じているわけです．逆にこの性質によって時空の曲がり具合を特徴づ

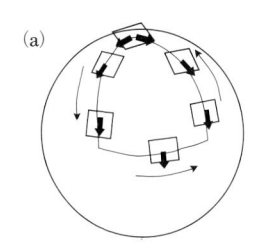

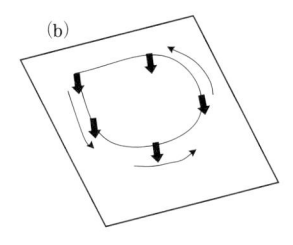

図 11.1 2次元空間（球面と平面）におけるベクトルの平行移動

けられます．これが，むしろ，正確な曲率の定義を与えるのです．

時空の座標系を適当に連続性を保つように与えてあるとします，このとき，位置 x^μ のベクトル場 $V^\mu(x)$ を無限小離れた位置 $x^\mu + \delta x^\mu$ に平行移動して得られるベクトルを $V^\mu(x) + \delta V^\mu(x)$ としたとき，

$$\delta V^\mu(x) = \Gamma^\mu_{\alpha\beta}(x) \delta^\alpha V^\beta(x)$$

によって定義される係数 $\Gamma^\mu_{\alpha\beta}(x)$ を接続場と呼びます．接続場が与えられると，ベクトルの平行移動の規則が決まり，時空の曲率の一般的な定義ができます．そのときベクトルの回転は，この式を平行移動の軌跡に沿って積分した形で表せます．純粋に数学的な立場からは，接続場と計量テンソルは独立でよいのですが，一般相対性理論では，等価原理の要請から接続場は計量テンソルだけを用いて表現します（このとき，接続場はクリストッフェル記号と呼ばれるものに等しく，接続場を一般的に選べばリーマン幾何学のいろいろな拡張が得られます）．上の例で議論した2次元面の場合はまさにこの仮定によっていて，数学的にはリーマン幾何学に相当します．

ワイルの提案に戻りましょう．一般相対論では，ベクトルを平行移動したとき，変化するのはその向きだけであって，その長さは変化しないと仮定されています．しかし，ワイルの提案を認めると，計量テンソルによって決まる長さの定義もゲージ変換によって任意

関数 $\lambda(x)$ に依存して変化できるので,一般相対論の自然な拡張としてこの要請を満たす理論を構築するには,平行移動によって長さの次元をもった物理量が一般にどう変化するのかを定める新しい接続係数の場が必要になります.それなしには,異なった点における長さの基準を比較することがまったく無意味になってしまうからです.そこで,まず線素を無限小移動したときの変化を表す新しいベクトル場 $A_\mu(x)$ を次のように導入します.

$$\delta(\mathrm{d}s^2) = A_\mu(x)\delta x^\mu \mathrm{d}s^2.$$

この新しい接続場の性質は,平行移動して得られる線素の,ゲージ変換のもとでの振る舞いが,平行移動した位置におけるゲージ変換と同じ形をとるとの要請から決まります.つまり,ゲージ変換する前と後で平行移動の規則が矛盾しないためには,

$$\mathrm{e}^{\lambda(x+\delta x)}\Big(\mathrm{d}s^2 + \delta(\mathrm{d}s^2)\Big) = \mathrm{e}^{\lambda(x)}\mathrm{d}s^2 + A'_\mu(x)\delta x^\mu \mathrm{e}^{\lambda(x)}\mathrm{d}s^2$$

が $\delta x^\mu \to 0$ の極限で成立すべきです.δx^μ の1次の項の比較から

$$A'_\mu(x) = A_\mu(x) + \partial_\mu \lambda(x)$$

が得られます.

ワイルの接続場のゲージ変換は,ちょうどマクスウェルの理論で,ベクトルポテンシャル $\boldsymbol{A}$ とスカラーポテンシャルの場 ϕ をあわせて4元ポテンシャルの場 A_μ を定義したときのゲージ変換とまったく同じ形をしているのに気がついてください.また電場ベクトルと磁場ベクトルをまとめて,6個の成分をもつ反対称テンソルの場 $F_{\mu\nu}(x) = -F_{\nu\mu}(x)$ で表せますが,それはベクトル場 A_μ を用いて

$$F_{\mu\nu} = \partial_\mu A_\nu - \partial_\nu A_\mu$$

と，ゲージ変換のもとで不変な形に書けます．ワイルはこうした議論により，一般相対性理論と電磁場の理論を統一するための原理を発見したと考えたのです．先に述べたように，歴史的には電磁場のポテンシャル場の変換をゲージ変換と呼ぶようになったのは，このワイルの指摘がもとになっています．

しかし，この提案には根本的な弱点がありました．それはアインシュタインによってただちに指摘され，ワイルの論文は，アインシュタインのコメント付きで出版されることになりました．一般に，曲がった空間では，ベクトルを平行移動したとき，もとのベクトルを回転したベクトルが得られました．この回転角度は，時空の曲がり具合に依存し，当然，平行移動の軌跡によっても一般に異なります．ワイルの理論ではこの回転に加えて，時空の長さの単位自体の変化も起きることになります．物差しや時計を時空のある 2 点間で平行移動したとき，物差しの目盛りの大きさや時計の針の進み方が，平行移動の軌跡の違いにより異なってしまうのです．これはすべての素粒子について言えるので，原子や分子の大きさやそこから発する光のスペクトルなどが個々の原子の過去の軌跡によって異なることになってしまいます．このとき曲率にあたるのは，まさに $F_{\mu\nu}$ で表される電磁場です．つまり，電磁場の存在によって水素原子のスペクトルを観測するたびにすべて異なった性質が示されるという結論になり，明らかに実験事実に矛盾します．結局，彼の提案は魅力的ではありましたが，現実には受け入れられないものでした．

ワイル変換は電磁場のゲージ変換とは別ものであったのに，名称だけは広く使用されるようになりました．こういう歴史のいたずらは，他にもありそれほど珍しいことではありません．皮肉なことに，量子論によってワイルの考えがまったく別な形で復活したのです．量子場の偏角の変換 (11.1) を思い出してください．この変換は，線素

に対するワイルの変換とよく似ています．$\lambda(x) \to i\theta(x)$ として，実数関数を純虚数関数に置き換えれば同じ形をしています．したがって，量子場を平行移動することを考えると，やはり新しい接続場の導入が必要になります．それなしでは異なった時空点で量子場のガウス平面の角度に関する原点を関係づけることが不可能になってしまい，ひいては場の異なった時空点での比較が無意味になるからです．前にふれた粒子の個数密度を定義するときには，場の絶対値（の 2 乗）しか必要なかったので，この問題がないのですが，量子場を用いて粒子の運動を記述するには，どうしても必要になります．ワイルの議論を自然にこの場合に適用すれば，無限小平行移動の効果を

$$\delta\psi(x) = iA_\mu(x)\delta x^\mu \psi(x), \quad \delta\psi^\dagger(x) = -iA_\mu(x)\delta x^\mu \psi^\dagger(x)$$

と定義して接続場を導入できます．このとき接続場のゲージ変換は前の結果で置き換え $\lambda \to i\theta$, $A_\mu \to iA_\mu$ を行えばよいので，

$$A'_\mu = A_\mu + \partial_\mu \theta$$

となります．この接続場により，たとえば，多電子系の 4 元全運動量に対応する演算子 P_μ は

$$P_\mu = -i\hbar \int d^3x \psi^\dagger(x)\Bigl(\partial_\mu - iA_\mu(x)\Bigr)\psi(x)$$

という具合に表現できます．これが電子の場と接続場を同時にゲージ変換したとき不変に保たれることは容易に確かめられます．一般に時空点に関する微分作用 ∂_μ を，共変微分 $D_\mu(x) = \partial_\mu - iA_\mu(x)$ で置き換えることにより，もっと一般のゲージ不変な演算子や場の運動方程式を表せます．一般相対論で一般座標共変性を保つために微分を共変微分に置き換えるのと同じ考え方です．

アハロノフ−ボーム効果とゲージ理論

　ここで，ワイルの提案に対するアインシュタインの批判を思い出してください．量子場のゲージ変換としてワイルの変換を解釈し直した場合には，問題が解消するでしょうか．平行移動で変化するのはこんどは量子場の偏角になります．たとえば，図 11.2 のように電子がある一定の場所 P から放出されて，そこから離れたところにあるスクリーン S に到達するとします．その途中は壁で仕切られていますが，壁には細く短いスリットが 2 本互いに平行にあけられていて，電子はどちらかのスリットを通って S に向かう場合を考えます．これは，量子論の教科書では必ずと言ってよいほどよく取り上げられる例ですので，なじみの人も多いでしょう．量子力学によれば，このときスクリーンに到達したときの電子の位置についての確率には，電子の波動性を反映した干渉パターンができます．これはちょうど光線の干渉のときと同じで，それぞれのスリットを通った電子の波動がスクリーンの位置で重なり合うため，それらの位相の違いによって説明できたことを思い出してください．

　このスリットの間の部分の狭い領域に磁場（B）があり，電子の軌道がなす面と垂直方向に向いていたとします．スクリーンのある

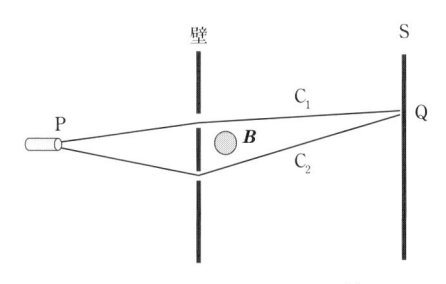

図 **11.2**　アハロノフ−ボーム効果

位置 Q に電子が到達するとき，P から Q へ向かうには，どちらのスリットを通過するかで，基本的に 2 種類の電子の移動の道筋がありますね．それを C_1, C_2 とします．電子場の平行移動の規則によって，それぞれの道筋を電子が移動したときの位相への磁場による寄与は，接続場（＝磁場のベクトルポテンシャル）の線積分として

$$e^{i\int_{C_1} d\bm{x}\cdot\bm{A}}, \quad e^{i\int_{C_2} d\bm{x}\cdot\bm{A}}$$

と表せます．この位相は当然電子の運動を表す波動関数にそのまま寄与するので，それらが重ね合わさったときの干渉パターンは，磁場（位相のガウス平面における曲率）がないときに比べて，その位相差の分だけ移動するはずです．この位相差は，ちょうど軌跡 C_1 で点 Q に達した後 C_2 に沿って電子が発した位置 P に戻ったときの偏角の差で決まります．電磁気学で習うストークスの公式を用いて次式を得ます．

$$e^{i\int_{C_1} d\bm{x}\cdot\bm{A} - i\int_{C_2} d\bm{x}\cdot\bm{A}} = e^{i\oint d\bm{x}\cdot\bm{A}} = e^{ie\int d\bm{S}\cdot\bm{B}}.$$

ここでは，いままで用いてきた接続場の空間成分 $\bm{A}$ と磁場（磁束密度ベクトル）の関係が $e\bm{B} = \nabla\times\bm{A}$ であることを用いました（e は電子の電荷）．つまり，磁場による干渉パターンの変化は，P から P に戻る閉じた道筋（C_1–C_2）によって囲まれる面を貫く磁束 $\int d\bm{S}\cdot\bm{B}$ によって定まります．これはアハロノフ–ボーム効果と呼ばれ，実験的にも検証されている性質です．つまり，当初のワイルの提案に対するアインシュタインの批判は，そのまま逆に量子場によるゲージ変換の解釈が正しいことの証明と見なせるわけです．

　量子場のゲージ変換の考え方は，さらに拡張できます．電子の量子場は複素数に対応して，ガウス平面のベクトルと見なせたわけですが，たとえば，原子核を作っている陽子や中性子などの核子の構

成要素であるクォークの場は，ちょうど色の3原色と似たような3つの独立の方向をもつ複素ベクトルと見なせます．それを $\psi_a(x)$, $\psi_a^\dagger(x)$ $(a=1,2,3)$ で表し3成分のベクトルの場 $\vec{\psi}(x)$, $\vec{\psi}^\dagger(x)$ とします．このとき，ゲージ変換にあたるのは，行列とベクトルの積の規則を用いて

$$\vec{\psi}(x) \to \vec{\psi}(x)' = U(x)\vec{\psi}(x), \ \vec{\psi}^\dagger(x) \to \vec{\psi}^\dagger(x)' = \overline{U}(x)\vec{\psi}^\dagger(x)$$

です．ここで，記号 $U = \{U_{ab}\}$, $\overline{U} = \{\overline{U_{ab}}\}$ は3行3列の複素行列で，その複素共役行列の転置行列 $\overline{U}^{\mathrm{T}}$ が逆行列（つまり，$U\overline{U}^{\mathrm{T}} = 1$ を満たすユニタリ行列）であるようなものです（正確にはさらに行列式 $\det U$ が1に等しいもの）．ユニタリ条件が必要なのは，個数密度演算子 $\vec{\psi}^\dagger(x) \cdot \vec{\psi}(x)$ がゲージ変換に対して不変でなければならないことから納得できるでしょう．普通のゲージ変換のときと同じ考え方によって，新しい接続場 $A_\mu^{ab}(x)$（行列の場）が必要になります．こうしてできる理論（量子色力学）によって，クォークの相互作用（強い相互作用）が正しく記述できることが分かっています．特に，新たな接続場（対応する粒子をグルーオンと呼ぶ）の存在が，実験的に証明されているのです．

　ついでにふれておくと，2004年のノーベル物理学賞の対象になったのは，この理論において「漸近自由性」として知られる重要な性質を1973年に発見した功績に対してでした．重力を除く素粒子の相互作用は，すべてこれと同じ考え方に基づく量子場の理論によって記述できます．こうした理論を一般に「ゲージ理論」と呼んでいます．また，接続場をゲージ場と呼びます．1960年代の終盤から，ゲージ理論に基づく相互作用の統一理論への試みが盛んに行われるようになりました．このとき統一とは，個々のゲージ変換を1つの大きなゲージ変換の特別な場合として実現するのに相当します．電

磁気相互作用と，いわゆる「弱い相互作用」はゲージ理論でうまく統一でき，ワインバーグ–サラム理論と呼ばれ，1980年代初盤までに実験的にもほぼ完全に検証されました．量子色力学もほぼ同時進行で発展したものです．さらに，これらを統一する「大統一理論」と呼ばれる考え方が70年代から研究されていますが，それについてはまだ実験的な検証がなされているわけではありません．そこまでいくと，重力も視野に入れるべきで，ゲージ理論と，重力を記述している一般相対性理論をどう統一するかが，80年代中盤以降，非常に切実な問題として認識されるようになってきました．これについては，最後に超弦理論との関係でまたふれることにして，次に，統一へ向けて提出された重要な考え方をもう1つだけ紹介しましょう．

統一へのアイデアII：カルツァ–クラインの理論

電磁場を一般相対性理論の考え方と調和する仕方で導入するアイデアとしてよく知られていて，超弦理論や超重力理論にとっても重要なのは，4 $(= 3+1)$ 次元より高い次元の時空を想定して，計量テンソルから自然に電磁ポテンシャルや，さらに一般化されたゲージ場が得られるようにする方法です．これは，最初1921年にカルツァが提案しました．

空間が3次元ではなくもう1つ余計な次元（座標 x^4 で表す）をもっているとします．つまり時空としては5次元です．そこで一般相対性理論を考えると，計量テンソルには4次元時空の場合に比べて，$g_{\mu 4}, g_{44}$ $(\mu = 1, 2, 3, 0)$ の5個だけ成分が多いですね．そこで，5次元時空の線素が

$$\mathrm{d}s^2 = \mathrm{d}s_4^2 + \left(\mathrm{d}x^4 + RA_\mu(x)\mathrm{d}x^\mu\right)^2 \tag{11.2}$$

の形をしているとしてみます（R は定数）．$\mathrm{d}s_4$ は4次元時空の線素

なので，この仮定は5次元にしたために余計に必要な計量テンソルの成分を $g_{\mu 4}(x) = RA_\mu(x)$, $g_{44} = 1$ とおいたのに相当します．場 A_μ に4次元だけの一般座標変換に対してベクトルの変換性をもたせておけば，この線素は4次元時空の座標変換のもとで不変です．もちろん，座標成分も余計な4次元目の座標 x^4 を含むわけですが，その方向の空間は半径が定数 R の円周になっているとしましょう．つまり，$x^4 \sim x^4 + 2\pi R$ です．もし，R が十分に小さい（たとえば原子核などよりもずっと小さい）とすると，x^4 は通常の観測にはかからないとしてよいので，取り扱う場は実質的には普通の4次元時空座標 $(x^1, x^2, x^3, x^0 = ct)$ だけの関数と仮定できます．このとき，5次元の一般座標変換として5次元目の座標原点をずらす変換 $x^4 \to x^4 + A\theta(x)$ を施したとき，線素 (11.2) が不変であるには，

$$A_\mu(x) \to A_\mu(x) + \partial_\mu \theta(x)$$

という変換を同時に行えばよいです．これはちょうどゲージ変換の形をしています．5次元時空の場の方程式を調べると，R が小さい極限でこのベクトル場が4次元の電磁場と重力場の正しい方程式を与えることも容易に確かめられます．

この提案と量子論との関係は，最初1926年にクラインが指摘し，1938年にさらに発展させる研究を行いました．クライン自身の議論とはちょっと違いますが，簡単のため，1つのスカラー場 $\phi(x^\mu, x^4)$ を上の考え方のもとで考察します．5次元目の座標を無視しなければ，周期条件 $\phi(x^\mu, x^4) = \phi(x^\mu, x^4 + 2\pi R)$ が満たされなければなりません．よって場をフーリエ級数に展開して

$$\phi(x^\mu, x^4) = \sum_{n=-\infty}^{\infty} \phi_n(x^\mu) e^{inx^4/R}$$

と表せます．この中の寄与，たとえば $n=1$ の項 $\phi_n(x^\mu)e^{ix^4/R}$ を取り出して，座標 x^4 の原点をずらす変換を施すと

$$\phi_1(x^\mu)e^{ix^4/R} \to \phi_1(x^\mu)'e^{ix^4/R}, \quad \phi_1(x^\mu)' = e^{i\theta(x^\mu)}\phi_1(x^\mu).$$

つまり，フーリエ係数の場 $\phi_1(x^\mu)$ は，ちょうど 4 次元の電荷をもった場が受けるゲージ変換そのものによって変換されることが分かります．同様にして $|n|>1$ の場は電荷の強さが n 倍の場を表します．

結局，場の理論を 5 次元などの高次元に拡張したものを 4 次元で見れば，ゲージ場も重力場の一部と見なせ，ゲージ理論と重力を統一的に扱える可能性を示しているわけです．このカルツァ–クラインの理論は，最初の提唱から 50 年も経て復活し，1970 年代後半から最近までの超重力理論や超弦理論において，電磁場との統一とは少し違った意味ではありますが，重要な役割を果たしています．

アインシュタインの試みはどういうものだったか

この考え方にはアインシュタイン自身も興味をもち関連した論文もあります．しかし最終的に彼が追究する方向はまったく違ったもので，1925 年頃から開始し，いくつもの論文で晩年までさまざまな方法で試みたのは，計量テンソル自体を一般化する可能性でした．計量テンソルはその定義から対称テンソル $g_{\mu\nu}(x) = g_{\nu\mu}(x)$ で，4 次元時空では 10 個の成分をもっています．アインシュタインはこれに反対称部分 $a_{\mu\nu}(x) = -a_{\nu\mu}(x)$ を加えて $\mathcal{G}_{\mu\nu} = g_{\mu\nu} + a_{\mu\nu}$ とし，16 個の成分をもつ一般の 2 階テンソル場として扱う一般相対性理論の拡張を試みました．そして，新しく加えられた反対称部分 $a_{\mu\nu}$ を電磁場と解釈できるような場の方程式の定式化を行おうとしました．

もちろん，これも可能性としてはおもしろい試みではあるのですが，十分に説得力のある定式化を得ることはできませんでした．た

とえば，この考えのもとでは物質場との相互作用をどう導くかが不明確です．ただ，間接的にはこれと似た側面をもつ反対称テンソル場が，アインシュタインが意図したのとはまったく別の意味で，超重力理論や超弦理論にも現れ重要な役割を果たします．特に超弦理論においては，それは弦の生成・消滅を表す量子場のゲージ変換に対応する新しい接続場（B場と呼ばれる）として解釈することも可能です．見方によっては，アインシュタインのアイデアも，ゲージ変換と結びつき超弦理論の中で新しく生まれ変わって復活したと言えます．

現代の統一理論：私たちはどこまで来ているか

最後にアインシュタインの一般相対論から始まったと言える統一理論への歩みが，どう発展して現在の超弦理論などにつながっているのか，ごく簡単にまとめて終えることにします．ワイルのアイデアがその出発点になったゲージ理論が本格的に発展し始めたのは，アインシュタインが亡くなる1955年の直前からです．1954年にはヤン–ミルズ理論と呼ばれるゲージ場理論が提唱されました．初期のゲージ場理論の発展には，日本の内山龍雄も重要な寄与をしています．前にふれたワインバーグ–サラム理論や量子色力学はこのゲージ場の理論に基づいています．今日の話ではふれることができませんでしたが，場の量子論は実は紫外問題と呼ばれる無限大の困難を抱えています．ゲージ場理論も，現実的な理論として研究されるようになるには，「くり込み理論」として知られる方法論が発展してこの困難を乗り越えられるようになるまで，17–18年ほどの時間がかかっています．

1970年代のゲージ理論の成功を受けて，重力を扱う一般相対性理論とゲージ理論を統一する問題が80年代に入って，重要な問題とし

て広く認識されるようになってきました．その過程で，一般相対性理論を，「超」対称性と呼ばれるさらに高度な対称性の要請を満たすように拡張する超重力理論などが提唱されました．しかし，その理解が深まると同時に，くり込み理論の方法は一般相対性理論やその拡張としての超重力理論ではほとんど無力であり，無限大の困難は，量子論と一般相対性理論の基本原理が実は互いに相容れないことを示す証拠と見なすべきであるとの認識がなされました．

こうした状況の中で脚光を浴び出したのが（超）弦理論です．弦理論の誕生は，実はずっと以前の 1968 年に，イタリアの若手学者ヴェネチアノが中間子の散乱を表す量子力学的表式を提唱したときまで遡ります．その 1–2 年後には，この式を時空を伝播する 1 次元的に広がったある物理的自由度（弦と呼ぶ）の量子力学によって理解できることが判明（南部，サスキント，ニールセン）し，数年間の急速な進展を経て，1973–74 年に一般相対性理論を含むことが示され（米谷，シャーク–シュワルツ），統一理論への道が用意されたのです．しかし，その意義が広く認識されるには，通常の量子場の枠組みの中での量子重力への試みでは避けられない決定的な困難が認識される 80 年代中盤までの 10 年ほどの準備期間が必要でした．

超弦理論がそれまでの重力量子論の試みと本質的に違うのは，弦の量子論から自動的に一般相対性理論，ヤン–ミルズ理論などが導かれると同時に，無限大の困難を解消するメカニズムを内蔵していることです．このメカニズムがその姿を表すのは，プランク長と呼ばれる超極微の領域です．プランク長とは，プランクの 1900 年の論文で最初に指摘されたもので，物理法則を特徴づける 3 個の基本的な物理定数，光速度 c，プランク定数 h とニュートンの重力定数 G だけにより $l_\mathrm{P} = \sqrt{Gh/c^3}$ と表される長さの次元をもった定数です．その値は，おおよそ，10^{-32} cm です．超弦理論によって初めて，

この領域で有効性を発揮する首尾一貫した理論の可能性が明らかになったのです．これは物理学の歴史の中でも画期的な意味があります．ただし，超弦理論はまだその原理がよく分かっていない未完成な理論です．原理が分かっていない「理論」とはどういうことなのか，それでは超弦理論が本当に有効な理論なのかどうかはっきりしないのではないかと思う人が多いでしょう．もっともな疑問ですが，超弦理論の中身についての私たちの理解が進展するにつれ，その深さについての認識も進んできているのです．たとえば，超弦理論の中には，今日説明した統一に向けてのさまざまなメカニズムのすべてが，まるでジグソーパズルのようにうまく組み合わさってはめ込まれています．それがあまりにも驚くべきほど豊富な内容を示しているので，この理論を追究する過程で，量子論と相対論という現代物理学の2本の柱を統一する新しい枠組みを構築するための基本原理を開示できるに違いないと多くの専門家が確信を強めています．この確信は最近10年ほどの発展により，ますます深まってきています．

　今日の話は，アインシュタインと統一理論との関わりが主題ですから，超弦理論の内容に立ち入って説明する時間がありません．もっと知りたいという人は私のホームページ (http://hep1.c.u-tokyo.ac.jp/~tam/jp.html) を覗いてみてください．他の解説などについてのリンクやリストを載せてありますので参考にしてください．また，われこそはと思う人は大学院に進学して，私たち駒場素粒子論グループで研究者の道を目指すこともできます．みなさんの中から将来この分野の進展に寄与する優れた研究者が出てくれるよう期待してます．

「一般相対論に対する宇宙的考察」
Berl. Ber., **142**, 1917.

Special Lecture

その後のアインシュタイン
重力波・宇宙項・EPR

米谷民明

本書ではアインシュタインの奇跡の年の業績を中心にして，その後の物理学の進展の基礎になったアインシュタインの仕事についてそれぞれ個性的な講義がなされています．また，彼の仕事全体についての歴史的概観は「宇宙の主任技師：アインシュタインの生涯と物理学」に述べられています．しかし，彼の残した仕事は実に広範なもので，十分にカバーできなかったものに重要なものがいくつもあります．そこで「補講」として，これまでの講義ではあまりふれられていない業績のうち，最新の物理学の話題につながるようなものについて，最近の発展に関するごく簡単な紹介も含めて解説することにします．それでもまだ，「ブラックホール」など，密接に関連していても紙数の関係でここでは割愛せざるを得ない話題がいくつかあります．不十分でも，これまでの講義とあわせて，読者のさらなるアインシュタインの探究のための一助として役立ててください．

一般相対性理論のその後

　特殊相対性理論の完成の後，足掛けおよそ10年にわたる苦闘を経て，1916年に「一般相対論の基礎」が発表されたわけですが，その後も1910年代の間に，一般相対性理論の意味をさらに深める考察が次々と発表されています．そのうち代表的なものとして，重力波に関する研究，宇宙論への応用，などがあげられます．1920年代から以後も，彼は一般相対性理論の不満足な点を深く認識して，さらにより進んだ理論を目指した研究を晩年まで続けたのです．それらは統一理論の研究とも陰に陽に関係しています．統一理論に関しては，アインシュタインの考えのごく一部と，後の発展に寄与した同時代のワイル，カルツァなどの仕事，そして現代の超弦理論についてレクチャー11で解説しましたので，ここではもうふれないことにします．

1. 重力波

特殊相対性理論の出発点は，電磁場理論です．電磁波がどの慣性系でも真空中をつねに一定の速度 c で伝わるという性質の深い意味が解明されたのでした．電磁「波」の存在は，電磁場がそれ自身として，時間空間の各点に存在するエネルギーや運動量をもった物理的「自由度」であることによっています．一般相対性理論によると，重力も電磁場と同じ意味で時間空間の歪みを表す場＝「重力場」によって表され，重力場はそれ自身としてエネルギーや運動量をもった物理的自由度と見なせるわけです．これらの場は，それぞれ粒子と同じように固有の「慣性」をもった運動自由度です．これは，場の方程式が時間に関する 2 階の微分を含むことに対応しています．厳密に言うと，重力場のエネルギーや運動量をどう定義するかは，電磁場や物質粒子の場合に比べて少し難しいところもあるのですが（実際，一般相対性理論の初期の段階では論争の的になっていました），もし時空歪みがそれほど大きくないとすると，重力場は他の場と同じ仕方でミンコフスキー空間の枠内で扱えます．重力場が 0 と見なせるときには，時空の計量テンソルはミンコフスキー空間の計量 $g_{\mu\nu} = \eta_{\mu\nu}$ に等しい（$\eta_{00} = -c^2$, $\eta_{11} = \eta_{22} = \eta_{33} = 1$, 他の成分はすべて 0）ので，重力場が十分に弱いならば，$g_{\mu\nu} = \eta_{\mu\nu} + \gamma_{\mu\nu}$ とおいたとき，$\gamma_{\mu\nu}$ はそのすべての成分が $\eta_{\mu\nu}$ に比べて十分小さいようなテンソル場と見なせます．このとき，$\gamma_{\mu\nu}$ をあたかもミンコフスキー空間を伝播する通常の場として扱うことができます．アインシュタインは 1916 年に，この考え方による重力波に関する最初の論文を書きました．最初の論文は計算のミスなどがあったりして不十分なものでしたが，1918 年（「重力波について」）には $\gamma_{\mu\nu}$ の 1 次までの近似（線形近似）による系統的な取り扱いを行い，重力波

の理論の基礎となる式

$$\Box \gamma'_{\mu\nu} = -2\frac{\kappa^2}{c^4}T_{\mu\nu}, \quad \gamma'_{\mu\nu} = \gamma_{\mu\nu} - \frac{1}{2}\eta_{\mu\nu}\gamma^\alpha_\alpha$$

を導いています.ここで $\partial_\nu \gamma'^{\nu}_\mu = 0$ が満足されるように座標系を選んであるとしています(以下 $\kappa^2 = 8\pi G$ とする).$T_{\mu\nu}$ は物質のエネルギー運動量テンソル,記号 $\Box$ は電磁ポテンシャル A_μ を $\partial_\mu A^\mu = 0$ を満たすように選んだときの電磁波の方程式 $\Box A_\mu = j_\mu$ に用いるのと同じ演算子記号 $\Box = \partial_\alpha \partial^\alpha$ です.また,添え字 $\mu, \nu, \alpha, \ldots$ などの上付き下付きの意味は,特殊相対性理論のときと同じです.

これからただちに,重力波は電磁波と同じ速度 c で真空中を伝播することが導かれます.アインシュタインはさらに,物質の運動によって放出される重力波のエネルギー,およびその物質エネルギーへの転換など,重力波理論の基礎を築きました.電磁波が電荷をもった物体の振動や回転などのような(一定でない)加速運動によって生ずるのと同様に,物体が球対称性を満たさないような振動や回転などの運動をすると,一般に重力波が発生することが結論されます.

しかし,重力波の強さはきわめて小さいものです.たとえば,長さ $1\,\mathrm{m}$,重さ $1\,\mathrm{kg}$ の棒が,毎秒1ラジアンの角速度で横向き回転しているときに放出される重力波のエネルギー量は,毎秒 $10^{-54}\,\mathrm{J}$ 程度にすぎません.このため,現在までのところ重力波の直接の検出はされていないのですが,すでに間接的には明確な証拠があります.連星パルサーと呼ばれるある特別の2重星から周期的に発せられる電波の精密な観測に基づき,2重星をなす星の楕円軌道の運動周期が次第に小さくなっていることが確かめられました.周期が短くなるのは,この系が重力波を発してエネルギーを失い軌道半径が小さくなることから定量的に説明できるのです.

現在,世界各地で重力波を検出するための観測装置が動き出したり

建設途中にあります．もし宇宙のどこかで，たとえばブラックホール同士の衝突とか，超新星の爆発などのような大規模な天文学的変動が起こると，それによって発せられた重力波が地球に届いて生じる地表の歪みが観測できると期待できます．この歪みを精密なレーザー干渉技術により検出しようとする実験施設が有望です．少々規模は小さいですが，日本でも世界に先駆けて国立天文台の敷地に設置（TAMA300と愛称されている）され観測が行われています．この種の施設で現在最大のものは，LIGOと呼ばれる米国のものです．残念ながら，これらによっても直接の検出にはまだ至っていませんが，今後世界的な協力によりさらに精密かつ大規模な観測が進み，遠くない将来に重力波の直接検出がなされることは間違いありません．重力波の検出は，単に一般相対性理論のさらなる検証という以上に，今後の宇宙観測やそれによる理論への影響から考えて非常に重要な意味があります．また，電磁波がマクスウェルの予言から150年近くを経た今日，誰もが用いる日常の道具になっているのに匹敵するようなことが将来重力波でも起こらないとは限りません．

ところで，重力波とは直接関係ありませんが，一般相対性理論と日常生活との関係という意味では，現在さまざまなところで役立っているGPS（global positioning system，汎地球測位システム）を，米軍の技術者が開発する過程で，重力による時間の遅れの効果が，重要な役割を果たしたことがよく知られています．本講義では説明する余裕はありませんが，最近いろいろな本や雑誌で取り上げられていますから，興味をもった読者は調べてみたらよいでしょう．

2. 宇宙論への応用

アインシュタインは，1917年に「一般相対論に対する宇宙的考察」という論文を発表します．これは，一般相対性理論に基づく現在の

宇宙論の始まりをつげる記念碑的な論文になりました．論文は，一般相対性理論の場の方程式がニュートンの重力理論と同じように2階の微分方程式であることによる根本的な問題を抱えているという指摘から始まります．ニュートンの理論では，重力のポテンシャル ϕ と物質の質量密度 ρ がポアソンの式 $\triangle \phi = \frac{\kappa^2}{2}\rho$ で結ばれています．しかし，この式は，ϕ が無限に遠くでは定数（通常は0に選ぶ）になるという条件を課して初めて一意的に解が定まります．アインシュタインの場の方程式は，時間を含むもっと複雑な式ですが，やはり解を定めるには，初期条件と並んで，空間の無限に遠くでの振る舞いを「境界条件」として与える必要があります．しかし，一般相対性理論自身からは，この境界条件として何を採用すべきかは決まらず，結局それぞれの場合に応じてもっともらしいと思われる条件を仮定して解を求めなければなりません．アインシュタインはこの点を自分の理論が抱えている非常に不満足な欠点であると考え，そうした任意に外から与えなければならないような条件を必要としない理論が望ましいと述べています．それによって宇宙全体を議論できるような理論がほしいと考えたわけです．レクチャー5でも引用されている彼の「京都講演」の最後には，こうした研究に向かうには，古典力学でマッハが行った慣性に関する考察が自分に大きな影響を与えたと述べられています．実際，彼の論文の第1節は，ニュートン力学で宇宙論を取り扱うときのさまざまな問題点を注意深く論じる内容になっています．

そうした考察の後，彼は宇宙全体を取り扱ううえでまず以下の性質を「仮説」として前提にします．(1) 一様等方性：宇宙をもっとも大局的に見たとき，宇宙は一様であってどこにも中心は存在しない，(2) 有限宇宙：宇宙全体の体積は有限である，(3) 静的宇宙：同じく宇宙を大局的に見たとき，宇宙の構造は時間的に変化しない，の3

つです．(1), (2) の動機が，上に述べた境界条件の問題で，一様で有限な宇宙の仮定によりそれを避けようとしたのです．また，(3) は当時の宇宙についての常識に基づいています．これらの仮説から，計量は適当な座標系を選べば次の形に書けることが導けます．
$$ds^2 = L^2\Big[-c^2 dt^2 + d\psi^2 + \sin^2\psi(d\theta^2 + \sin^2\theta d\varphi^2)\Big].$$
ここで，ψ は 0 から π までの範囲，また，(θ, φ) は通常の球面座標のときと同じ範囲の角度座標です．ここでは，後の議論の都合のため，アインシュタインの論文の座標系とは異なった選び方をしています．この式の第 2 項以下の部分
$$d\sigma^2 = L^2\Big[d\psi^2 + \sin^2\psi(d\theta^2 + \sin^2\theta d\varphi^2)\Big]$$
は，ちょうど 4 次元のユークリッド空間に埋め込まれた 3 次元の(超)球面(半径 L)の計量と一致します．確かに，球面にはどこにも特別な点＝中心は存在しませんね．また，任意の点の周りの小さい部分だけを見れば球面とそこで接する平面(いまの場合は 3 次元ユークリッド空間)とは区別がつかないので，宇宙の大きさ L に比べて小さい距離で起こる現象だけを扱う限りでは，ユークリッド幾何学が成り立ちます．実際，上の式で $\psi = r/L$ と置き直して，$L \to \infty$ と極限をとると $d\sigma^2 = dr^2 + r^2(d\theta^2 + \sin^2\theta d\varphi^2)$ が得られますが，これは確かに通常の平らな 3 次元空間の極座標表示に一致します．

しかし，この「アインシュタイン宇宙」は実は場の方程式を満足しないことが判明します．そこで，彼は，場の方程式そのものを変更すべきであるとして
$$R_{\mu\nu} - \frac{1}{2}g_{\mu\nu}R + \Lambda g_{\mu\nu} = -\frac{\kappa^2}{c^4}T_{\mu\nu}$$
を新たに提唱しました．もとの式との違いは左辺の第 3 項です．ここで新たに現れた定数 Λ を宇宙定数と呼びます．アインシュタイン

宇宙の半径は，宇宙定数と $L^2 = \frac{1}{\Lambda}$ という関係にあります．「京都講演」には，宇宙定数の導入によって「一般相対性理論が認識論的に満足なものになった」と信じると述べられており，当時の彼にとってこの結果は大変気に入ったものであったようです．1919年には「重力は物質の素粒子構造にとって本質的な役割を果たすか」という論文を発表して，宇宙定数と素粒子構造の問題を関係づけようという試みをしているのもその表れでしょう．これは1920年代に始まる彼の統一場理論への先駆けといえる仕事です．

アインシュタインの研究からほどなくして，一般相対性理論に基づく宇宙論の研究が盛んになされるようになりました．まず同じ1917年に発表されたデ・シッターの研究によって，アインシュタインの3つの仮定のうち(3)を外した場合，つまり時間によって変化できるとしたときにも，一様等方な宇宙解が存在することがわかりました．これは宇宙定数を入れた場合ですが，1922年になってフリードマンにより，宇宙定数がない（$\Lambda = 0$）もとの場の方程式でも時間に依存する解で一様等方なものが存在できることが指摘されました．その後さらに，ルメートル，ロバートソンらによってくわしく研究されました．解の形は，一様等方な3次元空間の計量を $\mathrm{d}\sigma^2$ として

$$\mathrm{d}s^2 = L(t)^2[-c^2\mathrm{d}t^2 + \mathrm{d}\sigma^2] \tag{1}$$

という形をとります．一様等方3次元空間は，球面だけではなく無限に広がったユークリッド空間や，球面とは反対の方向に曲がった「負」曲率の空間も可能です．

1920年代の終盤になり，実際の宇宙の観測のデータから，宇宙は実は膨張を続けていることがハッブルによって発見されました．数十個の星雲が発する光のスペクトルの分析によって，地球からの距離に比例する大きさで，振動数が低下していることが判明したのです

（赤方偏移と呼ぶ）．もし，遠くの星雲がその距離に比例した速度で遠ざかっているとするとこの結果は自然に説明がつくのです．たとえば，巨大な風船がゆっくり膨張しているときを想像してみると分かるように，宇宙のすべての点で一様に膨張しているとすると，異なった2点は，確かにその間の距離に比例する速度で遠ざかります．

ここで，一般相対性理論の考え方によって，赤方偏移を説明しておきましょう．遠くの星にある原子が発した光を観測し，地球上の同じ種類の原子が発する光の振動数と比較すると考えます．地球で観測した時刻を計量に用いた座標時間 t で表したとき $t = t_0$，また星で光が発した時刻を同じく $t = t_1$ とします．光の振動周期を座標時間で計って T とすると，対応する固有時間周期は星の位置では $\Delta \tau_1 = L(t_1)T$ です．光はつねに条件 $ds = 0$ を満たして伝播するので，式 (1) の形の計量を用いたとき，$L(t)$ で表される宇宙膨張とは無関係に座標時間に関して同じ周期 T をもっていますから，地球に到着したとき1周期に対応する固有時間周期は $\Delta \tau_0 = L(t_0)T$ を満たします．よって，地球で実際に観測される振動数 $\nu_0 = (\Delta \tau_0)^{-1}$ と，もとの原子自身で決まる振動数 $\nu_1 = (\Delta \tau_1)^{-1}$ は関係式 $\frac{\nu_0}{\nu_1} = \frac{L(t_1)}{L(t_0)}$，あるいは波長に直して

$$\frac{\lambda_0 - \lambda_1}{\lambda_1} = \frac{L(t_0) - L(t_1)}{L(t_1)}$$

を満たすことが結論されます．遠くの星になればなるほど時刻 t_0 と t_1 の差は大きくなり，$L(t_0) - L(t_1)$ も大きくなりますから，赤方偏移が大きくなることがこれから分かります．

赤方偏移をくわしく調べると，星の距離の情報とあわせることにより宇宙膨張の様子がわかります．計量の式をアインシュタイン方程式に代入すると，宇宙半径 L に対する運動方程式（フリードマン方程式）

$$\frac{\mathrm{d}^2 L}{\mathrm{d}\tau^2} = -\frac{\kappa^2}{6} L\left(\rho + 3\frac{p}{c^2}\right) + \frac{\Lambda c^2}{3} L, \tag{2}$$

$$\left(\frac{\mathrm{d}L}{\mathrm{d}\tau}\right)^2 - \frac{\kappa^2}{3} c^2 \rho L^2 - \frac{\Lambda c^2}{3} L^2 = -kc^2 \tag{3}$$

が得られます．ただし，この式では座標時間 t ではなく，$\frac{\mathrm{d}\tau}{\mathrm{d}t} = L(t)$ で定義される固有時間 τ を用いています．また，ρ と p は，宇宙の物質分布を一様な（粘性のない）完全流体と見なしたときの質量密度と圧力です．式 (3) 右辺のパラメータ k は，3 次元計量 $\mathrm{d}\sigma^2$ が 3 次元球面（正曲率空間），平坦空間，負曲率空間であるかに応じて，$k = 1, 0, -1$ の値にとります．ニュートンの運動方程式との形式的なアナロジーを用いると，式 (3) は，エネルギー保存の式に対応するものと見なせます．ただし，本当の意味でのエネルギー保存の式は $c^2 \mathrm{d}(\rho L^3)/\mathrm{d}\tau = -3pL^2 \mathrm{d}L/\mathrm{d}\tau$ で，これを通じて両式が両立するのです．アインシュタインが議論した場合 ($k = 1$) は，時間微分がすべて 0 で，上に述べたように $L^2 = \frac{1}{\Lambda}$ となります．もし，$\Lambda = 0$ だと静的な宇宙解は確かに存在しません．

宇宙膨張の様子を特徴づけるのに重要な量として，ハッブル関数 $H = L^{-1}\mathrm{d}L/\mathrm{d}\tau$ （しばしばハッブル「定数」と呼ばれますが，重力定数や宇宙定数のような意味での定数ではありません）があります．たとえば，宇宙定数が 0 のとき，もし宇宙が平坦つまり $k = 0$ だとすると質量密度とハッブル関数の間には特別の関係 $\rho = 3H^2/\kappa^2$ が成り立たなければなりません．この質量密度を臨界密度と呼び，特に現在のその値を ρ_c で表します．もし $\Lambda = 0$ で宇宙の質量密度がこれを超えていると，$k = 1$ で宇宙は「閉じて」いなければなりませんが，逆にこれより低いと，$k = -1$ で宇宙は負曲率で無限大の体積をもった「開いた」ものでなければなりません．$k = 1$ のときは，宇宙の膨張は次第に減速して収縮に転じますが，それ以外では，

膨張が永遠に続くことが上の式から分かります．

私たちにとっての「現在」($\tau = \tau_0$) のハッブル関数を H_0 で表したとしましょう（他の量についても現在のものをすべて添え字 0 を付して表します）．このとき臨界質量密度は $\rho_c = 3H_0^2/\kappa^2$ です．現在では宇宙の物質は光速度に比べるとゆっくりとした運動しかしていないため圧力 p は無視できます．また，宇宙にはいわゆる背景輻射として電磁波が充満していますが，そのエネルギー密度は，現在の宇宙では物質の質量密度に比べれば無視できます．これらにより，式 (3) を次のように書き直せます．

$$H^2 = H_0^2 \Big[\Omega_m(1+z)^3 + \Omega_k(1+z)^2 + \Omega_\Lambda\Big].$$

ただし，$\Omega_m = \rho_0/\rho_c$, $\Omega_k = -kc^2/L_0^2 H_0^2$, $\Omega_\Lambda = \Lambda c^2/3H_0^2$, $z = (L - L_0)/L_0$ としました．$z \to 0$ のときの条件から $\Omega_m + \Omega_k + \Omega_\Lambda = 1$ が満たされなければなりません．

現在の観測データからは，Ω_k は無視できるほど小さいこと，および $H_0 \sim 70\,\mathrm{km\ s^{-1} Mpc^{-1}}$（ここで Mpc $= 10^6$ pc, pc は宇宙の距離単位で 1 pc $= 3.0856 \times 10^{16}$ km に等しい），$\Omega_m \sim 0.3$, $\Omega_\Lambda \sim 0.7$ と判明しています．以前は宇宙定数が本当に必要かどうか，観測からは明確な結論は得られなかったのですが，最近の進展により，現在では $\Omega_\Lambda = 0$ としたのではデータをうまく説明できないというのが，一般的な認識になっています．その値はオーダーとしては $\Lambda \sim H_0^2/c^2 \sim 10^{-56}\,(\mathrm{cm})^{-2}$ 程度です．これから決まる長さ 10^{28} cm は，宇宙の大きさを特徴づけるおおよそのスケールと見なせます．これは，光の速さで現在の宇宙の年齢（ほぼ 137 億年）の間ずっと走り続けたときに得られる距離と同じオーダーです．さらに，パラメータ Ω_m は，宇宙のエネルギーの中の物質の割合を示しますが，銀河などのように実際に観測されている物質はそのうち

15％程度にすぎず，物質エネルギーの大部分は実は観測されていない「暗黒物質」からなるという事実が判明しています．その本性を明らかにすることは宇宙論や素粒子論の大きな課題になっています．

1920年代になされた理論的研究や，ハッブルの膨張宇宙の発見を受けて，アインシュタインは1931年に再び宇宙論に戻って論文を発表しました．しかし，宇宙定数の提案は引っ込め，宇宙定数が0の模型を考察すべきであるとし，$k=1$の場合について調べています．さらに翌年にはデ・シッターと共同で平坦宇宙$k=0$について研究しています．「京都講演」に述べられた10年前の立場とは違って，これ以後，彼は宇宙定数を導入したことを深刻に悔やんでいたようです．彼がプリンストン高等研究所に移ってからの話ですが，ガモフ（ロシア生まれの物理学者，量子力学のトンネル効果，宇宙背景輻射の研究で有名）と宇宙論について議論したとき，「宇宙定数の導入は，私の生涯で最大の失敗だった」と語った（ガモフの自伝『わが世界線』による）そうです．これには実際にその議論を廊下で聞いたという証言もあり，確かなことのようです．1949年に出版された『アルバート・アインシュタイン：哲学者–科学者』という論文集（いくつかの講義でふれられているアインシュタインの自伝はこの論文集のために依頼されて彼が書いたもの）の中でも，ルメートルが寄せた「宇宙定数」と題する論文に対する感想で，宇宙定数の導入が必要とは思えないと片付けてしまっています．

現在の場の量子論の立場からすると，一般相対性理論は基本理論ではなく，場の方程式も本来はよりミクロな基本法則から導かれるものであると考えられます．この考えからすると宇宙定数が0というのは，実はきわめて不思議なことなのです．場の量子論によると，「真空」といえどもミクロのレベルで調べると，素粒子が絶えず生成消滅をくり返しているゆらぎをもつ複雑な状態にあります．そのた

め，物質のエネルギー運動量テンソル $T_{\mu\nu}$ は，一般に 0 ではないある平均値 $\langle T_{\mu\nu}\rangle = \lambda g_{\mu\nu}$ をもつと考えられます．これは結果的に宇宙定数 $\Lambda = \kappa^2\lambda/c^4$ と同じ効果をもちます．λ は，自然界に存在するすべての場（重力場自体も例外でない）の効果を含みますし，また平均をとる真空状態の性質にも依存して決まるものです．しかし，もっとも単純に考えれば，物理法則だけで決まるこの宇宙のもっとも基本的な長さの単位であるプランク長 $\ell_{\rm P} = \sqrt{Gh/c^3} \sim 10^{-32}\,{\rm cm}$ で決まるとするのが自然ですから，$\Lambda \sim \ell_{\rm P}^{-2} \sim 10^{64}\,{\rm cm}^{-2}$ 程度と予想できます．しかし，これでは先に述べた観測から知られている値とは，実に 120 桁も違ってしまいます．これは，現在の物理学の最大の謎と言ってもよい重大な事実です．その最終的な解決には，レクチャー 11 で述べたような，一般相対性理論と物質の力学を支配する量子論が完全に融合された統一理論が必要だと考えられます．

　残念ながら，超弦理論の現在の段階ではその説明ができるかどうか見通しは立っていません．これについては，いろいろな立場があります．超弦理論は，量子論に基づき一般相対性理論をも包摂した理論へ，との方向に向かっています．その立場からすると，宇宙定数を定める原理は存在しなくて，膨大な個数（たとえば 10^{500}）の可能な宇宙のうち，たまたま私たちが住んでいる宇宙は，きわめて小さな宇宙定数をもつ宇宙であったために，プランク長に比べて $10^{28}\,{\rm cm}$ という途方もない大きさになれただけなのではないかという考え方も成り立つのです．ちょうど，私たち生命がごくありふれた銀河系のある場所にたまたまあった太陽系の地球に生まれたのと同じような，単なる偶然にすぎないのではないかというわけです．このような考え方（よく「人間原理」と呼ばれます）が，物理学として健全なものかどうかについては，議論が分かれるところですが，私たちに対し新たな「コペルニクス的転回」をせまるものなのかも

しれません．

量子論についての論争：EPRパラドクス

アインシュタインが量子論で果たした役割については，光量子論（Lecture 4, 8），ボース–アインシュタイン統計（Lecture 9, 10）についてそれぞれの講義でくわしく述べられています．しかし，彼の量子論への積極的な寄与は1920年代半ばで終わりました．現在，大学で講義されるような量子論の枠組みがほぼ完成した1928年頃以後，アインシュタインは量子力学が不完全な理論であるとの立場から，全面的に受け入れることには反対し続けたのです．それについてはレクチャー11でも簡単に説明し，アインシュタインがシュレーディンガーに宛てた手紙（1928年5月）についてふれましたが，その1節をここに引用しましょう．ハイゼンベルクの不確定性原理に関してボーアとシュレーディンガーの間で取り交わした手紙のことが書いてあり，ボーアの議論に対してシュレーディンガーがもらした不満についてアインシュタインが答えたものです．

> 運動量 p と座標 q にそんなあいまいな意味付けしかできないなら，そもそもそれらの概念自体を捨て去るべきだとの貴方の意見には，私も同感です．ハイゼンベルクやボーアの気休め的な哲学（あるいは宗教と言ったほうがよいかもしれませんが）は，確かに非常に微妙にしつらえてあるので，当座はその信奉者にとって容易に離れられない気持ちのよい枕になるでしょう．そういう人にはそうさせておけばよいでしょう．

皮肉たっぷりの言い方です．アインシュタインは終生この考え方を変えず，1949年の論文集に載った彼の「自伝的ノート」や寄稿論文に対する彼の感想でも，表現は違いますがほぼ同様な意見が述べられています．

量子論の解釈をめぐっては，自身でも1913年にいわゆる「対応原理」に基づく原子構造論を発表して量子力学への道を切り開いた1人であるボーアがつねに指導的な役割を果たしました．そして，量子力学の完成以後，ボーアとアインシュタインとの間で建設的な論争がくり広げられました．その内容に関しては，先にふれた論文集におさめられたボーアの論文にくわしく記述されています．それは非常に興味深いもので，量子力学の理解を深めるのに役立つ議論が多いのですが，紙数の関係でいちいちふれられないのが残念です．ここでは，アインシュタインの量子力学への批判としてもっともよく知られており，最近でもよく研究されている「EPR パラドクス」の内容を紹介しましょう．量子力学の初歩を一応知っている読者に向けた説明にならざるを得ないのですが，量子力学はまだ勉強していない人にとってもどんな感じのものか興味があると思います．

　1935年にアインシュタイン (E) は，ポドルスキー (P)，ローゼン (R) とともに「物理的実在の量子力学的記述は完全か」という論文を書きました．これは物理の論文としては，非常に風変わりなもので，量子力学の具体的な結果に対してではなく，その構造に対する疑問を提出したものです．「理論が正しいか」ではなく，「理論が完全か」という問題を論じようというものです．それには，もちろん「完全」とは何をもって判定するかが問題ですね．それに対して，まず「すべての物理的実在は，理論においてその対応物をもつ」べきで，このとき理論が完全であると述べます．それでは，「物理的実在」とは何か，ですが，彼らは当面次のように定義します．「いかなる意味でも系を乱すことなく，ある物理量を正確に予言できるとき，その物理量に対応する物理的実在がある」というのです．

　そこで彼らは，次のような例をもち出します．2個の系 I, II があるとして，ある時間間隔 $0 < t < T$ の間それらが相互作用しており，

かつ $t<0$ では系の状態が完全に分かっているものとします．しかし，$t>T$ では 2 つの系は十分に遠くに隔たり，それらの間の相互作用は一切無視できるものとします．このとき，$t>T$ では量子力学の運動方程式であるシュレーディンガー方程式 $i\hbar\frac{\partial}{\partial t}\Psi = H\Psi$ によって系の状態を表す波動関数 Ψ が完全に決まります．

それぞれの系の座標を $x^{\mathrm{I}}, x^{\mathrm{II}}$ で表しましょう．系 I の側で，ある物理量 A を考え，その固有状態 $\psi_1^{\mathrm{I}}(x^{\mathrm{I}}), \psi_2^{\mathrm{I}}(x^{\mathrm{I}}), \ldots$（固有値 $a_1, a_2, \ldots$）により波動関数を展開すると，$t>T$ の系の波動関数は，一般に必ず

$$\Psi(x^{\mathrm{I}}, x^{\mathrm{II}}) = \sum_{i=1}^{\infty} \psi_i^{\mathrm{I}}(x^{\mathrm{I}}) \psi_i^{\mathrm{II}}(x^{\mathrm{II}}) \tag{4}$$

の形に書けます．これは，相互作用がなくなった後，2 つの系の状態が互いに相関をもった仕方で，異なった無数の状態が重なり合った状態にあることを意味します．このように状態が重ね合わさることは，量子力学と古典力学のもっとも大きな違いです．量子力学でこのように異なった状態が重ね合わさることができるのを，「重ね合わせの原理」と呼びます．重ね合わせが起こっているとき，それぞれの項の強さ（絶対値の 2 乗で計る）が，測定によって得られる結果の相対確率を与えます．

そこで，系 I で A を測定してある値 a_k が得られたとすると，それによって系全体の状態は $\psi_k^{\mathrm{I}}(x^{\mathrm{I}}) \psi_k^{\mathrm{II}}(x^{\mathrm{II}})$ で表される状態になります．つまり，測定によって重ね合わさった状態からある特別の状態が取り出されたわけです．このように，測定によって特別の状態だけが選ばれることをよく「波束の収縮」と呼びます．「収縮」と言っても，別に電磁波などの現実の波が突然収縮するわけではありませんから誤解がないように（本当は「状態の収縮」と呼ぶべきものです）．このとき，系 I を測定しただけなのに，同時に系 II のほうの状態も

正確に $\psi_k^{\mathrm{II}}(x^{\mathrm{II}})$ になることが，アインシュタインらの議論にとって重要です．もし，別の物理量 B に着目すると，その値 $b_1, b_2, \ldots$ に対応する波動関数も別ですから，式 (4) とは違った展開

$$\Psi(x^{\mathrm{I}}, x^{\mathrm{II}}) = \sum_{i=1}^{\infty} \phi_i^{\mathrm{I}}(x^{\mathrm{I}}) \phi_i^{\mathrm{II}}(x^{\mathrm{II}})$$

を用いなければなりません．B の測定の結果が b_ℓ なら，今度は測定の後の状態は $\phi_\ell^{\mathrm{I}}(x^{\mathrm{I}}) \phi_\ell^{\mathrm{II}}(x^{\mathrm{II}})$ ということになります．

アインシュタインらの議論はこうです．系 I に対して異なった測定を行った結果，系 II も異なった状態になったが，仮定によってこれらの系はもはや一切の相互作用をしていないのであるから，系 I に対して何を測定したかは系 II になんら影響を及ぼさない．ということは，上に述べた「物理的実在」の定義からすると，系 II に対応すべき 1 つの同じ「物理的実在」に対して異なった波動関数 ψ_k^{II} か ϕ_ℓ^{II} が付与されていることになるというわけです．つまり，波動関数は「物理的実在」の完全な記述を与えていないことになる，というのです．

確かにアインシュタインらの意味で実在を定義すればもっともらしい議論のように見えます．しかし，これは量子力学が矛盾した結果を与えるとか，論理的につじつまが合っていないというようなことを指摘したものではありません．むしろ，重ね合わせの原理によって支配されている量子力学の特徴をうまく表す例になっており，アインシュタインらの論文の後盛んに議論されるようになりました．

たとえば，有名な「シュレーディンガーの猫」（猫の生きている状態と死んだ状態が重ね合わさった状態，つまり生きているわけでも死んでいるわけでもない状態というものが量子力学で考えられる）も，違った意味で状態の重ね合わせの特徴を強調したものです．ま

た，レクチャー 11 では電子についてのアハロノフ–ボーム効果の話をしましたが，それもまさしく重ね合わせによって起きる現象でした．アインシュタインらの例は，状態の重ね合わせが空間的にマクロの距離だけ離れているにもかかわらず互いに相関する仕方で起こっているために大変奇妙に見えるのです．このような場合，状態は「からみあい」(entanglement の日本語訳，「もつれあい」と呼ぶこともある）をもつといいます．アインシュタインらの論文の後同じ年に発表した論文で，シュレーディンガーが名づけた名称です（「猫」の論文と同じ論文）．

　状態の重ね合わせによって起こる現象は，現在では，EPR の例にあたる場合も含めて，実験的にさまざまな場合に確かめられています．アインシュタインら自身も論文の最初に認めていることですが，本来，物理学における実在とは，最終的には経験＝実験事実を通してのみ定義され，また正当化されるべきものです．したがって，EPR の議論は，むしろ私たちが常識的にもっている「実在」の観念が量子力学の理解には不十分であることを示していると考えるべきです．アインシュタインらが主張するように理論が不完全だとしても，その主張を真に正当化するには，より「完全」な理論を数学的に構成しその予言を与え，実験的に確かめることが求められます．この点に関して，アインシュタインらは論文の末尾に，「そのような完全な記述が存在するかどうかはいまのところ私たちには分からない．しかし，存在すると信じる」と述べるにとどまっています．

　実は，量子力学の確率解釈に関しては，量子力学の成立当初から疑問視する研究者もいて，さまざまな試みがなされています．シュレーディンガー自身も彼の波動方程式の解釈を巡って，ボーアとの間でそれがもとで病気になってしまうほどの骨の折れる議論をしたようです（前に引用したアインシュタインの手紙もそれに関係して

います）．また，ド・ブロイは波動関数に対する独自の解釈を提唱しています．しかし，上述の「状態の収縮」の現象を，確率解釈（コペンハーゲン解釈）によらずに定式化し，つじつまの合った解釈を与えるのは非常に困難です．たとえば，測定のたびに世界がそれぞれ可能な世界に分離するとする，一見奇想天外な「多世界解釈」と呼ばれる考え方もあります．

　最後に1つだけ関連した重要な話題を紹介しましょう．1964年になって当時米国のウィスコンシン大学で研究していた理論物理学者ベルにより，あるおもしろい定理が発見されました．ベルは，EPRの考えに沿って理論を「完全」にしようとすると，系の状態を記述するには，量子力学には現れていないなんらかの新しい変数があるべきであると考えました．それを「隠れた変数」と呼び，λ で表します．いま簡単のため，電子のスピンと呼ばれる量を考えます．スピンとは自転の強さにあたるもので，量子力学では，任意の軸方向 $\boldsymbol{a}$（単位ベクトル）の電子スピンの可能な値は適当に単位を選んだとき ± 1 の2つの値だけが可能です．もし隠れた変数が存在していて，測定の結果が λ の値ごとに決まるものであったとします．その結果を系 I, II について，それぞれ $F(\boldsymbol{a}^{\mathrm{I}}, \lambda), G(\boldsymbol{a}^{\mathrm{II}}, \lambda)$ とおきます．そこでこのときの積 FG の平均値 $P(\boldsymbol{a}^{\mathrm{I}}, \boldsymbol{a}^{\mathrm{II}})$ を考えると，もしパラメータ λ の値が確率分布関数 $\rho(\lambda)$ によって決まる分布であるとすると，

$$P(\boldsymbol{a}^{\mathrm{I}}, \boldsymbol{a}^{\mathrm{II}}) = \int \mathrm{d}\lambda \rho(\lambda) F(\boldsymbol{a}^{\mathrm{I}}, \lambda) G(\boldsymbol{a}^{\mathrm{II}}, \lambda)$$

とおけます．ベルは，これによって量子力学の結果を再現する可能性があるかどうかを調べました．彼はこの定義から任意の3つの軸方向単位ベクトル $\boldsymbol{a}, \boldsymbol{b}, \boldsymbol{c}$ について成り立つ次の不等式

$$|P(\boldsymbol{a}, \boldsymbol{b}) - P(\boldsymbol{a}, \boldsymbol{c})| \leq 1 + P(\boldsymbol{c}, \boldsymbol{b})$$

を導いたうえで，量子力学の場合にはこの不等式を満たさない状態が存在することを示したのです．実際，量子力学では，もし2個の電子系の全スピンが0の状態になっていると $P(\boldsymbol{a}, \boldsymbol{b}) = -\boldsymbol{a} \cdot \boldsymbol{b}$ となりますが，これが上の不等式を満たさないことは簡単に確かめられます[1]．つまり，少なくとも，ここで考えたようなタイプの隠れた変数の理論では，$\rho(\lambda)$ をどうとっても量子力学の結果は再現できないことが証明されたわけです．

このような型の不等式を一般にベルの不等式と呼びます．彼の論文が出た1960年代では，この不等式による区別が露わになるような実験を実行することは困難でしたが，80年代からさらに90年代になって，量子力学が予言する「からみあい」状態と，そこにおけるベルの不等式の破れの明確な検証が多数なされています．もちろん，これらの結果は，重ね合わせの原理に基づく量子力学の特徴をますます明らかにしたわけですが，量子力学を超えるような理論が不可能であることを示したわけではありません．たとえば超弦理論は，力を統一するだけでなく量子力学と一般相対性理論を統一した新しい物理学の枠組みの構築を目指しています．そのような究極理論が完成したとき，その解釈はその数学的構造自体に基づいて行われなければなりません．それが，どのようなものかはいまから想像することは不可能です．そのとき，なんらかの意味でアインシュタインの立場を見直さなければならないということもありえないことではないでしょう．

---

1) $\boldsymbol{b}$ と $\boldsymbol{c}$ の間の角度が小さい場合を調べるとすぐわかります．

宇宙の主任技師
アインシュタインの生涯と物理学

太田浩一

菩提樹のもとで

 ベルリン第1の目抜き通りは「ウンター・デン・リンデン」というロマンティックな名の並木道です.リンデンバウムは西洋菩提樹のことで,ヨーロッパではよく並木に使われています.ブランデンブルク門からシュプレー河岸まで,シューベルトの歌曲を口ずさみながら,菩提樹の下をのんびりと散歩したくなりますね.通りに面してアインシュタインゆかりの2つの建物,フンボルト大学と科学アカデミーがあります.歩道に面したフンボルト大学の建物の壁には「基本的作用量子 h の発見者マクス・プランクは1889年から1928年までこの建物で教えた」と刻まれた銘板が取り付けてあります.ここで量子論が始まったのですね.プランクはアインシュタインをベルリンに招聘しました.フンボルト大学の隣は,現在は図書館として使われていますが,科学アカデミーがあった建物です.中に入ると「アルベルト・アインシュタインは,1914年から1932年まで,科学アカデミー会員として,この場所で研究した」と書かれた銘板が壁に取り付けてあります.

 2005年にベルリンを訪れたときのことですが,いつもと様子が違っていました.フンボルト大学や科学アカデミーの前に高さが2m以上もある "**E**" の形をした赤い広告塔が立っていたのです.それは展覧会「アルベルト・アインシュタイン:宇宙の主任技師」を宣伝するものでした.「宇宙の主任技師」はプリンストンのアインシュタインに宛てたある1通の封筒に書かれていた宛名です.展覧会の会場となったのはフンボルト大学の斜め向かいにある「クローンプリンツェンパレー(東宮御所)」でした.全館を使用した大規模な展覧会です.フンボルト大学の玄関を入ったロビーでも展示会「アインシュタインはここで講義した」をやっていました.

2005年は「世界物理年」として世界各地でさまざまな行事が行われました．ミュンヘンではドイツ博物館で「知の冒険：アルベルト・アインシュタインと20世紀物理学」が開かれていました．中でもベルリンにおけるアインシュタイン展は最大規模のものでした．ベルリンで見つけた広告塔 "**E**" はその2つだけではありません．大聖堂や現在の科学アカデミーの前にも設置されていました．"**E**" を探してベルリンにおけるアインシュタインの足跡を追ってみましょう．

　アインシュタインがベルリンにやってきたのは1914年4月初めです．プロイセン科学アカデミー会員に就任するためですが，フリードリヒ・ヴィルヘルム大学（現在のフンボルト大学，通称ベルリン大学）において，教える義務のない教授を兼任しました．またカイザー・ヴィルヘルム協会（現在のマクス・プランク協会）のもとに設立予定の物理学研究所の所長を兼ねることになっていました．カイザー・ヴィルヘルム協会は民間資金によって自由な研究を行うために設立された組織で，すでに物理化学研究所と化学研究所は発足していましたが，物理学研究所の建物は，アインシュタインがベルリンにいる間にはついに建てられることはありませんでした．

　ベルリン南西にあるダーレム地区には，マクス・プランク研究所と，東西ベルリン分裂時代に東のフンボルト大学に対抗してつくられたベルリン自由大学が混在しています．アインシュタインがベルリンで最初に住んだ家はフリッツ・ハーバー研究所（アインシュタインの研究室があった旧物理化学研究所）と自由大学オットー・ハーン館（旧化学研究所）から遠くないエーレンベルク通りに現存します．ここには広告塔 "**E**" はありませんでした．アインシュタインがこの家に住んだのはわずか4カ月で，最初の妻ミレーヴァと息子2人は6月末にこの家を去りました．独身では広すぎるのでアインシュタインはヴィテルスバッハ通りのアパートに引っ越しています．そこ

| ウンター・デン・リンデン | ベルリン科学アカデミー | 科学アカデミーの銘板 |

| フンボルト大学 | 玄関 |

| アインシュタイン展「宇宙の主任技師」 | 大聖堂 |

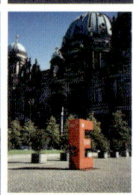

	エーレンベルク 通り旧居（1914）	ヴィテルスバッハ 通り旧居跡（1914）
		ハーバーラント通り 旧居跡（1917）

ドイツ博物館　　アドルツライター
アインシュタイン展　通り旧居（1885）

宇宙の主任技師 —— 271

には "E" がありました．アインシュタインはこの場所で重力場方程式を書いたのですね．1917 年 9 月にはハーバーラント通りのアパートに引っ越しました．同じアパートに叔母夫妻の家があり，その階上には，離婚した従姉エルザが娘 2 人と住んでいたからです．アインシュタインは 1919 年 2 月 14 日にミレーヴァと離婚し 6 月 2 日にエルザと再婚します．通りに面したアパート前の石碑に「アルベルト・アインシュタインは以前破壊された家で 1918 年から 1933 年までこの場所に住んだ」と刻まれています．"E" もありました．アインシュタインは 1932 年 12 月 10 日にドイツを去り二度とドイツに戻ってくることはありませんでした．

「あのアインシュタインか…」

ドイツ南部シュヴァーベン地方のドナウ河畔にウルムという町があります．アインシュタインは 1879 年 3 月 14 日にウルムの駅前通りにあったアパートで生まれました．その建物は 1944 年 12 月に空爆で破壊され現存しません．現在はシュヴァーベン新聞社の建物になりその前にレリーフと幾何学的な記念碑があるだけです．両親はユダヤ人ですが，アインシュタインはドイツ文化の中で成長しました．言葉もシュヴァーベン訛りで，英語を話してもシュヴァーベン地方出身であることがすぐにわかったということです．

アインシュタインがウルムにいたのは 1 年あまりで，1880 年 6 月 21 日にミュンヘンに移住しました．父はその弟と共同でゼントリング地区にあるミュラー通りに電器会社を始めたからです．自宅も会社の側にありましたが 1885 年 3 月 31 日に現在のアドルツライター通りに移りました．その家には「アルベルト・アインシュタインは 1885 年から 1894 年までこの家で幼少期を過ごした」と書かれた銘板が取り付けてあります．その年の 10 月 1 日にブルーメン通りに

あるカトリックの聖ペーター学校に入学，1888年10月1日にミュラー通りのルイートポルトギムナジウムに進学しました．ギムナジウムの後身は空爆で破壊されミュンヘン南郊ハールラヒングに移転してアインシュタインギムナジウムになっています．

　1894年7月に父の電器会社が倒産したので一家は北イタリアに移住しました．アインシュタインも12月29日にはギムナジウムを卒業することなくミラノの一家に合流しています．ギムナジウム卒業資格がなくてはドイツの大学に進学できません．ところがスイスでは卒業資格がなくても入学試験に合格すれば進学できます．レントゲンもギムナジウム卒業資格なしにチューリヒ工業学校（1911年から連邦工科大学ETH）に入学しています．1895年にアインシュタインは同じ学校の入学試験を受けたのですが不合格でした．そこで10月26日にアーラウにある州立学校に入学しました．アーラウはライン川の支流アーレ河畔の町で，アインシュタインはドイツとは異なるスイスの自由な学校の雰囲気を享受しています．1年後の10月3日に卒業資格を得てチューリヒ工業学校に入学しました．同級生にマルセル・グロスマン，ルイ・コルロス，ミレーヴァ・マリッチがいました．やはり同級だったオランダ人女子学生マルガレーテ・ニューウェンハウスは1963年90歳のときTVのインタヴューに応えて「ETHの私の成績はすべての科目でアインシュタインよりも上でした」と言っています．当時ミンコフスキーが数学の講義をしていましたが，アインシュタインは欠席が多く，試験になるとグロスマンのノートを借りてその場をしのいでいました．ミンコフスキーは後にゲッティンゲンでアインシュタインの相対論の論文を知ったとき，残念そうに「ああ，いつも講義をサボっていたあのアインシュタインか．あいつにこんなことができたなんて本当に信じられないよ」と言っています．

ETH

ウニオン通り(1896)	旧居
クロスバッハ通り(1898)	ドルダー通り(1899)

| 「カフェ・ボルヴェルク」 | ベルン特許局 |

ゲレヒティヒカイツ　アルヒーフ通り　ティラー通り(1903)
ガッセ(1902)　　　(1902)　　　　　旧居

クラムガッセ
旧居(1903) ｜ 旧居室内

宇宙の主任技師 —— 275

アインシュタインは熱伝導に関する論文を提出し1900年7月28日に工業学校を卒業しました．同時に卒業したグロスマンやコルロスが助手として採用されたのにアインシュタインは採用されなかったので，ヴィントゥールの技術学校やシャフハウゼンの寄宿学校で補助教員をしながら学位のため研究を始めています．12月13日に『物理学年報』に投稿した最初の論文「毛管現象からの帰結」は翌年出版されました．それは分子間の力の強さを毛管現象から推定しようとしたもので，1902年の第2論文「金属とそれらの塩の完全分離溶液との間の電位差の熱力学理論，および分子力研究のための電気的方法について」に続いています．

特許局3級技師

アインシュタインは同級生グロスマンの紹介でアーレ川上流にあるベルンの特許局で面接を受けて採用され1902年6月23日に仕事を始めています．同級生ミレーヴァと結婚したのは1903年1月3日で1月10日にティラー通り，10月29日にクラムガッセに引っ越しました．特許局に就職した頃から統計力学に関する論文を3編発表しています．統計力学は1859年にマクスウェルが気体分子の速度分布を与えることによって始まったのですが，1877年にボルツマンはアインシュタインが「ボルツマンの原理」と呼んだ統計力学の基本原理を発見しました．イェイル大学のギブズは1902年に出版した『統計力学の基本原理』で統計力学を完成させたのですが，アインシュタインは1902年の第3論文「熱平衡と熱力学第2法則の運動理論」，1903年の第4論文「熱力学を基礎づける理論」，1904年の第5論文「熱の一般分子理論について」によってギブズとは独立に統計力学に到達しています．1905年にギブズの論文を知ったアインシュタインはそれを「傑作」と讃えていますが，ちょっと悔しい

思いをしたのかもしれませんね．アインシュタインは生涯にわたってボルツマンの原理に魅了され続けました．

1905年3月17日に完成した光量子論の論文を皮切りに「奇跡の年」が始まります．「アインシュタインはまったく異なる分野で3大論文を書いた」という記述を見かけますが，アインシュタインにとっては物理は1つであり，物理を統一的に基礎づけることをいつも追い求めていました．アインシュタインの頭の中ではどの論文も密接につながっていたに違いありません．また，いずれの論文も，先人の研究と無関係に突然天才の頭にひらめいたものではなく，混沌の中で1本のまっすぐな，単純明快な論理を大胆に見つけることができたところにアインシュタインの偉大さがあります．中でも光量子論とブラウン運動の論文はボルツマンの思想の中に真理を洞察して書いたものです．実証主義者たちが原子論を攻撃していた当時，アインシュタインは躊躇なく原子論の立場に立っています．

またアインシュタインは徹底した物理学者だったことが重要です．特殊相対論は数学的にはローレンツ変換に尽きますが，アインシュタインはその物理的な意味を考え抜いたのです．1905年の論文「物体の慣性はエネルギー量に依存するか？」では物体から光を逆向きの2方向に放出させる思考実験を用いてエネルギーと質量の等価性 $E = mc^2$ を導いています．さらに1906年の論文「重心運動の保存原理とエネルギーの慣性」で，「箱の中の光子」と呼ばれる思考実験によって $E = mc^2$ を再び導いています．静止した箱の中で一方の端から光を放出させもう一方の端に吸収させるという実験ですが，孤立系の重心は移動しないことを用いて $E = mc^2$ を導きました．意表をつく思考実験はアインシュタインの真骨頂です．

ランジュヴァンは，アインシュタインの友人となり，フランスで相対論の普及に努めた物理学者ですが，1906年にアインシュタインと

ベルン大学
本部 | 物理教室

ムーソン通り | チューリヒ大学
旧居（1909）| 旧物理教室

ETH | ホーフ通り
　　 | 旧居（1902）

プリンストン高等研究所

マーサー通り旧居（1935）

宇宙の主任技師 —— 279

は独立に同様の思考実験によって$E=mc^2$を導き，コレージュ・ド・フランスにおける講義で述べていました．ランジュヴァンは 1913 年 3 月 26 日の物理学会講演「エネルギーの慣性とその結果」でその内容を報告したのですが，その中で原子の質量が水素原子の整数倍にならない理由をエネルギーと質量の等価性によって説明しています．$E=mc^2$ の物理への最初の応用でした．

アインシュタインがいかに普遍的，統一的な見方を求めたかは 1907 年の論文でもわかります．アインシュタインはすでに 1905 年の論文で，実体がはっきりしなかったプランクの共鳴子を振動電子とみなしていますが，1906 年の論文「光の発生と吸収の理論」で共鳴子と光量子論を用いてプランクの輻射式を導き，1907 年の論文「輻射のプランク理論と比熱の理論」では，大胆にも，共鳴子の考え方を平衡位置のまわりで振動する固体中の原子に適用し，固体の比熱は高温でデュロン–プティーの法則に従うが低温で 0 に近づくことを示しています．絶対 0 度でエントロピーが 0 になる熱力学第 3 法則を 1906 年に発見していたネルンストはアインシュタインの論文に注目し 1910 年 3 月チューリヒにアインシュタインを訪ねています．プランクも認めていなかった量子論を表舞台に登場させたネルンストは 1913 年 7 月に，アインシュタインをベルリンに招聘するため，プランクとともにチューリヒにやって来たのでした．プランクやネルンストが科学アカデミーに提出したアインシュタインを会員として推薦する提案書では「アインシュタインは，たとえば彼の光量子仮説のように，しばしば自分の推論を誇張するからといって彼をあまり責めてはなりません．もっとも厳密な科学においても危険を冒さず新しい考えを創案することはできないのです」と述べています．光量子の考え方がまだ受け入れられていなかったことがわかります．

アインシュタインの相対論を最初に認めたのがプランクでした．

プランクは 1906 年にはやくも相対論の論文「相対性原理と力学の基本方程式」を書いています．粒子に対する相対論的な運動方程式はプランクが導きました．またプランクは 1908 年の論文「一般力学における作用反作用の原理に関する注意」でエネルギー流束密度を c^2 で割った量が運動量密度であるという相対論的関係式を発見しています．プランクの助手でアインシュタインと同年齢のラウエは 1906 年にアインシュタインに会うために特許局に訪れたとき，迎えにやってきたアインシュタインを見過ごしてしまいました．そのときのことを「私を迎えた若い人があまりにも予期しない印象を与えたので，彼が相対論の父であろうとは信じられなかった」と回想しています．ラウエは 1907 年にフレネールの随伴係数を相対論によって説明しています．また本を書くことを好まなかったアインシュタインにかわって 1911 年に世界初の相対論の本『相対性原理』を出版したのがラウエでした．ラウエはナチの時代にもドイツ国内に残ってアインシュタインを公然と擁護した人です．

相対論が一般に受け入れられるようになったのはミンコフスキーが 1907 年 11 月 5 日に行った講演「相対性原理」で相対論に 4 次元空間の形式を与えてからです（4 次元空間の考え方はすでに 1906 年にポアンカレーが与えていました）．後に極端な反ユダヤ主義にはしるシュタルクですが初期にはアインシュタインを高く評価し，自分が編集する雑誌『放射能と電子工学年報』に相対論の総合報告を書くことをアインシュタインに求めています．アインシュタインが 1907 年に書いた論文「相対性原理とそれから導かれる結果について」の中で慣性質量と重力質量の比例関係に着目し，「エネルギー E が E/c^2 の質量をもつことは慣性質量だけでなく重力質量にも成り立つ」と書いています．「等価原理」の発見ですね．

空はなぜ青いのだろう

アインシュタインは1908年2月28日にベルン大学の教授資格を得て私講師となりましたが無給ですから特許局を辞めるわけにはいきません．アインシュタインがチューリヒ大学助教授に採用されたのは1909年5月7日のことです．1910年に書いた論文「臨界状態近傍の一様溶液および混合溶液の乳白光の理論」で空の青を説明していますが，それには次のような経緯がありました．

最初に空の青を空気中の分子による散乱によって説明し空気の分子数を決めたのはローレンスで1890年のことですが，その優れた論文「球によって反射屈折した光の理論」は当時も注目されず，現代でも忘れられています．レイリー卿は1899年に生前のマクスウェルから受けた示唆に従いローレンスと同様の結果を得ています．しかしローレンス，レイリーによる説明は十分ではありません．光は個々の分子ではなく，ボルツマンが予言したゆらぎによって散乱されるのです．最初にこのように考えたのがスモルコフスキーでした．アインシュタインはその考えを完成させたのです．スモルコフスキーは，1900年以来ブラウン運動をゆらぎの現象としてとらえ，アインシュタインの1905年の論文とは独立に1906年にブラウン運動の論文「気体分子の平均行程と拡散理論との関係について」を書いていました．ヴィーン生まれのスモルコフスキーはハーゼンエールルの同級生で，2人がヴィーン大学でボルツマンの影響を受けたことは言うまでもありません．ハーゼンエールルは，1907年にボルツマンの後任となりシュレーディンガーを教えた物理学者ですが，アインシュタインに先駆けて1904年に，黒体輻射について，エネルギーと質量の関係式を導いています．ハーゼンエールルは1915年に戦死し，スモルコフスキーは2年後に夭折しました．

アインシュタインは1911年4月1日付でオーストリア＝ハンガリー二重帝国のプラハ大学理論物理学教授に就任しましたが翌年1月30日には母校のETH理論物理学教授に指名されています．その直後の2月23日にプラハにやってきたエーレンフェストと知り合い生涯の友人になりました．アインシュタインは後に「ぼくたちはまるで夢にみ，望んでいたかのように数時間で真の友人になった」と言っています．エーレンフェストはボルツマンのもとで学位を取ったのですが，就職先がなくて困っていました．アインシュタインはエーレンフェストをプラハ大学の後任に推薦しようとしました．ところがエーレンフェストは，結婚のとき無宗教として登録した以上それを偽ることはできない，としてアインシュタインの申し出を断っています．二重帝国の教授に無宗教は許されないからです．「物理学の良心」と呼ばれたエーレンフェストの生真面目さがわかる逸話です．エーレンフェストは1906年の論文「プランクの輻射理論について」でアインシュタインとは独立に電磁場を構成する調和振動子のエネルギーが$h\nu$の整数倍になることを発見しています．またアインシュタインが名づけたエーレンフェストの「断熱仮説」は前期量子論で大きな役割を果たしました．レイデン大学のローレンツは自分の後任にアインシュタインを望んだのですが断られたためエーレンフェストを選任しました．アインシュタインの親身の相談相手だったエーレンフェストは1933年に自殺しています．

　アインシュタインがETHに赴任したのは1912年7月25日です．ETHでは級友のグロスマンが数学教授になっていましたから，すぐに一般相対論についてグロスマンの助けを求めました．2人は1913年（刊行は1914年）に「一般化された相対論と重力理論の草案」を発表しました．物理部と数学部からなり，それぞれアインシュタインとグロスマンの単独名で書かれています．グロスマンは1901年

のリッチ＝クルバストロとレヴィ＝チヴィタの論文に従ってリーマンテンソルの重要性に注意を向けています．「一般微分テンソルが重力場の微分方程式の問題にも重要であるべきことが先験的にありそうである．実際，その方程式に入るだろう 2 階で 2 次の共変微分テンソル G_{im} を指定することが可能である」と述べ，G_{im} を与えています．今日から見るとグロスマンは完全に正しいのですが，アインシュタインは共変的な重力場の方程式を導くことに成功せず，論文の最後に「一般共変であるような方程式はそもそも存在し得ないということを見つけた」と絶望的な文を付け加えました．

ローレンツからの電報

1914 年にアインシュタインがベルリンにやってきたとき一般相対論はこういう状態だったのです．翌 1915 年 1 月にはオランダから物理工学研究所に来ていたデ・ハース（ローレンツの女婿）と共同で後にアインシュタイン–デ・ハース効果と呼ばれる実験研究を行っています．磁性体を磁化すると回転する現象ですが，磁気回転比 $g = 1$ を得ています．後に $g = 2$ が正しい値であることがわかるのですが，一般相対論の問題に取り組み，生涯最高の劇的な瞬間を迎えようとしていた間もアインシュタインは実験室に通って実験を続けていたのですから驚く他はありません．

1915 年 6 月末に 1 週間ゲッティンゲンを訪れたアインシュタインは一般相対論に関する 6 つの講義を行ってヒルベルトにその正しさを納得させました．アインシュタインが最後の階段を踏み始めたのは 11 月になってからです．4 日に第 1 論文「一般相対論について」，11 日に第 2 論文「一般相対論について（補遺）」，18 日に第 3 論文「一般相対論による水星近日点移動の説明」，25 日に第 4 論文「重力場の方程式」を科学アカデミーで発表し，翌 1916 年にまとめの論

文「一般相対論の基礎」を書きました．アインシュタインが正しい重力場方程式に到達したのは第4論文ですが，ヒルベルトは5日前の20日に論文「物理学の基礎」で同じ方程式を発表していました．最近でも先取権に関して議論がありますが，ヒルベルト自身が言っているように「アインシュタインの一般相対論の強力な問題設定と思考形成」のもとでヒルベルトの数学的思考が実ったのです．

アインシュタインは一般相対論を完成し，重力波を予言した最初の論文「重力場方程式の近似積分」を書いた直後の1916年7月には量子論の課題にもどり，「量子論による輻射放出と吸収」，2編の「輻射の量子論」を書いています．ボーア模型において，輻射からエネルギーを吸収して励起される過程と，励起状態がエネルギーを放出して脱励起する過程が熱平衡にあるとしてプランクの輻射式を導きました．この研究で，脱励起において1つの光量子がもう1つの光量子を誘導放出するという重要な考え方を導入しています．

一般相対論を最初に宇宙の問題に適用したのもアインシュタインです．1917年の論文「一般相対論に対する宇宙論的考察」において，一様な宇宙を定常的にするために，重力場方程式にいわゆる宇宙項を付け加えました．ところがフリードマンは1922年の論文「空間の曲率について」と1924年の論文「空間の定数負曲率をもつ宇宙の可能性について」で宇宙項を含むアインシュタイン方程式を用いて，宇宙項のあるなしに関係なく，一様な宇宙が非定常で膨張，収縮することを示したのです．フリードマンはサンクトペテルブルグ大学時代に，エーレンフェストが主宰した私的物理セミナーに参加し大きな影響を受けています．フリードマンは1925年に37歳で早世し宇宙の膨張を証拠づける1929年のハッブルの論文を見ることはありませんでした．

1917年，ドイツと交戦中の英国で，1919年5月29日の日蝕を

期して太陽の重力場によって光が曲げられる角度を実測してアインシュタイン理論を検証しようという提案がなされました．エディントンはアインシュタイン理論に確信をもち，観測さえ必要ないと思っていましたが，平和主義者の立場からその提案に参加します．英観測隊の結果を心待ちにしていたアインシュタインがエーレンフェストに問い合わせたところ，9月22日にレイデンから電報が届きました．「エディントンは太陽周辺で10分の9秒と2倍の間の暫定的な大きさで星のずれを見出した＝ローレンツ」．11月6日にロンドンで公式に発表された2つの観測隊の値は 1.98 ± 0.12 秒と 1.61 ± 0.30 秒で，その平均値はアインシュタインの予言値 1.74 秒に近いものでした．翌日からアインシュタインの名は物理学者の間だけではなく世界中の一般の人々に知れ渡ることになったのです．

ETHにおける同僚として一般相対論についてのアインシュタインの苦闘を目撃していたヴァイルは 1918 年に一般相対論と電磁気学を統一する論文「重力と電気」をアインシュタインに投稿してきました．アインシュタインはヴァイル理論の欠陥に気づいたのですが，ヴァイルが考えたスケール変換は量子力学における位相変換に再解釈され，現代物理学の基本となる「ゲージ不変原理」が生まれました．ヴァイル理論に刺激されたカルツァは 1919 年に「物理の統一問題について」という論文をアインシュタインに投稿してきました．それは時空の4次元に加えて5番目の座標を導入し，重力場と電磁場を統一しようという試みでした．アインシュタインは2年間の熟慮の末，1921 年に発表しました．カルツァは 1909 年に教授資格を取得した後 1929 年に教授職を得るまで 20 年間もの間私講師のままだった不遇の物理学者で，5次元の考え方が見直されるようになったのは没後のことです．

アインシュタインは 1922 年頃から統一理論にのめり込んでいき

ます．その年，来日する北野丸の中でも統一理論の論文を執筆し，日本に到着するとすぐに科学アカデミーに投稿しています．当初は「自然からもぎり取った一般原理を見つける」ことを目指したのですが後半生は数学のジャングルの中をさ迷うことになります．

量子力学は完全だろうか

1924年6月末にアインシュタインはダッカ大学の若い物理学者ボースから論文「プランクの法則と光量子仮説」を受け取りました．ボースは輻射が光量子からなる気体であるとしてプランクの輻射式を導いていました．この論文はロンドン王立協会が刊行する『哲学雑誌』に投稿して掲載を断られたものでした．アインシュタインはただちにその重要性を認め，自分でドイツ語に翻訳して『物理学雑誌』に発表しました．ボースは光量子が原理的に区別できないとして微視状態数を計算していたのですがアインシュタインはボースの数え方が光量子に限らずより普遍的な方法であることに気づきました．粒子のこの量子的性質は「ボース–アインシュタイン統計」として知られるようになりました．アインシュタインは1924年と1925年にボースの方法を気体分子に適用した3編の論文「単原子理想気体の量子論」を書いています．アインシュタインは，第2論文の中で，粒子が区別できないとすれば粒子は運動エネルギー0の状態に凝縮することに気づきました．「一部は"凝縮し"残りは"飽和理想気体"として残る分離が起こる」と言っています．ロンドンが命名した「ボース–アインシュタイン凝縮」は現代物理学において基本となる重要な概念になっています．

またアインシュタインは同じ論文で水素やヘリウムにおいて「低下する温度にともなって粘性の加速度的低下がおそらく突然起こるだろう」と言っています．この「超流動」を予言した節の最初でア

インシュタインは「光の波動場が光量子の運動に結合すると同じように，波動場はすべての運動過程に結合しているように思われる」と述べています．その推論を導くにあたってアインシュタインはすべての物質粒子に波が付随すると考えたド・ブロイの博士論文「量子論の研究」に言及しました．審査員の 1 人ランジュヴァンがアインシュタインの意見を求めて博士論文を送ってきたのです．1909 年の論文「輻射の問題の現状について」で，黒体輻射のゆらぎの分析から光が粒子と波の二重性をもつことに気づいていたアインシュタインがド・ブロイの考えにすぐに共鳴したのは当然のことでしょう．ド・ブロイを引用したアインシュタインの論文を見たシュレーディンガーは霊感を受け 1926 年に波動力学を創造します．

しかし量子力学が確立するとアインシュタインはボルンによる「波動関数の確率解釈」やハイゼンベルクの「不確定性原理」に異議を唱え，ボーアとの間で激しい論争を続けました．アインシュタインは生涯にわたって「コペンハーゲン解釈」を承認することはありませんでした．アインシュタインは 1931 年 11 月 4 日のベルリンにおけるコロキウムで量子力学の不完全性を示す思考実験を述べています．また 1933 年にブリュッセルでローゼンフェルトのセミナーを聴講したアインシュタインはローゼンフェルトに「次のような状況について君はどう言うのですか」と質問しました．

> 2 つの粒子が同じ大きな運動量をもって互いに向かって運動しているとし，2 つがある場所で通り過ぎるとき短時間相互作用するものとしましょう．さて，相互作用の領域から離れた場所で粒子の 1 つをつかまえて運動量を測定する観測者を考えてみましょう．そうすると実験の条件から彼は明らかにもう 1 つの粒子の運動量を知ることができるでしょう．一方，もし彼が最初の粒子の位置を測定することを選択すれば彼はもう一方の粒子がどこにいるかを告げることができる

でしょう．これは量子力学の原理からの正しい直接的な結論ですが，それは非常につじつまのあわない話ではありませんか？ 2 つの粒子の間ですべての物理的相互作用がなくなった後で，どうやって，最初の粒子になされた測定によって 2 番目の粒子の終状態が影響を受けるのですか？

　米国に亡命してからですがアインシュタインは 1935 年にポドルスキー，ローゼンとの共著「物理的実在の量子力学的記述は完全と考えられるか？」を発表しました．量子力学では交換しない演算子によって記述される 2 つの物理量の場合，一方を知るともう一方を知ることができなくなります．EPR は次のように論じています．

> われわれは (1) 波動関数によって与えられる，実在の量子力学的記述は完全ではないか，(2) 2 つの物理量に対応する演算子が交換しないとき，2 つの量は同時の実在性をもち得ないかのどちらかであることを証明した．そして波動関数が物理的実在の完全な記述を与えるという仮定から出発して，交換しない演算子をもつ 2 つの物理量が同時の実在性をもち得るという結論に到達した．こうして (1) の否定は唯一の別の選択肢 (2) の否定にたどり着く．それゆえ波動関数によって与えられる物理的実在の量子力学的記述は完全ではないと結論せざるをえない．

　しかし，現在では「EPR パラドクス」は量子力学を否定するものではなく，1 つの系を分離し空間的に引き離した 2 つの系は相関しあう物理状態として存在することを示していると考えられています．1927 年にプランクの後任となったシュレーディンガーは 1933 年にオクスフォードに亡命しましたが，そこで EPR に応じてただちに論文「量子論と測定」を書き，その中で使った "Verschränkung" を「エンタングルメント（からみあい）」と英訳しました．EPR は，アインシュタインの意図とは異なりますが，エンタングルメントを発見した重要な論文となっています．

モーツァルトを聴けなくなる

1920年はアインシュタインが時の人になった年ですが,また攻撃の対象になった年でもありました.9月23日にはバートナウハイムの学会で反相対論者レーナルトとの不毛な議論がありました.司会したプランクは「残念ながら相対論はわれわれに与えられた9時から1時までの絶対時間を引き伸ばすことができないので会議はこれで閉会とします」と冗談で切り抜けています.

レーナルトがヘルツのもとで始めた陰極線の研究はレントゲンによるX線の発見,J. J. トムソンによる電子の発見の基礎となり,その光電効果の実験をアインシュタインは光量子仮説を実証する例として取り上げました.ところがレーナルトは第1次世界大戦後,頑迷な反ユダヤ主義者になりました.ナチ時代に出版した『ドイツ物理学』はアーリア人のみが真実を理解する力があると主張する異様な教科書で,光電効果を説明するアインシュタインの式を書きながらアインシュタインの名を出さず,相対論を無視し,$m = E/c^2$ をハーゼンエールルに帰しています.

アインシュタインが1932年12月に米国に渡った直後の1933年1月30日にヒトラーが政権を取りました.ナチがもっとも憎む平和主義者,社会主義者,ユダヤ人であるアインシュタインがドイツに帰ることはできません.3月28日に科学アカデミー辞職を宣言し,ベルギー,英国を経て新設されたプリンストン高等研究所に赴任するため1933年10月17日に米国にやってきました.ニューヨークのペンシルヴェニア駅から通勤線に乗るとちょうど1時間でプリンストンに着きます.小さな駅からマーサー通りに出て高等研究所に向かってしばらく歩いていくと途中にアインシュタインが米国で最初に住んだ家とその斜め向かいに1935年10月から亡くなるまで住

んだ家があります．

　アインシュタインはシラードらの求めに応じてルーズヴェルト大統領に核開発を促す1939年8月2日付の手紙に署名しました．戦後アインシュタインは署名したことを後悔していますが，その手紙だけでは米政府は本気にはならなかったのです．主として英国側の働きかけでマンハッタン計画が始動したのは1941年12月6日でした．それは核兵器がナチの手にわたることを恐れたからですが，アインシュタインが所長になるはずだったカイザー・ヴィルヘルム協会物理学研究所を率いたハイゼンベルクは，エルザの生まれ故郷ヘヒンゲン近郊ハイガーロッホで，原子炉を完成させるまでにも至っていませんでした．

　アインシュタインは「ドイツ人が原爆開発に成功しないことを知っていたら私はその製造に手を貸さなかっただろう」と言っていますが，アインシュタインが核開発を促す手紙に署名しなかったとしてもそれとは無関係に核兵器が製造されたことは明らかです．だからといってアインシュタインの道義的責任が皆無であるとは言えませんが，$E = mc^2$ を核兵器に結びつけてアインシュタインを非難するのは誤っています．アインシュタインは亡くなる直前に「特殊相対論の結論を秘密にしておくなんて馬鹿げたことだったでしょう．その理論は光のエーテルの性質を発見する努力の過程で生まれたものです．ほんのわずかの技術的応用も視野に入っていなかったのです」と言っています．1905年には原子核の存在も知られていなかったのです．また物理学者は，原子核を発見しその性質を知った後も，核分裂が可能であるとは想像もしませんでした．「ああ，ぼくたちはなんて馬鹿だったんだ．すべては予想できたのに．これは当たり前のことだ」と叫んだのは核分裂発見の第1報を聞いたボーアでした．

　核分裂が発見されたのは1938年末で，カイザー・ヴィルヘルム

協会化学研究所においてでした．アインシュタインが「ぼくらのマリー・キュリー」と呼んだマイトナーは，ヴィーンでボルツマンの講義に魅了された学生の 1 人ですが，1934 年にハーンとシュトラースマンを誘ってウランに中性子を吸収させ超ウラン元素をつくる共同研究を始めました．ドイツがオーストリアを併合したためマイトナーは 1938 年 7 月 13 日にオランダを経てスウェーデンに亡命しましたが，その後もマイトナーの指示で研究を続行したハーンとシュトラースマンは生成物中にラジウム同位体を発見したのです．12 月 19 日付の手紙でハーンから連絡を受けたマイトナーは甥のフリッシュとの共著論文「中性子によるウランの分解：核反応の新様式」の中で核分裂がエネルギー的に可能であることを示しました．核分裂は偶然に発見されたのです．$E = mc^2$ は核分裂の発見までにいかなる役割も果たしていません．

　アインシュタインは，戦後の米国の狂気の時代には，アインシュタインから市民権を剥奪し国外追放にしろと叫ぶマッカーシズムと闘わなければなりませんでした．アインシュタインは 1955 年 4 月 18 日にプリンストン病院で亡くなりました．アインシュタインの墓所はなく，遺灰がまかれた場所は知られていません．アインシュタインは「死とは何か」，あるいは「核戦争とは何か」と訊かれて「モーツァルトを聴けなくなることだ」と答えたということですが，私はいまだにその出典を知りません．

　詩人ヘルマン・ブロッホは 1950 年プリンストンにアインシュタインを訪ねて 1 時間を過ごしました．哲学者ハナ・アーレントに宛てた手紙の中でアインシュタインの言葉を伝えています．「人間は，いつもそうだったように，愚かであり続けるでしょう．そのことは残念ではありません．ですが，もはやだれもバッハやモーツァルトを弾かなくなること，それが残念です．」

アインシュタイン タイムライン

1879–1890	1879 ドイツのウルムに生まれる.	1879 マクスウェル死去. 1886 ヘルツが電磁波を発見. 1887 マイケルソン－モーリーの実験.
1891–1900	1896–1900 チューリヒ工業学校（のちの ETH）. 1900 最初の論文「毛管現象からの帰結」を投稿.	1896 ヴィーンの輻射式. 1900 プランクの輻射式. プランクが作用量子を発見.
1901–1910	1902 ベルン特許局に就職. 1903 ミレーヴァと結婚. 1905「奇跡の年」. 光量子論, ブラウン運動の理論, 特殊相対論. 1907 固体比熱の量子論. 等価原理. 1908 ベルン大学私講師. 1909 チューリヒ大学助教授. 1910 臨界乳白光の理論.	1908 ペランの実験.
1911–1920	1911 プラハ大学教授. 1912 ETH 教授. 1914 プロイセン科学アカデミー会員就任. 1915 アインシュタイン－デ・ハース効果. 1915–16 一般相対論を完成. 1916 光の放出吸収の量子論. 1917 一般相対論に基づく宇宙模型. 宇宙項を導入. 1919 ミレーヴァと離婚, エルザと再婚.	1913 ボーアの原子模型. 1914–18 第 1 次世界大戦. 1919 エディントンらが重力場による光の屈折角を測定.
1921–1930	1922 最初の統一場の理論の論文. 1922 ノーベル物理学賞受賞. 1924–25 ボース－アインシュタイン統計.	1923 ド・ブロイが物質波を提唱. 1925–27 ハイゼンベルク, ボルン, シュレーディンガー, ディラックらによって量子力学完成.
1931–1940	1933 プロイセン科学アカデミーを辞職. プリンストン高等研究所着任. 1935 EPR 論文.	1933 ヒトラーが政権奪取. 1938 核分裂の発見. 1939 第 2 次世界大戦始まる.
1941–1955	1946 世界連邦政府を提唱. 1953 マッカーシズムを批判する公開書簡. 1955 核兵器非武装を支持するラッセルへの書簡. プリンストンで死去.	1945 広島・長崎に原爆投下. 第 2 次世界大戦の終結.

レクチャラー (五十音順. * は編者)

太田浩一 (おおた・こういち)*
東京大学大学院総合文化研究科教授. 専門：原子核理論.

岡本拓司 (おかもと・たくじ)
東京大学大学院総合文化研究科助教授. 専門：科学史.

風間洋一 (かざま・よういち)
東京大学大学院総合文化研究科教授. 専門：素粒子論.

加藤光裕 (かとう・みつひろ)
東京大学大学院総合文化研究科助教授. 専門：素粒子論.

久我隆弘 (くが・たかひろ)
東京大学大学院総合文化研究科教授. 専門：量子エレクトロニクス.

小牧研一郎 (こまき・けんいちろう)
大学入試センター研究開発部教授. 専門：放射線物理.

佐々真一 (ささ・しんいち)
東京大学大学院総合文化研究科助教授. 専門：非平衡理論.

古田幹雄 (ふるた・みきお)
東京大学大学院数理科学研究科教授. 専門：幾何学.

松井哲男 (まつい・てつお)*
東京大学大学院総合文化研究科教授. 専門：原子核理論.

吉岡大二郎 (よしおか・だいじろう)
東京大学大学院総合文化研究科教授. 専門：物性理論.

米谷民明 (よねや・たみあき)*
東京大学大学院総合文化研究科教授. 専門：素粒子論.

アインシュタイン レクチャーズ＠駒場
東京大学教養学部特別講義

2007 年 3 月 28 日　初　版

[検印廃止]

編者　太田浩一・松井哲男・米谷民明

発行所　財団法人　東京大学出版会

代表者　岡本和夫

113–8654 東京都文京区本郷 7–3–1 東大構内

電話 03–3811–8814　　Fax 03–3812–6958

振替 00160–6–59964

印刷所　三美印刷株式会社

製本所　株式会社島崎製本

ⓒ2007 Koichi Ohta *et al.*
ISBN978–4–13–063601–8
Printed in Japan

Ⓡ〈日本複写権センター委託出版物〉
本書の全部または一部を無断で複写複製（コピー）することは，著作権法上での例外を除き，禁じられています．本書からの複写を希望される場合は，日本複写権センター（03–3401–2382）にご連絡ください．

UT Physics 1 ものの大きさ	須藤 靖	A5/2400 円
UT Physics 2 D ブレーン	橋本幸士	A5/2400 円
UT Physics 3 一般相対論の世界を探る	柴田 大	A5/2400 円
マクスウェル理論の基礎	太田浩一	A5/3800 円
マクスウェルの渦 アインシュタインの時計	太田浩一	A5/3500 円
振動と波動	吉岡大二郎	A5/2500 円
光の物理	小林浩一	A5/3200 円
素粒子の物理	相原博昭	A5/2700 円
物理学入門	大西直毅	A5/2200 円
熱学入門	藤原・兵藤	A5/2800 円
生命とは何か	金子邦彦	A5/3200 円

ここに表示された価格は本体価格です．御購入の際には消費税が加算されますので御了承下さい．